例題で学ぶ
基礎からの微積分

西岡國雄・石村直之 共著

培風館

はじめに

I. 本書の目的は,「数学論理の基礎からはじめ,多変数関数の積分まで」を,“専門の数学”に初めてふれる人たちに解説することである.そのため,“自己完結的であること”と“論理展開を明確にすること”に意を注いだ.つまり,

(1) 背理法,数学的帰納法,2 項定理など,頻繁に使われる“数学の論理展開”の解説に多くのページを割いた.

(2) 微積分は,実数を土台として構築されている.そこで,実数の導入理由を述べ,実数論の成果である“ワイエルシュトラスの定理”などの証明も付録に収録した.ぜひ,その美しい論理展開を鑑賞していただきたい.

(3) その“ワイエルシュトラスの定理”から,連続関数の特徴である“中間値の定理”,“最大値原理”などが導かれる.これらの証明も付録で解説したが,見事な論理展開である.これを読めば,“数学 = 計算”ではなく,“数学 = 論理展開”であることが納得できると思う.

(4) 本書では多くの例題を掲載したが,解説は丁寧さを旨とした.また,微積分の応用例として,主に最適値問題を取り上げた.いくつかの例題では組織的な計算も必要となるが,個々の計算は難しくはない.実際に例題を解くことを強く勧める.

II. 筆者は,中央大学商学部で微積分学,解析学,確率論の講義を担当した.本書はその教材を基礎としているが,当時の受講生の声を収録したので,参考にしてほしい.数学 (微積分) を学習することの楽しさや利点が伝われば,幸いである.

- 私はもともと理系ではありましたが,商学を学びたいという思いから文系へと進みました.経済系では,数学の知識は必須といえます.また,社会にでてから図表を用いて資料を作成する機会が多々あります.数字に対する苦手意識がないだ

けでも，資料から何を読み取るべきなのかを瞬時に把握することもできます．
数学は，語学と同様，図表やグラフを手早く理解するためのツールと思います．
(福島君，2019，一橋院卒)

- 社会にでたときにより高い専門性を発揮できると思い，数学を学ぼうと考えました．幸運にも在学中に会計士の資格を取ることができ，現在は学んだ知識を生かして，より専門性の高い保険会社の監査に携わっています．統計学は会計とかかわりの深い分野であり，学生時代に数学を学んだことは大きな財産になりました．
(後藤君，2018，中大商卒)
- 講義中の出題に解答できたことが大きな自信になり，数学の勉強を続けました．それが，“論理的に物事を考える力を身につけること”につながったと思います．マーケット部門で働いていますが，数学的根拠を述べるだけで，提案やプレゼンに説得力をもたせることができます．社会では，「数学ができる人」というのは，「論理的思考ができる人」と認識してもらえるようです．
(金子君，2017，中大商卒)
- 大学では，数学を学びたいと思いました．数式を使って表現されているものは，端的，正確かつ客観的で理解しやすいからです．数学は厳密な理論と簡潔な表現で構築されていて，論理展開のお手本となります．自分が文章を書くときも，論理が明快になるように数学の定理の証明にならっています．教員となった今でも練習問題を解いたり証明を読んだりして，研究と教育の仕事に生かしています．
(北村君，2015，中大院卒)
- もし企画担当者の A 君が微分を知らなかった場合，ある問題の最適係数 (効用関数を最大にする) a, b をみつけるために，“a, b に順次適当な数値を代入して計算し，無限ともいえる a, b の組合せを試していく”必要がある．あなたが A 君の上司であるとして，A 君から「a, b の組合せを 1 万組計算して，最適なモデルをみつけました！」と報告を受けて，それを受け入れますか？　“微分ひとつの計算労力で最適解にたどりつき，かつその結果は，(微分を知っている) 万人にとって容易に検証可能なもの”となるのに．
(天野君，2011，一橋院卒)

本書の執筆にあたり，培風館の斉藤 淳氏および岩田誠司氏には，多大のご迷惑をおかけしました．ここで両氏へのお詫びとともに，出版に御尽力いただいたことへの謝意を表します．

2019 年 5 月

西岡 國雄

目　次

Part IV　偏　微　分

Part V　積　分

Part I

数 学 基 礎

1
数学の論理

1.1 集合論

数学の本質は，“厳密な論理の展開”にある．論理を正確に記述するために，

必要条件，十分条件，逆，対偶，背理法，数学的帰納法

などが編み出された．そうした論理の展開に，集合とその演算を利用すると理解が容易になる．そこで，本書では，集合論の基礎から説明する．

1.1.1 集合論と論理学の記号

まず，日常的に使われる「集合論と論理学」の記号などを列挙する．また，数学ではギリシャ文字がよく使われる．その表記と読み方 (じつはいろいろな読み方がある) の一覧表を記す．

集合論の記号	意　味	別のいい方
$\emptyset$, $\varnothing$	空集合	
$x \in A$	元 x は A に属する	
$x \notin A$	元 x は A に属さない	
$A \subset B$	A は B の部分集合	A は B に含まれる
$A \cup B$	A と B の和集合	A もしくは (または) B
$A \cap B$	A と B の共通部分	A かつ B
A^c	A の補集合	A に属さないもの全体

論理式の記号	意　味
$P \vee Q$	P もしくは Q
$P \wedge Q$	P かつ Q
$P \Rightarrow Q$	P を仮定すると Q が成立
$P \Leftrightarrow Q$	P と Q は同値
$\neg P$	P が成立しない
$\forall y$	すべての y に対して，$\cdots$
$\exists y$	ある y に対して，$\cdots$

その他の記号	意　味
$A \equiv B$	恒等式，あるいは $A = B$ と定義する
$A = \{x : x \in B\}$	B である x の全体を集合 A とする
$A \simeq B$	A と B は漸近挙動が等しい

大文字	小文字	読み方	ローマ字との対応
A	α	アルファー	A, a
B	β	ベータ	B, b
Γ	γ	ガンマ	
Δ	δ	デルタ	D, d
E	ϵ, ε	エプシロン，イプシロン	E, e
Z	ζ	ゼータ，ツェータ	
H	η	エータ，イータ	H, h
Θ	θ, ϑ	テータ，シータ	—
I	ι	イオタ	I, i
K	κ	カッパー	K, k
Λ	λ	ラムダ	L, ℓ
M	μ	ミュー	M, m
N	ν	ニュー	N, n
Ξ	ξ	クシー，グザイ	
O	o	オミクロン	O, o
Π	π	パイ	
P	ρ, ϱ	ロー	P, p
Σ	σ, ς	シグマ	S, s
T	τ	タウ	T, t
Υ	υ	ユプシロン，ウプシロン	
Φ	ϕ, φ	ファイ，フィー	
X	χ	カイ	X, x
Ψ	ψ	プシー，プサイ	
Ω	ω	オメガ	

1.1.2　集合論——用語と演算

(i)　“範囲を確定した物の集まり” を**集合**とよぶ．じつはこの説明は明確ではなく，集合という用語は，はっきり定義できない．

集合 A を構成する要素を**元** x とよび，

$$x \in A \qquad (\text{元 } x \text{ が } A \text{ に属する}) \tag{1.1.1}$$

と表す．また (1.1.1) の否定は次で表す：

$$x \notin A \qquad (\text{元 } x \text{ が } A \text{ に属さない}).$$

(ii) 集合 A が，元 $a, b, \cdots, c$ から構成されているとき，

$$A = \{a, b, \cdots, c\}$$

と書く．なお，$\{a\}$ はただ一つの元 a からなる集合である．

(iii) いかなるものも元として含まない集合 (これも集合と考える) を**空集合**といい，$\emptyset$ で表す．

(iv) 集合 A, B に対し，$A = B$ とは，A に属する元と B に属する元がすべて一致することをいう．

(v) 集合 A の元がすべて集合 B に属するとき (論理式で $x \in A \Rightarrow x \in B$)，“$A$ は B の**部分集合**” といい，$A \subset B$ と表す．

(vi) 集合 A, B の**和集合** $A \cup B$ とは，A または B に属する元から構成された集合のことである．つまり

$$x \in A \cup B \iff x \in A \text{ または } x \in B.$$

(vii) 集合 A, B の**共通部分** $A \cap B$ とは，A かつ B に属する元から構成された集合のことである．つまり

$$x \in A \cap B \iff x \in A \text{ かつ } x \in B.$$

(viii) 集合 A, B の**差集合** $A - B$ とは，A には属するが B に属さない元から構成された集合のことである．つまり

$$x \in A - B \iff x \in A \text{ かつ } x \notin B.$$

(ix) 特に，集合 B が集合 A の部分集合であるとき，差集合 $A - B$ を，“B の A に関する**補集合**” とよぶ．

もし，考えている集合が，すべてある決まった集合 X の部分集合となっているとき，X を**全空間**という．また，$X - B$ を単に “B **の補集合**” とよび，B^c で表す．

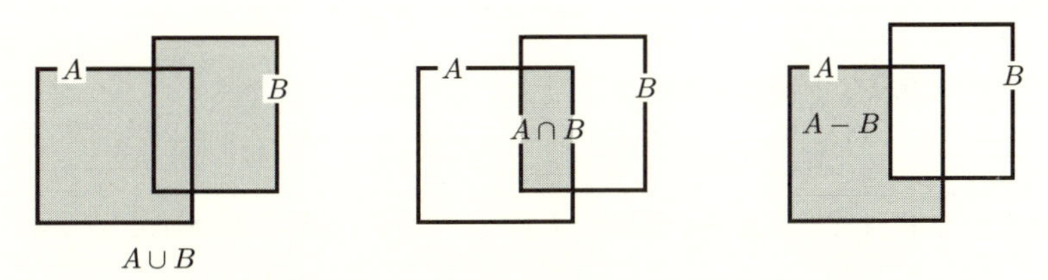

図 1.1.1 左から $A \cup B$, $A \cap B$, $A - B$

命題 1.1.1. 任意の集合 A, B, C に対し，次の等式が成立する：

(i) $A \cup A = A, \quad A \cap A = A.$

(ii) $A \cup B = B \cup A, \quad A \cap B = B \cap A.$

(iii) $(A \cup B) \cup C = A \cup (B \cup C), \quad (A \cap B) \cap C = A \cap (B \cap C).$

(iv) $A \cup \emptyset = A, \quad A \cap \emptyset = \emptyset, \quad A - \emptyset = A, \quad A - A = \emptyset.$

(v) (ド・モルガンの法則) $(A \cup B)^c = A^c \cap B^c, \quad (A \cap B)^c = A^c \cup B^c.$

(vi) (分配則) $(A \cap B) \cup C = (A \cup C) \cap (B \cup C),$

$$(A \cup B) \cap C = (A \cap C) \cup (B \cap C). \quad \diamond$$

略証 (i)〜(v) は自明．下のベン図，左が (vi) の第 1 式，右が第 2 式，これから (vi) がわかる． □

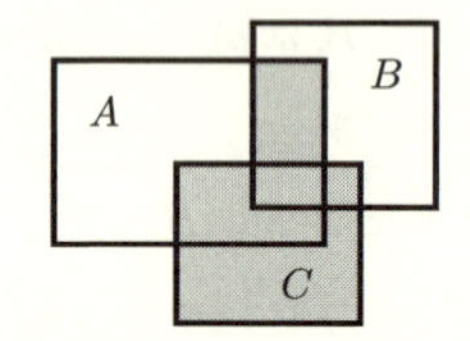

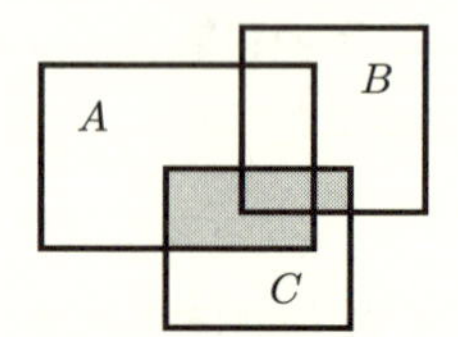

◊ **例題 1.1.2.** 50 人の学生について，英数国の 3 科目中で得意な科目を調べた．

- 英語が得意なものは 30 人
- 国語が得意なものは 25 人
- 数学が得意なものは 20 人
- 3 科目とも得意なものは 5 人
- 1 科目だけ得意なものは 20 人

さて，3 科目とも不得意なものは何人いるか？ ◇

解答 <u>*Step 1.*</u> 英語が得意なものを E，国語が得意なものを J，数学が得意なものを M で表す．また，記号 $|A|$ は "集合 A の元の個数" とする．

英語だけが得意なものの人数は，

$$|E| - |E \cap J| - |E \cap M| + |E \cap J \cap M|.$$

同様に，国語だけが得意なものの人数は，

$$|J| - |E \cap J| - |J \cap M| + |E \cap J \cap M|.$$

数学だけが得意なものの人数は，

$$|M| - |E \cap M| - |J \cap M| + |E \cap J \cap M|.$$

つまり 1 科目だけが得意なものの人数は，これらを足しあわせて

$$|E| + |J| + |M| - 2\left\{ |E \cap J| + |E \cap M| + |J \cap M| \right\} + 3|E \cap J \cap M|.$$

Step 2. 上の式に数値をあてはめて

$$\begin{aligned}20 &= 30+25+20-2\Big\{\big|E\cap J\big|+\big|E\cap M\big|+\big|J\cap M\big|\Big\}+3\cdot 5\\ &= 90-2\Big\{\big|E\cap J\big|+\big|E\cap M\big|+\big|J\cap M\big|\Big\}.\end{aligned}$$

これより

$$\big|E\cap J\big|+\big|E\cap M\big|+\big|J\cap M\big|=35.$$

これを使うと，次の式に数値を代入でき，

$$\begin{aligned}\big|E\cup J\cup M\big| &= |E|+|J|+|M|\\ &\qquad -\Big\{\big|E\cap J\big|+\big|E\cap M\big|+\big|J\cap M\big|\Big\}+\big|E\cap J\cap M\big|\\ &= 30+25+20-35+5=45.\end{aligned}$$

最後に，命題 1.1.1 (ド・モルガンの法則) から

$$\begin{aligned}\big|E^c\cap J^c\cap M^c\big| &= \Big|\big(E\cup J\cup M\big)^c\Big| = 50-\big|E\cup J\cup M\big|\\ &= 50-45=5\ \text{人}.\quad\square\end{aligned}$$

1.2　論理式と背理法

1.2.1　論 理 式

“A ならば B” という主張を，**論理式**といい，次のように表す：

$$H : A \Rightarrow B. \tag{1.2.1}$$

定義 1.2.1 (論理式の真偽). (i) 論理式 (1.2.1) で，A を H の**十分条件**，B を**必要条件**という．

(ii) $x\in A^c\cup\big(A\cap B\big)=A^c\cup B$ に対し，H は成立する．すべての x で H が成立するとき，“H は**真**” という．また “真ではない H” は**偽**という．　◇

★要点 1.2.2. ともに空集合でない 2 つの集合 A と B の関係は，次の 4 通りで，互いに重複がない：

(i)　$A\subset B$ ($A=B$ も可) $\big(\Leftrightarrow\ A\cap B\neq\emptyset,\ A\cap B^c=\emptyset\big)$,

(ii)　$A\cap B=\emptyset$,

(iii)　$A\cap B\neq\emptyset,\ A\cap B^c\neq\emptyset,\ A^c\cap B\neq\emptyset$,

(iv)　$A\supset B,\ A\cap B^c\neq\emptyset\ \big(\Leftrightarrow\ A\cap B\neq\emptyset,\ A^c\cap B=\emptyset,\ A\neq B\big)$.

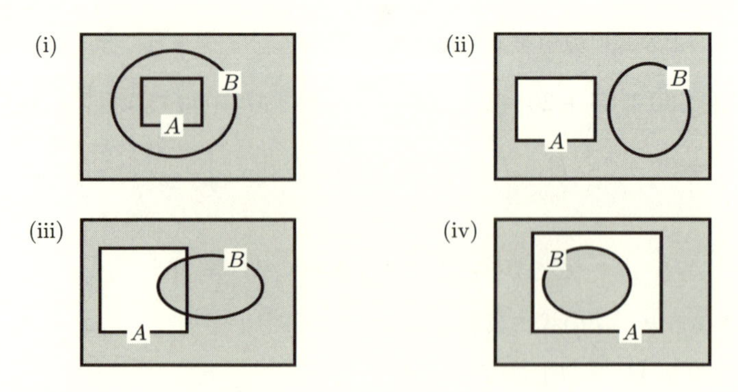

図 1.2.1 アミカケ領域で $H : A \Rightarrow B$ が成立．ただし $A = B$ は (i) とする．

$x \in A^c$ と $x \in A \cap B$ で H は成立するが，それは，図 1.2.1 のアミカケ部分である．また H が真となるのは，(i) だけである． ◇

“$x \in A^c$ で H は成立” という定義 1.2.1 は，奇妙な気がするかもしれない．そこで，わかりやすい例を考えてみよう．

◇ **例 1.2.3.** 散歩が好きな P が，次の論理式 H を宣言した：

$$H : A \equiv \text{晴れの日} \Rightarrow B \equiv \text{散歩する}.$$

ある雨の日 $(= A^c)$ に，P は散歩した $(= B)$．また，別の雨の日 $(= A^c)$ には，散歩しなかった $(= B^c)$．さて「P は嘘つき ($= H$ が成立しない)」か?

もちろん，P は嘘つきではなく，雨の日でも H が成立している．なぜなら，“雨の日 $(= A^c)$” の行動には，何の言及もないからである． ◇

◇ **例題 1.2.4** (伝説の名問)．天使は常に真を述べ，悪魔は常に偽を言う．P_1 と P_2 の 2 人がいて，P_1 は悪魔か天使のどちらかで，P_2 もそうである．

P_1 がこう言った，「わたしが天使であるなら，P_2 も天使です.」

このとき，P_1, P_2 それぞれに対し，天使か悪魔のどちらであるかをいえ． ◇

解答 $A \equiv$ “P_1 は天使”，$B \equiv$ “P_2 は天使” とおく．

P_1 の言明は「$H : A \Rightarrow B$」である．定義 1.2.1 を思い出しながら，すべての P_1, P_2 の組合せに対し，H の真偽を次の表のように調べる．

P_1	P_2	A	B	H	判　定
天使	天使	yes	yes	真	天使が真を言った $\Rightarrow$ ○
天使	悪魔	yes	no	偽	天使が偽を言った $\Rightarrow$ ×
悪魔	悪魔	no	no	真	悪魔が真を言った $\Rightarrow$ ×
悪魔	天使	no	yes	真	悪魔が真を言った $\Rightarrow$ ×

つまり“P_1, P_2 ともに天使”の組合せのみが可能である．　□

1.2.2　背 理 法

数学で多用する論理として，“背理法”がある．

命題 1.2.5 (背理法)．論理式 $H : A \Rightarrow B$ を考える．

$$H \text{ は真} \Leftrightarrow \text{すべての } x \text{ で } H \text{ が成立} \Leftrightarrow A \cap B^c = \emptyset. \quad \diamond$$

証明　集合 A と B の関係は，図 1.2.1 の 4 通りしかない．“すべての x で H が真”となるのは (i) だけである．また $A \cap B^c = \emptyset$ となるのも，(i) だけ ($A = B$ は分類 (i) に入る) だから，両者は一致する．　□

次は，背理法を効果的に使用する例である．

重要な例

◊ **例 1.2.6** (ε 論法の基盤)．実数 x が

$$\text{任意の } \varepsilon > 0 \text{ に対し } |x| < \varepsilon \tag{1.2.2}$$

を満たすなら，$x = 0$ である．　◇

証明　(1.2.2) を A，“$x = 0$”を B とする．背理法の原理 (命題 1.2.5) から，$A \cap B^c = \emptyset$ を示せばよい．

$x \in A \cap B^c$ とは，「ある実数 x があり，(1.2.2) かつ $x \neq 0$」である．この x は $x \neq 0$ だから，当然 $|x|/2 > 0$．すると“任意の $\varepsilon > 0$”として，$\varepsilon = |x|/2 > 0$ とすることができ，(1.2.2) は

$$|x| < \varepsilon = |x|/2,$$

つまり $|x| < 0$ となる．このような実数は存在しないので，$A \cap B^c = \emptyset$ が示された．　□

1.2.3 論理式の否定

論理式 $H: A \Rightarrow B$ の否定をつくることは，必ずしもやさしくない．

◇ **例題 1.2.7.** クレタ島人 x が，次の論理式 H を明言した：

$$H: A \equiv \text{すべてのクレタ島人} \ \Rightarrow \ B \equiv \text{嘘つき}. \tag{1.2.3}$$

ところがクレタ島人の x 自身も嘘つきだから，H は真ではない．

(1.2.3) の否定文をつくれ． ◇

解答 この例題は，古代ギリシャの哲学者エピメニデスがいったとされるパラドクスである．彼は，(1.2.3) の否定文を「すべてのクレタ島人は正直だ」としたが，これは正しくない．

x の主張は "図 1.2.1 (i)" だから，その否定は，それ以外の (ii), (iii), (iv) となる．"(ii), (ii), (iv) $\Leftrightarrow$ $A \cap B^c \neq \emptyset$" だから，(1.2.3) の否定文は，「正直者のクレタ島人もいる (ただし，全員が正直とは限らない).」 □

冒頭の §1.1.1 で述べた論理記号を使うと，(1.2.3) は

$$H: \forall y \in A \ \Rightarrow \ y \in B$$

と表現できる．また，H の否定 $\neg H$ は $A \cap B^c \neq \emptyset$ だが，これを論理式で表すと

$$\exists y \in A \Rightarrow \ y \in B^c.$$

これからわかるように，論理記号を使うことにより，否定文を機械的につくることができる．

否定文のつくり方

★**要点 1.2.8.** 論理式の否定文は：

$\forall$, $\exists$ はそれぞれ $\exists$, $\forall$ に置き換え，結論 B を B^c に置き換える． ◇

◇ **例題 1.2.9.** (i) 整数 k に対し，"k^2 が偶数なら k も偶数" であることを示せ．

(ii) 整数 m と正の整数 n があり，$x = m/n$ となる x を**有理数**という．$\sqrt{2}$ は有理数でないことを示せ．

(iii) p, q を有理数とする．$p + q\sqrt{2} = 0$ であるとき，$p = 0 = q$ となることを示せ． ◇

解答　(i)　背理法を使う．整数 k を "k^2 は偶数だが，k は奇数" とする．k は奇数なので，整数 j があり，$k = 2j+1$．ところが

$$k^2 = (2j+1)^2 = 4(j^2+j)+1.$$

"k^2 は偶数" を仮定しているが，右辺は奇数となり，矛盾．

(ii)　背理法を使う．$\sqrt{2}$ は有理数 m/n とする．ここで，"m, n は互いに 1 以外の共通の約数をもたない" とする．すると

$$2 = \left(\sqrt{2}\right)^2 = \frac{m^2}{n^2} \ \Rightarrow\ m^2 = 2n^2.$$

前問 (i) より m は偶数，つまり，ある整数 r があり $m = 2r$ となるが，

$$4r^2 = m^2 = 2n^2 \ \Rightarrow\ n^2 = 2r^2.$$

再び前問 (i) より n は偶数．すると m と n はともに 2 で割り切れるから，"互いに 1 以外の共通の約数をもたない" ことに矛盾．

(iii)　これも背理法で示す．$q \neq 0$ とする．仮定より $\sqrt{2} = -p/q$ となるので，$\sqrt{2}$ は有理数になる．これは (ii) に矛盾．　□

◇ **例題 1.2.10.** 2 以上の整数で，"1 と自分自身以外では割り切れない" ものを**素数**という．素数の個数は無限であることを証明せよ．　◇

解答　背理法を使う．素数が $1 < p_1 < p_2 < \cdots < p_n$ の n 個しかないとする．いま，正の整数 m を

$$m \equiv p_1 \times p_2 \times \cdots \times p_n + 1$$

と定めると，$m > p_n$ だから m は素数でない．つまり $p_1, \cdots, p_n$ のどれかで割り切れる．ところが，どの p_k，$k = 1, \cdots, n$ に対しても，

$$m/p_k \text{ は 1 余る}$$

ので，矛盾．　□

◇ **例題 1.2.11.**　3 つの正の整数 p, q, r が

$$p^2 + q^2 = r^2 \tag{1.2.4}$$

を満たしている．このとき，"p, q, r のうち，少なくとも 1 つは偶数" であることを示せ．　◇

解答　背理法を使う．(1.2.4) を満たす正の整数 p, q, r がすべて奇数だとし，矛盾を導く．

p, q, r はすべて奇数なので，ある整数 i, j, k があり

$$p = 2i + 1, \quad q = 2j + 1, \quad r = 2k + 1$$

と書けている．すると (1.2.4) より

$$(2i + 1)^2 + (2j + 1)^2 = (2k + 1)^2$$

となるが，両辺を展開して整理すると

$$1 = 4\left(k^2 - i^2 - j^2 + k - i - j\right).$$

ここで $k^2 - i^2 - j^2 + k - i - j$ は整数だから，右辺は 4 の倍数．つまり，1 が 4 の倍数となり，矛盾． □

1.3 数学的帰納法

正の整数全体を**自然数**とよび，$\mathbb{N} \equiv \{1, 2, 3, \cdots\}$ の記号で表す．

ある主張 H がすべての自然数 n で成立していることを証明するためには，次の "数学的帰納法" が有力な手段である．

命題 1.3.1 (数学的帰納法)**.** 次の 2 つが成立している：

(a) $n = 1$ のとき H が成立する． (1.3.1)

(b) "$n = m$ に対し H が成立する" を仮定すると，$n = m + 1$ で，H が成立する． (1.3.2)

このとき，すべての自然数 n で主張 H が成立する． ◇

♦ **注 1.3.2.** 仮定 (1.3.2) で，"$n = m$ に対し H が成立する" を

$$\text{すべての } 1 \leq m \leq n \text{ に対し } H \text{ が成立する}$$

と置き換えてもよい． ◇

命題 1.3.1 の証明 (i) まず，仮定 (1.3.1) より，$n = 1$ で H が成立している．

(ii) すると (1.3.2) の仮定は $m = 1$ のときに満たされ，$m + 1 = 2$ で H が成立している．

(iii) さらに (1.3.2) の仮定は $m = 2$ のときに満たされ，$m + 1 = 3$ で H が成立している．

$$\vdots$$

この手順を繰り返すと，すべての $n \in \mathbb{N}$ に対しても H が成立している． □

◇ **例題 1.3.3.** 自然数 n は 4 の倍数ではないとする．このとき

$$P(n) \equiv 1^n + 2^n + 3^n + 4^n$$

は 10 の倍数となることを示せ．　◇

解答　<u>*Step 1.*</u> まず $n=1$ のとき $P(1) = 1^1 + 2^1 + 3^1 + 4^1 = 10$ となり，$P(1)$ は 10 で割り切れる．

<u>*Step 2.*</u> n は 4 の倍数ではない自然数だから，非負の整数 k に対し

$$n = 4k + m, \quad m = 1, 2, 3$$

となる．$m = 1, 2, 3$ とするとき，次を証明する：

$$P(\,4k+m\,) \text{ が 10 の倍数} \;\Rightarrow\; P(\,4(k+1)+m\,) \text{ が 10 の倍数.} \tag{1.3.3}$$

$P(n)$ の定義式から，

$$\begin{aligned}
&P\big(\,4(k+1)+m\,\big)\\
&\quad = 1^{4(k+1)+m} + 2^{4(k+1)+m} + 3^{4(k+1)+m} + 4^{4(k+1)+m}\\
&\quad = 1^{4k+m}\cdot 1^4 + 2^{4k+m}\cdot 2^4 + 3^{4k+m}\cdot 3^4 + 4^{4k+m}\cdot 4^4\\
&\quad = 1^{4k+m} + 2^{4k+m} + 3^{4k+m} + 4^{4k+m}\\
&\qquad + 2^{4k+m}\cdot(2^4-1) + 3^{4k+m}\cdot(3^4-1) + 4^{4(k+m}\cdot(4^4-1)\\
&\quad = P\big(\,4k+m\,\big) + 2^{4k+m}\cdot 15 + 3^{4k+m}\cdot 80 + 4^{4k+m}\cdot 255\\
&\quad = P\big(\,4k+m\,\big) + 2^{4k+m-1}\cdot 30 + 3^{4k+m}\cdot 80 + 4^{4k+m-1}\cdot 1020\\
&\quad = P\big(\,4k+m\,\big) + 10\big\{\,2^{4k+m-1}\cdot 3 + 3^{4k+m}\cdot 8 + 4^{4k+m-1}\cdot 102\,\big\}.
\end{aligned}$$

数学的帰納法の仮定 (1.3.3) より，第 1 項 $P\big(\,4k+m\,\big)$ は 10 の倍数．また $m = 1, 2, 3$ なので，最後の等式の $\{\cdots\}$ の部分は整数となり，第 2 項も 10 の倍数．よって，数学的帰納法が完成した．　□

◇ **例題 1.3.4 (カントールの対関数).** 自然数 m, n に対し，

$$F(m,n) \equiv \frac{(m+n-2)\,(m+n-1)}{2} + n$$

と定める．任意の自然数 k に対し，

$$F(m,n) = k \tag{1.3.4}$$

となる自然数の組 (m,n) が存在することを示せ．　◇

解答 数学的帰納法を使う． *Step 1.* $k = 1$ のとき，$(m, n) = (1, 1)$ は (1.3.4) を満たしている．

Step 2. 自然数 j に対し，“$F(m_j, n_j) = j$ となる (m_j, n_j) が存在する” と仮定し，$F(x, y) = j + 1$ となる自然数の組 (x, y) を求める．仮定より (m_j, n_j) があり，次を満たしている：

$$j = F(m_j, n_j) = \frac{(m_j + n_j - 2)(m_j + n_j - 1)}{2} + n_j.$$

Case 1. $m_j = 1$ の場合： $x = n_j + 1,\ y = 1$ とすると

$$F(x, y) = \frac{n_j(n_j + 1)}{2} + 1 = \frac{(n_j - 1)n_j}{2} + n_j + 1$$
$$= F(1, n_j) + 1 = j + 1.$$

Case 2. $m_j \geq 2$ の場合： $x = m_j - 1,\ y = n_j + 1$ とすると

$$F(x, y) = \frac{(m_j + n_j - 2)(m_j + n_j - 1)}{2} + n_j + 1$$
$$= F(m_j, n_j) + 1 = j + 1.$$

以上により，$k = j + 1$ とした (1.3.4) の解が求められたので，数学的帰納法が完成し，例題が証明できた． □

2

組合せと2項定理

2.1　階乗と2項係数

I. 自然数に対し，

$$1! = 1, \quad 2! = 1 \times 2 = 2, \quad 3! = 1 \times 2 \times 3 = 6,$$
$$4! = 1 \times 2 \times 3 \times 4 = 24, \quad \cdots, \quad k! = 1 \times 2 \times \cdots \times (k-1) \times k$$

と記し，$k!$ を“k の階乗”という．階乗は驚くほど速く大きくなる．また，0 は自然数ではないが，今後の記述を簡単にするため，特に

$$\text{記述上の約束} \qquad 0\,! \equiv 1 \tag{2.1.1}$$

とする．

階乗が重要な役割を果たすものとして，次の命題 (組合せの個数) と 2 項定理がある (これらの証明は，次のⅡで述べる)．

命題 2.1.1 (組合せの個数)**.** 異なる n 個の中から k 個 $(k = 0, 1, \cdots, n)$ を取り出す方法の数 ${}_n\mathrm{C}_k$ は，次のとおり：

$${}_n\mathrm{C}_k \equiv \frac{n!}{k!\,(n-k)!}, \quad k = 0, 1, \cdots, n. \quad \diamond \tag{2.1.2}$$

♦ **注 2.1.2.** ${}_n\mathrm{C}_k = \dfrac{n\,(n-1)\cdots(n-k-1)}{k\,(k-1)\cdots 1}$ は **2 項係数**とよばれ，$\dbinom{n}{k}$ とも表記される．　$\diamond$

2 項係数の重要な応用に，2 項定理がある．

定理 2.1.3 (**2 項定理**)**.** 実数 x, y と自然数 n に対し，次の等式が成立する：

$$(x+y)^n = \sum_{k=0}^{n} {}_n\mathrm{C}_k\, x^{n-k}\, y^k. \quad \diamond \tag{2.1.3}$$

命題と定理の証明のまえに，まず 2 項係数の演算公式を述べる：

補題 2.1.4 (2 項係数の演算公式)**.** 2 項係数は次の性質をもつ：

$$ {}_n\mathrm{C}_0 = 1 = {}_n\mathrm{C}_n\,, \quad {}_n\mathrm{C}_k = {}_n\mathrm{C}_{n-k}\,, \tag{2.1.4}$$

$$ {}_n\mathrm{C}_k + {}_n\mathrm{C}_{k+1} = {}_{n+1}\mathrm{C}_{k+1}\,, \quad k = 0, 1, \cdots, n-1. \quad \diamond \tag{2.1.5}$$

証明 (2.1.4) は (2.1.2) からすぐにわかる．最後の公式は，

$$\begin{aligned}
{}_n\mathrm{C}_k + {}_n\mathrm{C}_{k+1} &= \frac{n!}{k!\,(n-k)!} + \frac{n!}{(k+1)!\,(n-k-1)!} \\
&= \frac{n!}{k!\,(n-k-1)!}\left\{\frac{1}{n-k} + \frac{1}{k+1}\right\} = \frac{n!}{k!\,(n-k-1)!}\frac{n+1}{(n-k)\,(k+1)} \\
&= \frac{(n+1)!}{(k+1)!\,(n-k)!} = {}_{n+1}\mathrm{C}_{k+1}. \quad \square
\end{aligned}$$

II. いよいよ，命題 2.1.1 と定理 2.1.3 を証明する．

命題 2.1.1 の証明 命題 (数学的帰納法) 1.3.1 を使って証明する．

Step 1. $n = 1$ のとき，$k = 0$ および $k = 1$ の取り出し方法はどちらも 1 つ．また (2.1.4) より，${}_1\mathrm{C}_1 = 1 = {}_1\mathrm{C}_0$ で (2.1.2) が成立する．

Step 2. m 個から k 個を取り出す方法の数が

$$ {}_m\mathrm{C}_k \equiv \frac{m!}{k!\,(m-k)!}, \quad k = 0, 1, \cdots, m \tag{2.1.6}$$

と仮定し，$m+1$ から k 個を取り出す方法の数を求める．

Case 1. $k = 0$ の場合： $m+1$ 個から“何も取り出さない”方法の数は 1 つ．(2.1.4) より，(2.1.2) は $n = m+1$, $k = 0$ で成立する．

Case 2. $1 \leq k \leq m+1$ の場合： m 個に 1 個を付け加えた $m+1$ 個から k 個を取り出すには，

(a) もとの m 個から k 個取り出し，付け加えた 1 個は取り出さない，

(b) もとの m 個から $k-1$ 個取り出し，付け加えた 1 個も取り出す，

の 2 つの方法がある．(2.1.6) は使ってよいので，(a) の方法の数は ${}_m\mathrm{C}_k$，(b) の方法の数は ${}_m\mathrm{C}_{k-1}$．すると $m+1$ 個から k 個取り出す方法の数は，(2.1.5) を考えて

$$ {}_m\mathrm{C}_k + {}_m\mathrm{C}_{k-1} = {}_{m+1}\mathrm{C}_k. $$

いま (2.1.2) が $n = m+1$, $1 \leq k \leq m+1$ に対して成立し，数学的帰納法が完成した． $\square$

定理 2.1.3 の証明　命題 (数学的帰納法) 1.3.1 を使う．

<u>*Step 1.*</u> $n=1$ のときは，(2.1.3) の成立は明らか．

<u>*Step 2.*</u> “$n=m$ で (2.1.3) が成立” することを仮定し，“$n=m+1$ でも (2.1.3) が成立” することを示す．$n=m$ に対する (2.1.3) は使ってよいので，

$$
\begin{aligned}
(x+y)^{m+1} &= (x+y)\cdot(x+y)^m \\
&= (x+y)\sum_{k=0}^{m} {}_m\mathrm{C}_n\, x^{m-k}\, y^k \\
&= \sum_{k=0}^{m} {}_m\mathrm{C}_n \left(x^{m+1-k}\, y^k + x^{m-k}\, y^{k+1}\right) \\
&= {}_m\mathrm{C}_0\left(x^{m+1}+x^m\, y\right) + {}_m\mathrm{C}_1\left(x^m\, y + x^{m-1}\, y^2\right) \\
&\qquad + \cdots + {}_m\mathrm{C}_k\left(x^{m-k+1}\, y^{m-k} + x^{m-k}\, y^{k+1}\right) \\
&\qquad + \cdots + {}_m\mathrm{C}_{m-1}\left(x^2\, y^{m-1} + x\, y^m\right) + {}_m\mathrm{C}_m\left(x\, y^m + y^{m+1}\right) \\
&= {}_m\mathrm{C}_0\, x^{m+1} + \left\{{}_m\mathrm{C}_0 + {}_m\mathrm{C}_1\right\} x^m\, y + \left\{{}_m\mathrm{C}_1 + {}_m\mathrm{C}_2\right\} x^{m-1}\, y^2 \\
&\qquad + \cdots + \left\{{}_m\mathrm{C}_j + {}_m\mathrm{C}_{j+1}\right\} x^{m-j}\, y^{j+1} \\
&\qquad + \cdots + \left\{{}_m\mathrm{C}_{m-1} + {}_m\mathrm{C}_m\right\} x\, y^m + {}_m\mathrm{C}_m\ y^{m+1} = (\star).
\end{aligned}
$$

ここで (2.1.5) を使うと

$$
{}_m\mathrm{C}_0 = 1 = {}_{m+1}\mathrm{C}_0,\quad {}_m\mathrm{C}_0 + {}_m\mathrm{C}_1 = {}_{m+1}\mathrm{C}_1,\ \cdots,
$$
$$
{}_m\mathrm{C}_{m-1} + {}_m\mathrm{C}_m = {}_{m+1}\mathrm{C}_m,\quad {}_m\mathrm{C}_m = 1 = {}_{m+1}\mathrm{C}_{m+1}
$$

となる．これらを $(\star)$ の各 $\{\quad\}$ に代入し，

$$
\begin{aligned}
(x+y)^{m+1} &= (\star) \\
&= {}_{m+1}\mathrm{C}_0\ x^{m+1} + {}_{m+1}\mathrm{C}_1\ x^m\, y + \cdots + {}_{m+1}\mathrm{C}_{k+1}\ x^{m+1-k}\, y^{y-k} \\
&\qquad + \cdots + {}_{m+1}\mathrm{C}_m\ x\, y^m + {}_{m+1}\mathrm{C}_{m+1}\ y^{m+1} \\
&= \sum_{k=0}^{m+1} {}_{m+1}\mathrm{C}_k\ x^{m+1-k}\, y^k.
\end{aligned}
$$

これで “$n=m+1$ に対して (2.1.3) が成立する” ことが示され，数学的帰納法が完成した．　□

♦ **解説 2.1.5.** ［別証］ 命題 2.1.1 から 2 項定理 2.1.3 を簡易に導くことができる．

$$(x+y)^n = \overbrace{\underbrace{(x+y)}_{\text{第 1 項}} \times \underbrace{(x+y)}_{\text{第 2 項}} \times \cdots \times \underbrace{(x+y)}_{\text{第 } n \text{ 項}}}^{n \text{ 個}}$$

だが，右辺を展開するには，

(a) 第 1 項から x か y のどちらかを選び，第 2 項からも x か y のどちらか，$\cdots$，第 n 項からも x か y のどちらかを選ぶ．

(b) 選んだ結果として，x が k 個，y が $n-k$ 個だと，$x^k y^{n-k}$ の項になる．その係数は，“n 個から，k 個を選ぶ方法の数” だから，命題 2.1.1 より ${}_n\mathrm{C}_k$ になる． ◇

2.2 2 項係数の応用問題

◇ **例題 2.2.1** (2 項係数の公式)． n を自然数とする．次を証明せよ：

$$\sum_{k=0}^{n} {}_n\mathrm{C}_k = {}_n\mathrm{C}_0 + {}_n\mathrm{C}_1 + \cdots + {}_n\mathrm{C}_{n-1} + {}_n\mathrm{C}_n = 2^n. \quad \diamond$$

解答 2 項定理 2.1.3 で，$x = 1 = y$ とおくと

$$2^n = (1+1)^n = \sum_{k=0}^{n} {}_n\mathrm{C}_k\, 1^{n-k} \cdot 1^n = \sum_{k=0}^{n} {}_n\mathrm{C}_k. \quad \square$$

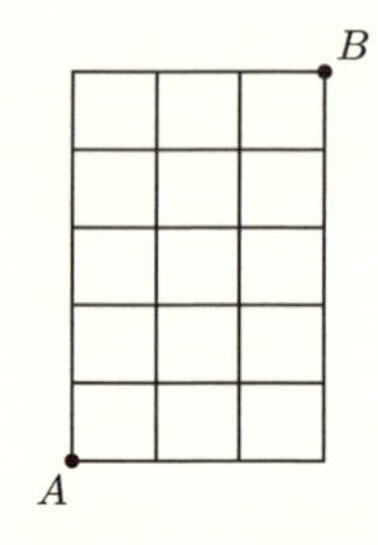

図 2.2.1 経路図

◇ **例題 2.2.2.** 図 2.2.1 のような格子状の道路がある．A から B に移動するときの最短経路の数を求めよ． ◇

解答 A から B への最短路の個数は，“8 個のなかで，横に動く単位経路 3 個 (残りの 5 個は自動的に縦)” を選ぶ方法の数．よって ${}_8\mathrm{C}_3 = 56$． □

◇ **例題 2.2.3.** 白，黄，赤，青 という 4 種類のボールが箱に入っている．5 個のボールを箱から自由に取り出すとき，取り出されたボールの組合せは何種類あるか．なお，“白 4 個，黄 1 個” と “白 3 個，黄 2 個” などは異なる組合せであり，どの色のボールも 5 個以上ある． ◇

解答 図 2.2.1 で，$A = (0,0)$, $B = (3,5)$ と座標を定める．$x = 0$ の直線上にある単位経路数が “白ボールの数”，$\cdots$，$x = 3$ 上の単位経路数が “青ボールの数” と考える．すると，A から B への最短経路数が “取り出されたボールの組合せの数” となるので，例題 2.2.2 から 56 種類． □

◊ **例題 2.2.4.** 3^{30} を 4 で割ったときの余りを求めよ．　◇

解答　2 項定理 2.1.3 を使う．

$$\begin{aligned}3^{30} = (4-1)^{30} &= \sum_{k=0}^{30} {}_{30}\mathrm{C}_k\ 4^{30-k}\cdot(-1)^k \\ &= \sum_{k=0}^{29} {}_{30}\mathrm{C}_k\ 4^{30-k}\cdot(-1)^k + {}_{30}\mathrm{C}_{30}\ 4^0\ (-1)^{30}.\end{aligned}$$

最後の等式の第 1 項は 4 で割り切れる．余りは ${}_{30}\mathrm{C}_{30}\ 4^0\ (-1)^{30} = 1$．□

◊ **例題 2.2.5** (09 年度国家公務員，一種，教養)**.** n を自然数とする．不等式

$$1\cdot{}_n\mathrm{C}_1 + 2\cdot{}_n\mathrm{C}_2 + 3\cdot{}_n\mathrm{C}_3 + \cdots + (n-1)\cdot{}_n\mathrm{C}_{n-1} + n\cdot{}_n\mathrm{C}_n < 20000$$

を満たす最大の n を求めよ．　◇

解答　2 項係数 (2.1.2) から，

$$k\cdot{}_n\mathrm{C}_k = \frac{n!}{(k-1)!\ (n-k)!} = \frac{n\ (n-1)!}{(k-1)!\ \big((n-1)-(k-1)\big)!}.$$

ここで $k-1=j$ とおき，例題 2.2.1 を考慮すると

$$\begin{aligned}\sum_{k=1}^{n} k\cdot{}_n\mathrm{C}_k &= \sum_{j=0}^{n-1} \frac{n\ (n-1)!}{j!\ \big((n-1)-j\big)!} = n\ \sum_{j=0}^{n-1} \frac{(n-1)!}{j!\ \big((n-1)-j\big)!} \\ &= n\sum_{j=0}^{n-1} {}_{n-1}\mathrm{C}_j = n\ (1+1)^{n-1} = n\cdot 2^{n-1}.\end{aligned}$$

$2^9=512,\ 2^{10}=1024,\ 2^{11}=2048$ だから，$11\cdot 2^{10}=11264,\ 12\cdot 2^{11}=24576$ となり，$n=11$．　□

3
実　数

3.1　自然数から有理数へ

I. 自然数 $1, 2, \cdots$ の全体を $\mathbb{N}$ で表す：$\mathbb{N} = \{1, 2, 3, \cdots\}$.

$m, n \in \mathbb{N}$ に対し，

$$\text{四則演算：}\quad \text{和 } m+n,\quad \text{差 } m-n,\quad \text{積 } m \times n,\quad \text{商 } \frac{m}{n} \tag{3.1.1}$$

を計算することはできるが，その計算結果が，どこに属するかを問題にする．

- まず "差 $m-n$" が一つの集合の中で完結するためには，自然数の全体 $\mathbb{N}$ では不十分で，

$$\text{整数}\quad \mathbb{Z} = \{\cdots, -2, -1, 0, 1, 2, 3, \cdots\} \tag{3.1.2}$$

  まで拡げなければならない．

- さらに "商 m/n" が一つの集合の中で完結するためには，整数の全体 $\mathbb{Z}$ でも不十分で，

$$\text{有理数}\quad \mathbb{Q} = \left\{\frac{m}{n} : m \in \mathbb{Z},\ n \in \mathbb{N}\right\} \tag{3.1.3}$$

  まで拡げる必要がある．

II. 有理数 $\mathbb{Q}$ の中だけで，演算 (3.1.1) は完結した．ところが，

- $x^2 = 2$ という方程式を解こうとすると，有理数 $\mathbb{Q}$ の中では解がみつからない (例題 1.2.9 を参照せよ)．
- 1 辺の長さが 1 の正方形に対し，その対角線の長さが測れない．

などいくつもの不具合が発生する．

さらに，実際の生活でも，有理数ではない数が使われている．

◇ **例題 3.1.1.** 手元の用紙 (ノート，レポート用紙，文庫本，新聞など) で，縦横比を計ると，多くのものが $\sqrt{2} : 1$ である．なぜこの比率なのか？　◇

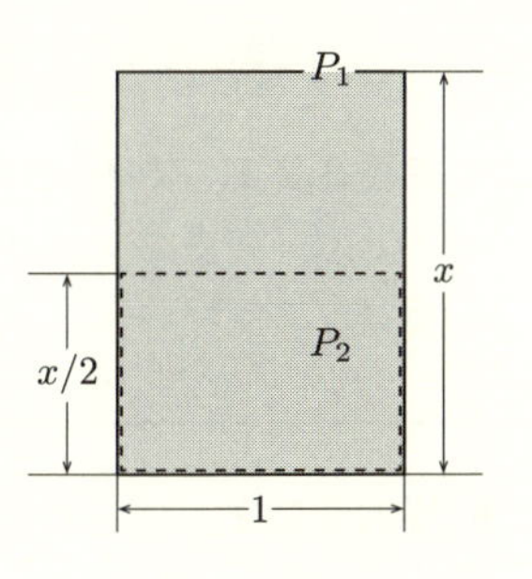

解答　製紙会社では，まず大きな紙を製造し，それを裁断して小さな用紙を作る．

「紙を中央で裁断しても，それと裁断された用紙との縦横比が変わらない」という性質は，紙の製造には大変都合がよい．

実際，縦 x，横 1 の用紙 P_1 を長辺の真ん中で 2 つに裁断する．すると，縦 1，横 $x/2$ の用紙 P_2 が得られる．それぞれ用紙の縦横比は

$$\text{用紙 } P_1 \text{ の 縦横比} : r_1 = \frac{x}{1} = x,$$

$$\text{用紙 } P_2 \text{ の 縦横比} : r_2 = \frac{1}{x/2} = \frac{2}{x}.$$

$r_1 = r_2$ だから，$x = 2/x \ \Rightarrow x^2 = 2$，つまり $x = \sqrt{2}$.　□

♦ **注**：用紙規格 A0, A1, ⋯, A4, A5; B0, B1, ⋯, B5, B6 などの縦横比は，すべて $\sqrt{2}$ (**白銀比**という) である．　◇

3.2　有理数から実数へ

I. §3.1 で述べた難点を解消するために，有理数 $\mathbb{Q}$ をさらに拡大する．

> $\mathbb{Q}$ に属する数列 $\{a_n\}$ で，**基本列**とよばれる性質 (後述の定義 3.2.1) を備えたものの極限全体[1]を考え，それを**実数** $\mathbb{R}$ とよぶ．

直感では理解しにくいが，これが**実数** $\mathbb{R}$ (数直線上のすべての点の集合) であり，前述の難点がすべて解消されることが証明できる[2]．

この部分は，厳密な議論を行わざるをえない．そのため，難解ではあるが，$\varepsilon - N$ 論法を使って，基本列を定義する．

1)　極限として追加されたものが有理数でないとき，**無理数**とよぶ．円周率 π, $\sqrt{2}$, ネイピア数 e などは無理数である．またどちらも無限個だが，“無理数の個数>有理数の個数”となることも証明できる．

2)　この“拡大の方法の正当性”とか，“それで不具合が解消される”ことなど論ずることが，「実数論」である．

ε − N 論法による定義

定義 3.2.1. 次の条件を満たす (実数でも有理数でも) 数列 $\{a_n\}$ を**基本列**とよぶ．任意の $\varepsilon > 0$ に対し，ある自然数 N があり，

$$n > N \Rightarrow |a_{n+1} - a_n| \leq \varepsilon. \quad \diamond$$

♦ **解説 3.2.2.** (i) 大ざっぱにいうと，基本列 $\{a_n\}$ とは，ある番号 N 以降の a_n では "隣との差 $|a_n - a_{n+1}|$ がいくらでも小さくなる" 数列のことである．ただし，$n \leq N$ の a_n たちは何処にあってもよい．

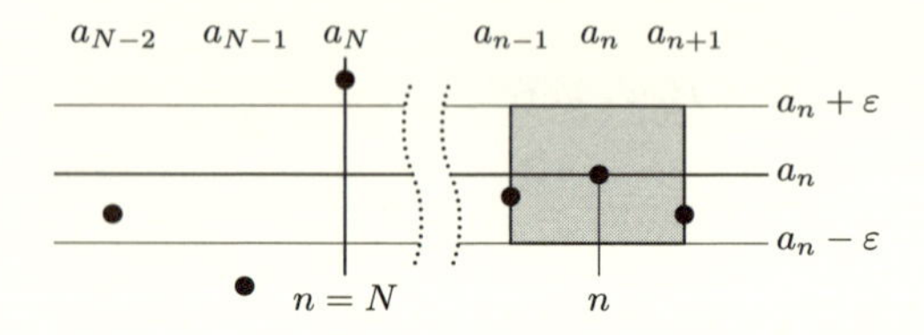

(ii) 例："$k^2 \leq 2 \cdot 10^{2n}$ である整数 k のなかで最大の整数" を j_n とし，

$$a_n = j_n/10^n, \quad n = 0, 1, 2, \cdots$$

と定義する．すると，数列 $\{a_n\}$ は

$$a_0 = 1,\ a_1 = 1.4,\ a_2 = 1.41,\ a_3 = 1.414,\ a_4 = 1.4142,\ \cdots$$

と，$\sqrt{2}$ に近づく基本列になる．

すべての n に対し，$a_n \in \mathbb{Q}$ だが，その極限 $\sqrt{2}$ は $\mathbb{Q}$ に属していない (例題 1.2.9)．つまり有理数 $\mathbb{Q}$ の中だけで考えると，この数列 $\{a_n\}$ は収束しない．一方，実数 $\mathbb{R}$ は，$\mathbb{Q}$ に "すべての基本列の極限" を付け加えたものだから，$\sqrt{2} \in \mathbb{R}$ となる． $\diamond$

II. こうやって得られた実数 $\mathbb{R}$ は次のような良い性質を備えている．

命題 3.2.3 (実数の性質). $x, y \in \mathbb{R}$ とする．

(i) (四則演算が閉じている) $x + y,\ x - y,\ x \times y \in \mathbb{R}$.
　また，$y \neq 0$ なら，$x/y \in \mathbb{R}$.

(ii) (線形順序) $x < y,\ x = y,\ x > y$ のどれか 1 つが成立する．

(iii) (稠密性（ちゅうみつ）) $x < y$ であるなら，$x < t < y$ となる $t \in \mathbb{R}$ が存在する．
　また，ここで $t \in \mathbb{Q}$ とすることもできる．

(iv) **(完備性)** 実数列 $\{a_n\} \subset \mathbb{R}$ が基本列なら，必ず $\lim_{n\to\infty} a_n \in \mathbb{R}$ が存在する[3]．　◇

♦ **注 3.2.4.** (i) 命題 3.2.3 の証明等は，“実数論” とよばれる理論に体系付けられている．本書では命題 3.2.3 の証明を述べないが，実数論を解説した参考書をあげるので，興味がある人は通読されたい．

- 田中一之・鈴木登志雄，数学のロジックと集合論，2003，培風館
- 高木貞治，解析概論 [改訂第 3 版]，1983，岩波書店

(ii) 有理数 $\mathbb{Q}$ を拡大して，実数 $\mathbb{R}$ が得られた．では，実数 $\mathbb{R}$ をさらに拡大して，命題 3.2.3 の性質を備えたものが得られるだろうか? じつは，得られないことが証明されている．つまり 実数 $\mathbb{R}$ は，頻繁に極限操作を行う現代数学の出発点としてちょうどよいものといえる．　◇

III. 現代数学では，“極限” という概念を多用するが，そこで重要な役割を担う用語を定義しておく．

定義 3.2.5. (i) ある実数 K があり，“すべての $x \in A$ に対し $x \leq K$ となる” とき，“集合 A は**上に有界**” といい，K を “A の**上界**” とよぶ．

また，実数 K_0 が “A の上界のなかで一番小さいもの” (最小元，存在するかどうかは，まだわからない) であるとき，K_0 を “A **の上限**” とよび，

$$\sup A = K_0 \qquad (\text{sup は } \underline{\text{sup}}\text{remum が由来})$$

と記述する．

一方，“どんな実数 K に対しても，$x > K$ となる $x \in A$ がある” とき，“A は上に有界でない” といい，記号的に

$$\sup A = \infty$$

と記述する．(∞ は単なる記号であり，∞ という実数は存在しない．)

(ii) 逆に，“すべての $x \in A$ に対し $x \geq L$ となる” ような実数 L があるとき，“集合 A は**下に有界**” といい，L を “A の**下界**(かかい)” とよぶ．

また，実数 L_0 が “A の下界のなかで一番大きいもの” (最大元，存在するかどうかは，まだわからない) であるとき，“A の**下限**” といい，$\inf A = L_0$ と記述する (inf は $\underline{\text{inf}}$imum が由来)．

3) 有理数 $\mathbb{Q}$ は完備性を満たさない．

一方，“どんな実数 L に対しても，$x < L$ となる $x \in A$ がある” とき，“A は下に有界でない” といい，記号的に $\inf A = -\infty$ と記述することも，(i) と同様である．($-\infty$ も単なる記号であり，$-\infty$ という実数は存在しない．)

(iii) 上下ともに有界な場合，単に**有界**という．　◇

◊ **例題 3.2.6.** 下図のような関数 $f(x) = x\,(x-1)\,(x-2)$ に対し，“$f(x)$ が負になる x の全体” を A とする：

$$A \equiv \{x : f(x) < 0\} = \text{区間 } (-\infty,\, 0) \cup (1,\, 2).$$

このとき，A の上界および上限 $\sup A$ を求めよ．　◇

解答　上界は 2 以上の任意の数．上限 $\sup A = 2$．一方，下界は存在せず，$\inf A = -\infty$ である．　□

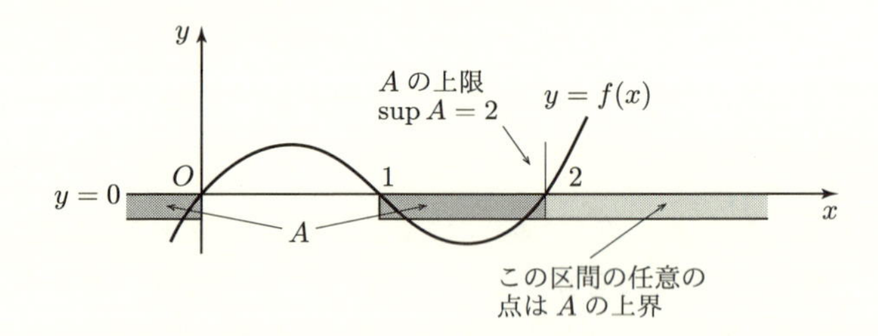

次が “実数論” の要となる定理だが，その証明は必ずしも簡明ではない．興味のある人のため，第 VI 部，§A, 定理 A.1 として証明する．

定理 3.2.7 (ワイエルシュトラスの定理)．実数 $\mathbb{R}$ の空でない集合 A が上に有界なら，上限 $\sup A$ が存在する．また，A が下に有界なときには，下限 $\inf A$ が存在する．　◇

Part II

解 析 基 礎

4
数　列

4.1 数列の収束と発散

順番を付けて数を並べたものを**数列**という：

$$a_0, a_1, a_2, \cdots, a_n, \cdots \qquad (\text{以後は } \{a_n\} \text{ と略記する}).$$

数列 $\{a_n\}$ に対しては，$n \to \infty$ のとき a_n がどう振るまうか (**数列の漸近挙動**という) が興味の対象となる．

定義 4.1.1 (数列の収束)**.** (i) 数列 $\{a_n\}$ が γ に**収束する**とは，

「n を限りなく大きくするとき，a_n がある数 γ に限りなく近づく」 (4.1.1)

ことで，γ を**極限**といい，次のように記述する：

$$\lim_{n\to\infty} a_n = \gamma.$$

(ii) 収束しない数列は，“**発散する**” という． ◇

じつは，(4.1.1) のいい方は厳密さに欠けており，判断に迷うことがある．例えば，“限りなく近づく” は，その意味が曖昧である．

◇ **例題 4.1.2.** 次の数列 $\{a_n\}$ および $\{b_n\}$ は 0 に収束しているか？

$$\text{(a)} \quad a_n \equiv \begin{cases} 1/2^n, & n \neq 10, 10^2, 10^3, \cdots \\ \;1\;, & n = 10, 10^2, 10^3, \cdots, \end{cases}$$

$$\text{(b)} \quad b_n \equiv \begin{cases} 1/2^n, & n \neq 10, 10^2, 10^3, \cdots \\ 1/n\,, & n = 10, 10^2, 10^3, \cdots. \end{cases} \quad \diamond$$

♦ **解説**：数列 $\{a_n\}$ の定義式 (a) の読み方：“$n = 10, 100, 1000, \cdots$ 以外では，$a_n = 1/2^n$．一方，$n = 10, 100, 1000, \cdots$ では $a_n = 1$” と定める． ◇

解答 (i) $\{a_n\}$ はどんな数にも収束していない.

(ii) 0 に収束している. □

"$\varepsilon - N$ 論法" による厳密な定義は，このような判断に迷う場合に，有力な指針となる.

$\varepsilon - N$ 論法

定義 4.1.3 (数列の収束). $\lim_{n\to\infty} a_n = \gamma$ とは，任意の $\varepsilon > 0$ に対し，ある自然数 N があり，次が成立することである：

$$n > N \Rightarrow |a_n - \gamma| < \varepsilon. \quad \diamond$$

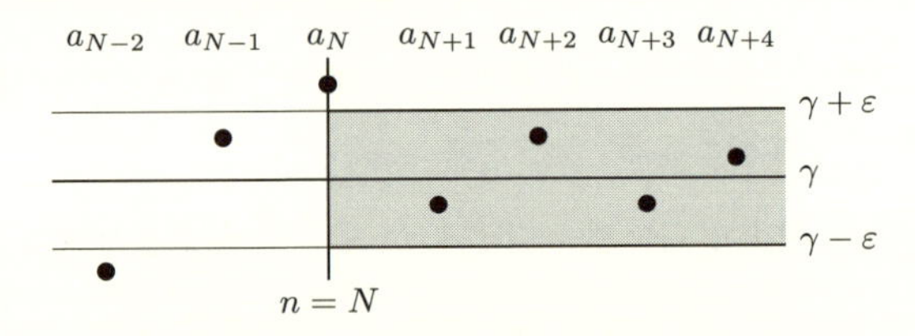

♦ **解説 4.1.4.** $\varepsilon - N$ 論法のイメージを，上図で示す.

(i) 任意に小さな数 $\varepsilon > 0$ を指定すると，ある番号 N があり，そこより先の a_n たちは，すべて γ の近く (ε で指定されたアミカケ帯の部分) にある.

(ii) $n \leq N$ の a_n たちは，どこにあってもよい. $\diamond$

例題 4.1.2 の解答 ($\varepsilon - N$ 論法) この $\varepsilon - N$ 論法を使って，例題 4.1.2 を調べてみよう.

数列 (a) では，$\varepsilon = 1/2$ とすると，どんなに大きな N に対しても，$m \equiv 10^k > N$ となる k があり，$|a_m - \gamma| = |1 - 0| > 1/2 = \varepsilon$ となり，定義 4.1.3 は不成立. 一方，数列 (b) では，N を $1/\varepsilon$ より大きい整数にとると，$\dfrac{1}{2^n} < \dfrac{1}{n}$ だから，

$$n > N \Rightarrow |a_n - 0| = |a_n| \leq \frac{1}{n} < \frac{1}{N} < \varepsilon.$$

すなわち，$\gamma = 0$ とした定義 4.1.3 の条件は満たされた. □

ε 論法

♦ **解説**：$\varepsilon - N$ 論法は，一見，難解な証明方法である. 実際，高校数学では習わないし，これを使えなくても，困らないことが多い. しかし，収

束の判断が難しい数列に対しては，強力なツールとなる．また，今後の「微分」「積分」など厳密な議論が必要な場面では，使わざるをえないこともある．

4.2 収束する数列

次に，漸近挙動を調べるため，数列を分類する．

定義 4.2.1 (単調な数列)．(i) 数列 $\{a_n\}$ が

$$a_0 \le a_1 \le a_2 \le \cdots \le a_n \le \cdots$$

を満たしているとき，**単調増加**という．逆に

$$a_0 \ge a_1 \ge a_2 \ge \cdots \ge a_n \ge \cdots$$

を満たしているとき，**単調減少**という．

(ii) 数列 $\{a_n\}$ に対し，ある数 $K > 0$ があり

$$\text{すべての } n \text{ で} \quad |a_n| \le K \tag{4.2.1}$$

であるとき，**有界な数列**という． ◇

命題 4.2.2. 有界な数列が，単調増加もしくは単調減少なら，収束する． ◇

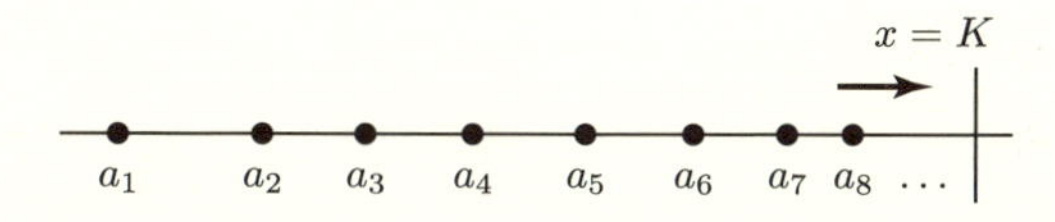

♦ **解説**：単調増加な $\{a_n\}$ の様子を上の図に示す．a_n は n の増加で右にしか移動せず，K より左にいるので，どこかに収束することは直感でわかる．ただし，これの厳密な論証には，ワイエルシュトラスの定理 3.2.7 と定義 4.1.3 の $\varepsilon - N$ 論法が必要となるので，第 VI 部，§B, 命題 B.1 として証明する．

数列の漸近挙動を調べることは，一般にはやさしくない．ただし，収束することがわかっている数列の和，差，積，商は収束する．

命題 4.2.3. $\{a_n\}, \{b_n\}$ をそれぞれ α, β に収束する数列，c_1, c_2 を実数とする．

(i) $\displaystyle\lim_{n\to\infty} \left\{ c_1 a_n + c_2 b_n \right\} = c_1 \alpha + c_2 \beta.$

(ii) $\lim_{n\to\infty} a_n b_n = \alpha\beta$.

(iii) すべての n で $b_n \neq 0, \beta \neq 0$ とする．$\lim_{n\to\infty} \dfrac{a_n}{b_n} = \dfrac{\alpha}{\beta}$.

(iv) 別の数列 $\{x_n\}$ とある自然数 M があり

$$n > M \text{ で } \quad a_n \leq x_n \leq b_n.$$

さらに，$\alpha = \beta$ なら，$\lim_{n\to\infty} x_n = \alpha$.　◇

厳密な証明　いずれも，$\varepsilon - N$ 論法で証明する．どの証明もほぼ同じだが，(ii) を示す．

$\{a_n\}, \{b_n\}$ は収束しているので，定義 4.1.3 より，任意の $\varepsilon' > 0$ に対し，次が成立するような自然数 N がある：

$$n > N \;\Rightarrow\; |a_n - \alpha| < \varepsilon', \quad |b_n - \beta| < \varepsilon'.$$

すると，$n > N$ のとき $|b_n| < \varepsilon' + |\beta|$ となる．$n > N$ として，

$$\begin{aligned} \big| a_n \cdot b_n - \alpha\beta \big| &\leq \big| a_n \cdot b_n - \alpha b_n \big| + \big| \alpha b_n - \alpha\beta \big| \\ &\leq \big| a_n - \alpha \big| \cdot | b_n | + |\alpha| \, \big|b_n - \beta\big| < \varepsilon' \left(\varepsilon' + |\beta| + |\alpha|\right), \quad n > N. \end{aligned}$$

ここで，任意に与えられた $\varepsilon > 0$ に対し $\varepsilon' \left(|\beta| + \varepsilon' + |\alpha|\right) \leq \varepsilon$ となる ε' をとれば，$\varepsilon - N$ 論法が完成する．(i), (iii), (iv) も同様の論法で証明する．　□

4.3 簡単な数列の例

漸近挙動が簡単にわかる数列として，等差数列と等比数列がある．

定義 4.3.1 (等差数列と等比数列)．(i) d を実数とする．

$$a_n \equiv n\,d + a_0, \quad n = 0, 1, 2, \cdots \tag{4.3.1}$$

を等差数列という．ここで“d を公差，a_0 を初項”という．

(ii) r を実数とする．

$$a_n \equiv r^n\, a_0, \quad n = 0, 1, 2, \cdots \tag{4.3.2}$$

を等比数列という．ここで“r を公比，a_0 を初項”という．　◇

◇ **例 4.3.2.** (i) 等差数列 (4.3.1) は $d > 0$ のとき単調増加，$d < 0$ のとき単調減少である．また，$d \neq 0$ の等差数列は発散する．

(ii) 等比数列 (4.3.2) は

	$0<r<1$	$1<r$
$a_0>0$	単調減少	単調増加
$a_0<0$	単調増加	単調減少

また，等比数列は $|r|>1$ のときに発散し，$|r|\leq 1$ のときには 0 に収束する．

◇

次は，簡単に漸近挙動がわかる例である．

◇ **例題 4.3.3.** $a_n \equiv 1/n,\ n=1,2,\cdots$ とする．このとき，$\{a_n\}$ は単調減少で 0 に収束することを示せ．　◇

証明　厳密な $\varepsilon-N$ 論法で証明する．まず，$\varepsilon>0$ を任意に固定する．ε はいくら小さくてもよいが，正の数なので，どこかで 0 でない小数がでてくるが，それを $M+1$ 桁目とする：

$$\varepsilon = 0.\underbrace{0\cdots 0}_{M\text{ 個}}a\cdots,\quad 1\leq a\leq 9.$$

これより $\varepsilon \geq \dfrac{1}{10^{M+1}}$ となる．$N\equiv 10^{M+1}$ とすると，

$$n>N\equiv 10^{M+1}\ \Rightarrow\ 0<a_n=\frac{1}{n}<\frac{1}{10^{M+1}}\leq\varepsilon.$$

よって，$\varepsilon-N$ 論法による証明が完了した．　□

◇ **例題 4.3.4.** 次の数列の $n\to\infty$ での漸近挙動を調べよ．ただし $a>0$ とする．

(a) $\dfrac{2n+3}{n+1}$,　(b) $(n)^{1/3}$,　(c) $(-1)^n$,　(d) 2^n,

(e) $\left(\dfrac{1}{3}\right)^n$,　(f) $\dfrac{(1/3)^n+2n}{n+1}$,　(g) $\dfrac{2^n}{n^2}$,　(h) $(1+a)^{1/n}$.　◇

解答 (a) 式変形で，$n\to\infty$ のとき

$$\frac{2n+3}{n+1}=2+\frac{1}{n+1}\to 2\quad(\text{例題 4.3.3 を使った}).$$

(b) 収束すると思うのは，間違い．どんなに大きな数 K に対しても，

$$n\geq K^3\Rightarrow(n)^{1/3}\geq(K^3)^{1/3}=K\quad(\text{いくらでも大きくなる}).$$

(c) 交互に 1 と -1 になり，ずっとこれが続く．$\varepsilon - N$ 論法が成立する極限値 γ がなく，収束しない．この状態を**振動**という．

(d) まず $2^n \geq n$ だから，$n \to \infty$ のとき $2^n \to \infty$．つまり発散する．

(e) $3^n > 2^n \geq n$ だから，$0 < 1/3^n < 1/n$．例題 4.3.3 より

$$0 \leq \lim_{n\to\infty} \frac{1}{3^n} \leq \lim_{n\to\infty} \frac{1}{n} = 0, \qquad \text{つまり 0 に収束.}$$

(f) 式変形と，いままで示したことを使う．$n \to \infty$ とすると

$$\frac{(1/3)^n + 2n}{n+1} = \frac{1}{3^n}\frac{1}{n+1} + 2 - \frac{1}{n+1} \to 0 + 2 - 0 = 2.$$

(g) $a_n = 2^n/n^2$ とおく．2 項定理 2.1.3 より，

$$2^n = (1+1)^n = \sum_{k=0}^{n} {}_n\mathrm{C}_k\ 1^k \cdot 1^{n-k} > {}_n\mathrm{C}_3 = \frac{1}{6}n\,(n-1)\,(n-2).$$

すると

$$a_n > \frac{n\,(n-1)\,(n-2)}{6\,n^2} = \frac{n}{6} - \frac{1}{2} + \frac{1}{3\,n} > \frac{n}{6} - \frac{1}{2}.$$

$n \to \infty$ のとき，$n/6 \to \infty$ となるので，$\{a_n\}$ は発散する．

(h) 2 項定理 2.1.3 より

$$\left(1 + \frac{a}{n}\right)^n = 1 + n \cdot \frac{a}{n} + \cdots + \left(\frac{a}{n}\right)^n > 1 + a > 1.$$

これより $1 + a/n > (1+a)^{1/n} > 1$ となる．$n \to \infty$ のとき，例題 4.3.3 から，この不等式の左辺は 1 に収束する．つまり $(1+a)^{1/n} \to 1$．　□

◇ **例題 4.3.5.** 次の極限値を求めよ．ただし a, b は正の定数とする．

(a) $\displaystyle\lim_{n\to\infty} \frac{\sqrt{n+3} - \sqrt{n+2}}{\sqrt{n+2} - \sqrt{n}}$,　(b) $\displaystyle\lim_{n\to\infty} n\left(1 - \sqrt{\left(1 + \frac{a}{n}\right)\left(1 + \frac{b}{n}\right)}\,\right)$.　◇

解答 (a) 有理化する．

$$\frac{\sqrt{n+3} - \sqrt{n+2}}{\sqrt{n+2} - \sqrt{n}} = \frac{n+3-(n+2)}{\sqrt{n+3} + \sqrt{n+2}} \cdot \frac{\sqrt{n+2} + \sqrt{n}}{n+2-n}$$

$$= \frac{\sqrt{n+2} + \sqrt{n}}{2(\sqrt{n+3} + \sqrt{n+2})} = \frac{\sqrt{1+2/n} + 1}{2(\sqrt{1+3/n} + \sqrt{1+2/n})} \equiv (\star)$$

これより $n \to \infty$ のとき

$$(\star) \to \frac{\sqrt{1} + 1}{2\,(\sqrt{1} + \sqrt{1})} = \frac{1}{2}.$$

(b) やはり有理化する．

$$1-\sqrt{\left(1+\frac{a}{n}\right)\left(1+\frac{b}{n}\right)}=\frac{1}{1+\sqrt{\left(1+a/n\right)\left(1+b/n\right)}}\left(-\frac{a+b}{n}-\frac{a\,b}{n^2}\right).$$

両辺に n をかけて，$n\to\infty$ とすると

$$\lim_{n\to\infty} n\left(1-\sqrt{\left(1+\frac{a}{n}\right)\left(1+\frac{b}{n}\right)}\ \right)=\frac{-1}{1+\sqrt{1}}\,(a+b)=-\frac{a+b}{2}.\quad\square$$

◊ **例題 4.3.6.** 次の数列 $\{a_n\}$ を考える：

$$a_1=0,\quad a_2=1,\quad a_n=\sqrt{3+a_{n-1}+a_{n-2}},\quad n=3,4,\cdots.$$

(i) $\{a_n\}$ は単調増加であることを示せ．

(ii) すべての $n\geq 0$ に対し，$0\leq a_n\leq 3$ であることを示せ．

(iii) $\lim_{n\to\infty} a_n$ を求めよ． ◇

解答 (i) 数学的帰納法を使い，$a_{n+1}-a_n>0$ を示す．

<u>*Step 1.*</u> $n=2$ のとき，$a_3=\sqrt{3+1+0}=2>1=a_2$.

<u>*Step 2.*</u> 仮定

$$「j=2,3,\cdots,k \text{ に対し，} a_j-a_{j-1}>0 \text{ が成立する}」\tag{4.3.3}$$

から，$a_{k+1}-a_k>0$ を示す．a_k の漸化式より

$$\begin{aligned}a_{k+1}-a_k&=\sqrt{3+a_k+a_{k-1}}-\sqrt{3+a_{k-1}+a_{k-2}}\\&=\frac{(a_k-a_{k-1})+(a_{k-1}-a_{k-2})}{\sqrt{3+a_k+a_{k-1}}+\sqrt{3+a_{k-1}+a_{k-2}}}.\end{aligned}$$

ここで，数学的帰納法の仮定 (4.3.3) より，

$$a_k-a_{k-1}>0,\quad a_{k-1}-a_{k-2}>0$$

だから，$a_{k+1}-a_k>0$. これで数学的帰納法が完成した．

(ii) $a_n\geq 0$ は明らかだから，$a_n\leq 3$ を示す．$\{a_n\}$ は単調増加だから

$$a_n=\sqrt{3+a_{n-1}+a_{n-2}}\leq\sqrt{3+2a_n},$$

つまり ${a_n}^2\leq 3+2a_n$ となり，

$$0\geq {a_n}^2-3-2a_n=(a_n+1)(a_n-3)\ \Rightarrow\ a_n\leq 3.$$

(iii) $\{a_n\}$ は有界で単調増加だから，命題 4.2.2 より，極限 $\gamma\equiv\lim_{n\to\infty} a_n>0$

が存在する．問題文の漸化式で $n \to \infty$ として

$$\gamma = \sqrt{3 + \gamma + \gamma} \ \Rightarrow \ \gamma^2 = 3 + 2\gamma.$$

この解は $\gamma = -1, 3$ だが，$\gamma > 0$ だから，$\gamma = 3$. □

4.4 級　数

与えられた数列 $\{a_n\}$ から，

$$S_0 \equiv a_0,\ S_1 \equiv a_0 + a_1,\ \cdots,\ S_n \equiv \sum_{k=0}^{n} a_k = a_0 + a_1 + \cdots + a_n,\ \cdots$$

の手順で，新しくつくられた数列 $\{S_n\}$ を**級数**という．級数は数列とみなせるので，その収束，発散は定義 4.1.1 と同様である．

◇ **例題 4.4.1.** (i) 公比 $r \neq 1$ である等比数列 $a_n = a_0\, r^n,\ n = 0, 1, 2, \cdots$ の級数は

$$S_n \equiv \sum_{k=0}^{n} a_k = \frac{a_0\left(1 - r^{n+1}\right)}{1 - r}, \quad n = 0, 1, 2, \cdots, \quad r \neq 1.$$

(ii) 等差数列 $b_n = b_0 + n\, d,\ n = 0, 1, 2, \cdots$ の級数は

$$S_n \equiv \sum_{k=0}^{n} b_k = b_0\,(n+1) + \frac{n\,(n+1)\,d}{2}, \quad n = 0, 1, 2, \cdots.$$

証明 (i) $S_n - rS_n$ を計算すると，

$$\begin{aligned} S_n - rS_n &= a_0\Big\{\big(1 + r + r^2 + \cdots + r^n\big) - \big(r + r^2 + \cdots + r^n + r^{n+1}\big)\Big\} \\ &= a_0\big\{1 - r^{n+1}\big\}. \end{aligned}$$

これを整理して (i) が得られる．

(ii) S_n と "その和の順を逆にした S_n" を考えると

$$S_n = b_0 + \big(b_0 + d\big) + \big(b_0 + 2\,d\big) + \cdots + \big(b_0 + n\,d\big), \tag{4.4.1}$$

$$S_n = \big(b_0 + n\,d\big) + \big(b_0 + (n-1)\,d\big) + \cdots + b_0. \tag{4.4.2}$$

ここで "(4.4.1) の第 j 項" と "(4.4.2) の第 j 項" の和は，

$$\big(b_0 + j\,d\big) + \big(b_0 + (n-j)\,d\big) = 2b_0 + n\,d$$

と j に無関係だから

$$2S_n = S_0 + S_0 = (n+1)(2\,b_0 + n\,d) = 2\,(n+1)\,b_0 + n\,(n+1)\,d.$$

これを整理して，(ii) が示される．　□

♦ **展望 4.4.2.**　(i)　すべての n に対し，$a_n \geq 0$ であるとき，その級数を**正項級数**という．正項級数の収束判定は，古くから研究された問題で，

$$\textbf{コーシーの判定法}\quad \limsup_{n\to\infty} \left(a_n\right)^{1/n} < 1,$$

あるいは

$$\textbf{ダランベールの判定法}\quad \lim_{n\to\infty} \frac{a_{n+1}}{a_n} = r \text{ が存在し } r < 1$$

など，$\{S_n\}$ が収束するための十分条件が知られている[1]．

(ii)　(a) 前述の記号 $\limsup_{n\to\infty} b_n$ は“数列 $\{b_n\}$ の**上極限**”といい，次で定義される：

$$\limsup_{n\to\infty} b_n \equiv \lim_{n\to\infty} \Big(\ \sup\{b_k : k \geq n\}\Big).$$

なお，右辺 $\big(\cdots\big)$ の意味は，各 n ごとに集合 $B_n \equiv \{b_k : k \geq n\}$ を定め，この“B_n に定義 3.2.5 の上限を考える”ことである．

一方，“数列 $\{b_n\}$ の**下極限**”

$$\liminf_{n\to\infty} b_n \equiv \lim_{n\to\infty} \Big(\ \inf\{b_k : k \geq n\}\Big)$$

も同様に定義する．

(b)　それぞれの定義から，$\liminf_{n\to\infty} b_n \leq \limsup_{n\to\infty} b_n$ である．また，“両者が一致する”ことは，$\{b_n\}$ が収束するための必要十分条件である．　◇

1)　例えば，次を参照せよ：高木貞治，解析概論［改訂第 3 版］，1983，岩波書店；三宅敏恒，入門 微分積分，1992，培風館

5
ネイピア数 e と指数関数

重要な関数である“指数関数”や“自然対数”を導入するため，ネイピア数 e とよばれる“特別な無理数”を定義する．

5.1 金利計算とネイピア数

I. 年利 r で A 円を借り入れる．利子は複利で計算されるので，返済額は

	0 年目	1 年目	2 年目	$\cdots$	n 年目
総額	A	$A(1+r)$	$A(1+r)^2$	$\cdots$	$A(1+r)^n$

と“公比 $1+r$ の等比数列”になる．特に，1 年間借りたときの返済額は，

$$A(1+r). \tag{5.1.1}$$

ところが年利 r ではなく，“毎月の利率 $r/12$ で 12 ヶ月借りた”として利息計算をすると，返済額は

$$A\left(1+\frac{r}{12}\right)^{12} \tag{5.1.2}$$

となる．このとき，次の問題が発生する．

◊ **例題 5.1.1.** (5.1.1) と (5.1.2) では，どちらのほうが大きいか?

解答 (5.1.2) のほうが大きい．なぜなら，2 項定理 2.1.3 より，

$$\begin{aligned}
A\left(1+\frac{r}{12}\right)^{12} &= A\left\{{}_0\mathrm{C}_0 + {}_{12}\mathrm{C}_1\left(\frac{r}{12}\right) + {}_{12}\mathrm{C}_2\left(\frac{r}{12}\right)^2 + \cdots + {}_{12}\mathrm{C}_{12}\left(\frac{r}{12}\right)^{12}\right\} \\
&= A\left\{1 + 12\cdot\frac{r}{12} + \frac{12\cdot 11}{2!}\left(\frac{r}{12}\right)^2 + \cdots + 1\cdot\left(\frac{r}{12}\right)^{12}\right\} \\
&> A\left\{1 + 12\cdot\frac{r}{12}\right\} = A(1+r). \quad \square
\end{aligned}$$

II. 例題 5.1.1 から，同じ金額を借りても，利率の計算方法により

$$\text{年利 } r \text{ で 1 年} \ < \ \text{月利 } \frac{r}{12} \text{ で 12 ヶ月} \ < \ \text{日利 } \frac{r}{365} \text{ で 365 日} \qquad (5.1.3)$$

と，返済額の不等式が成立している．すると，次が問題となる．

◇ **例題 5.1.2.** 借り入れ期間は 1 年のままで，利息の単位期間をどんどん細かくしていく：

$$\text{時間毎の利率 } \frac{r}{365\times 24} \to \text{分毎の利率 } \frac{r}{365\times 24\times 60}$$
$$\to \text{秒毎の利率 } \frac{r}{365\times 24\times 60\times 60} \to \cdots.$$

この極限 (“**瞬間スポット金利**” という) では，1 年後の返済額はどうなるのだろうか? ◇

じつは，この例題はやさしい問題ではなく[1]，いろいろな準備が必要となる．簡単のため，“借入金 $A=1$ 円” として，次の数列の漸近挙動を調べる：

$$\text{重要な数列} \qquad a_n(r) \equiv \left(1+\frac{r}{n}\right)^n, \quad n=1,2,\cdots, \quad r>0. \qquad (5.1.4)$$

命題 5.1.3. $0 \le r < 2$ とする．(5.1.4) の数列 $\{a_n(r)\}$ は単調増加かつ有界であり，極限 $\lim_{n\to\infty} a_n(r) = E(r)$ が存在する． ◇

定義 5.1.4 (ネイピア数)**.** $r=1$ とした (5.1.4) の極限を e とおく．$e=E(1)$ は**ネイピア数**とよばれ，微積分で重要な定数である．e は無理数で，その具体的な値は理論からは計算できない．数値計算の結果は

$$\text{ネイピア数} \quad e = 2.71828\cdots. \quad \diamond$$

命題 5.1.3 の証明 <u>*Step 1.*</u> 2 項定理 2.1.3 で $x=1,\, y=r/n$ とおくと

$$\begin{aligned}
a_n(r) &= \left(1+\frac{r}{n}\right)^n = 1 + {}_n\mathrm{C}_1\cdot\left(\frac{r}{n}\right) + \cdots + {}_n\mathrm{C}_n\left(\frac{r}{n}\right)^n \\
&= 1 + \frac{n!}{1!\,(n-1)!}\cdot\frac{r}{n} + \frac{n!}{2!\,(n-2)!}\cdot\left(\frac{r}{n}\right)^2 + \cdots \\
&\qquad + \frac{n!}{j!\,(n-j)!}\cdot\left(\frac{r}{n}\right)^j + \cdots + \frac{n!}{n!\,0!}\cdot\left(\frac{r}{n}\right)^n
\end{aligned}$$

1) 後述の例題 5.2.1 で解答する．

$$
\begin{aligned}
&= 1 + \frac{r}{1!} + \frac{r^2}{2!} \cdot 1 \cdot \left(1 - \frac{1}{n}\right) + \cdots \\
&\qquad + \frac{r^j}{j!} \cdot 1 \cdot \left(1 - \frac{1}{n}\right) \cdots \left(1 - \frac{j-1}{n}\right) + \cdots \\
&\qquad\qquad + \frac{r^n}{n!} \cdot 1 \cdot \left(1 - \frac{1}{n}\right) \cdots \left(1 - \frac{n-2}{n}\right) \cdot \left(1 - \frac{n-1}{n}\right) \\
&= 1 + \sum_{j=1}^{n} \frac{r^j}{j!} \left(1 - \frac{1}{n}\right) \cdots \left(1 - \frac{n-j}{n}\right). \qquad (5.1.5)
\end{aligned}
$$

Step 2. 上の等式 (5.1.5) を利用して，次を示す．

補題 5.1.5. 各 $r > 0$ に対し，(5.1.4) の数列 $\{a_n(r)\}$ は単調増加． $\diamond$

証明 $\dfrac{1}{n} > \dfrac{1}{n+1}$ なので，次の不等式が成立している：

$$
\left(1 - \frac{1}{n}\right) \cdots \left(1 - \frac{j-1}{n}\right) < \left(1 - \frac{1}{n+1}\right) \cdots \left(1 - \frac{j-1}{n+1}\right), \qquad j = 1, 2, \cdots, n.
$$

これを (5.1.5) に適用して

$$
\begin{aligned}
a_n(r) &= 1 + \sum_{j=1}^{n} \frac{r^j}{j!} \left(1 - \frac{1}{n}\right) \cdots \left(1 - \frac{n-j}{n}\right) \\
&< 1 + \sum_{j=1}^{n} \frac{r^j}{j!} \overbrace{\left(1 - \frac{1}{n+1}\right) \cdots \left(1 - \frac{j-1}{n+1}\right)}^{\text{置き換え}} \\
&< 1 + \sum_{j=1}^{n} \frac{r^j}{j!} \left(1 - \frac{1}{n+1}\right) \cdots \left(1 - \frac{j-1}{n+1}\right) \\
&\qquad + \underbrace{\frac{r^{n+1}}{(n+1)!} \cdot \left(1 - \frac{1}{n+1}\right) \cdots \left(1 - \frac{n-1}{n+1}\right) \cdot \left(1 - \frac{n}{n+1}\right)}_{\text{追加}} \\
&= a_{n+1}(r). \qquad \square
\end{aligned}
$$

Step 3. 次に，数列 $\{a_n(r)\}$ が有界なことを示す．

補題 5.1.6. すべての $n \geq 1$ に対し，

$$
1 + r < a_n(r) < 1 + \frac{2r}{2-r}.
$$

ただし，左の不等式は $r \geq 0$，右の不等式は $2 > r \geq 0$ で成立する． $\diamond$

証明 自然数 m に対し，

$$m! = m \cdot (m-1) \cdots 3 \cdot 2 \cdot 1 \ \geq\ 2 \cdot 2 \cdots 2 = 2^{m-1}$$

だから，$1/m! \leq 1/2^{m-1}$ となる．すると $0 \leq r < 2$ に対し，(5.1.5) から

$$a_n(r) \leq 1 + \sum_{j=1}^{n} \underbrace{\frac{r^j}{2^j}}_{\text{置き換え}} \left(1 - \frac{1}{n}\right) \cdots \left(1 - \frac{n-j}{n}\right)$$

$$< 1 + \sum_{j=1}^{n} \frac{r^j}{2^{j-1}} = 1 + \frac{r\left(1 - (r/2)^n\right)}{1 - r/2} < 1 + \frac{2\,r}{2-r}. \text{ (例題 4.4.1 を適用)}$$

最後に，$\{a_n\}$ は単調増加で，$a_1(r) = 1 + r$ だから，補題が示された． □

Step 4. 補題 5.1.5，補題 5.1.6，命題 4.2.2 を組み合わせると，命題 5.1.3 の証明が完了する． □

5.2 指数関数

いよいよ例題 5.1.2 に解答する．“年利 r を n 等分した利率 r/n” で 1 円を 1 年間 ($= n$ 期間) 借りた．その返済額は $a_n(r) = (1 + r/n)^n$ である．

定理 5.2.1 (瞬間スポット金利)**.** すべての $r \in \mathbb{R}$ に対し，極限 $\lim_{n\to\infty} a_n(r) \equiv E(r)$ が存在する． ◇

定義 5.2.2 (指数関数)**.** この極限 $E(r)$ を，“変数 $r \in \mathbb{R}$ の関数” とみなし，**指数関数**とよぶ (定義 6.2.1, §6.3.2 を参照のこと)． ◇

◆ **解説** (i) 10 万円を借り入れたとき，年利 r での返済額 $(1+r) \cdot 10^5$ と瞬間スポット金利での返済額 $E(r) \cdot 10^5$ は，1 年後の返済時にどれぐらいの差があるのか? ⇒ 計算結果は次のとおりで[2)]，意外に差が少ない．

年利 r	3 %	5 %	10 %	20 %	29.2 %
返済額の差	45.4 円	127.1 円	517.1 円	2140.3 円	4710.3 円

(ii) 定理 5.2.1 だけでは，瞬間スポット金利 $E(r)$ の具体形が明確ではなく，その計算も難しい．そこで，後述の定理 6.3.3 で，$E(r) = e^r$ $(r \in \mathbb{R})$ となる

2) 利息制限法での金利上限は 20%，出資法の上限は 29.2%，両者の間にある金利をグレーゾーン金利という．

ことを示す[3]．ここで，$e=E(1)$ はネイピア数である． ◇

定理 5.2.1 の証明 *Step 1.* $0 \le r < 2$ のとき，命題 5.1.3 が定理 5.2.1 を保証する．また，補題 5.1.5 から，すべての $r \ge 0$ で数列 $\{a_n(r)\}$ は単調増加である．そこで $r \ge 2$ の場合に，$\{a_n(r)\}$ が上に有界であることを示す．

$r\,(\ge 2)$ を超えない最大の自然数を L とすると，$\dfrac{r}{L+1} < 1$ である．すると，$j \ge L+1$ に対し，

$$\frac{r^j}{j!} = \frac{\overbrace{r\times\cdots\times r}^{L\text{個}}}{1\cdot 2\cdot\cdots\cdot L} \times \frac{\overbrace{r\times\cdots\times r}^{j-L\text{個}}}{(L+1)\cdot(L+2)\cdot\cdots\cdot j} < \frac{r^L}{L!}\times\left(\frac{r}{L+1}\right)^{j-L}.$$

$\gamma = r/(L+1) < 1$ とおく．(5.1.5) から，$n \ge L+1$ に対し，

$$\begin{aligned} a_n(r) &\le 1 + \sum_{j=0}^{n}\frac{r^j}{j!} \le 1 + \sum_{j=0}^{L}\frac{r^j}{j!} + \sum_{j=L+1}^{n}\frac{r^j}{j!} \\ &< 1 + \sum_{j=0}^{L}\frac{r^j}{j!} + \frac{r^L}{L!}\sum_{j=L+1}^{\infty}\gamma^{j-L} < 1 + \sum_{j=0}^{L}\frac{r^j}{j!} + \frac{r^L}{L!}\frac{1}{1-\gamma}. \end{aligned}$$

命題 4.2.2 から，すべての $r \ge 0$ で，$\lim_{n\to\infty} a_n(r) = E(r)$ が存在する．

Step 2. $r<0$ の場合は，次の例題 5.2.3 から $E(-r)$ の存在が示される．

□

◇ **例題 5.2.3.** $r \ge 0$ とする．次を証明せよ．

$$E(-r) \equiv \lim_{n\to\infty}\left(1-\frac{r}{n}\right)^n = \frac{1}{E(r)}. \quad \diamond$$

解答 *Step 1.* $\lim_{n\to\infty}\left(1-\dfrac{r}{n}\right)^{-n} = E(r)$ を示す．式変形で，

$$\left(1-\frac{r}{n}\right)^{-n} = \left(\frac{n-r}{n}\right)^{-n} = \left(\frac{n}{n-r}\right)^{n} = \left(1+\frac{r}{n-r}\right)^{n} \tag{5.2.1}$$

となる．ここで，大きな n に対し，$n-r$ を超えない最大の自然数を m とおくと，$m \le n-r < m+1$. すると，

$$\left(1+\frac{r}{m+1}\right)^{m+r} \le \left(1+\frac{r}{n-r}\right)^{n} < \left(1+\frac{r}{m}\right)^{m+1+r}. \tag{5.2.2}$$

一方，命題 4.2.3 (ii) と定理 5.2.1 ($r \ge 0$ の場合は，証明済み) より

---

3) “例題 5.2.3，例題 5.2.4，$E(r)$ の連続性 (例題 7.3.6 (iv))” から，$E(r)$ の具体形を求めることができる (“コーシーの関数方程式” という．定理 6.3.3 を参照のこと).

$$\lim_{m\to\infty}\left(1+\frac{r}{m+1}\right)^{m+r}$$
$$=\lim_{m\to\infty}\left(1+\frac{r}{m+1}\right)^{m+1}\times\lim_{m\to\infty}\left(1+\frac{r}{m+1}\right)^{r-1}=E(r),$$

$$\lim_{m\to\infty}\left(1+\frac{r}{m}\right)^{m+1+r}=\lim_{m\to\infty}\left(1+\frac{r}{m}\right)^{m}\times\lim_{m\to\infty}\left(1+\frac{r}{m}\right)^{r+1}=E(r).$$

$n\to\infty$ のとき $m\to\infty$ となるので，これを (5.2.1), (5.2.2) に適用し，$\lim_{n\to\infty}(1-r/n)^{-n}=E(r)$ が示された．

Step 2. *Step 1* と命題 4.2.3 (iii) を使うと，

$$E(-r)\equiv\lim_{n\to\infty}\left(1-\frac{r}{n}\right)^{n}=\lim_{n\to\infty}\left\{\left(1-\frac{r}{n}\right)^{-n}\right\}^{-1}$$
$$=\left\{\lim_{n\to\infty}\left(1-\frac{r}{n}\right)^{-n}\right\}^{-1}=\frac{1}{E(r)}.\quad\square$$

◇ **例題 5.2.4.** 次を証明せよ： $r'>r$ のとき，$\dfrac{E(r')}{E(r)}=E(r'-r)>1$．◇

解答 $a_n=(1+r'/n)^n$, $b_n=(1+r/n)^n$ として，命題 4.2.3 (iii) を適用する．定理 5.2.1 より，

$$\frac{\lim_{n\to\infty}a_n}{\lim_{n\to\infty}b_n}=\frac{E(r')}{E(r)}=\lim_{n\to\infty}\frac{a_n}{b_n}=\lim_{n\to\infty}\frac{(1+r'/n)^n}{(1+r/n)^n}$$
$$=\lim_{n\to\infty}\left(\frac{n+r'}{n+r}\right)^n=\lim_{n\to\infty}\left(1+\frac{r'-r}{n+r}\right)^n.$$

大きな n に対し，$n+r$ を超えない最大の自然数を m とおき，$|r|$ より大きい最小の自然数を L とする．すると，

$$m\le n+r<m+1,\quad m-L\le m-r\le n<m-r+1\le m+L+1$$

となる．$r'-r=a>0$ と表すとき，

$$\left(1+\frac{a}{m+1}\right)^{m+1}\times\left(1+\frac{a}{m+1}\right)^{-(1+L)}\le\left(1+\frac{a}{m+1}\right)^{n}$$
$$\le\left(1+\frac{a}{n+r}\right)^{n}<\left(1+\frac{a}{m}\right)^{n}\le\left(1+\frac{a}{m}\right)^{m}\times\left(1+\frac{a}{m}\right)^{L+1}.$$

$n\to\infty$ のとき $m\to\infty$ となるが，例題 5.2.3 と同様に，上式の最初と最後の項はどちらも，$E(a)$ に収束する．最後に，補題 5.1.6 も考慮すると

$$\frac{E(r')}{E(r)}=\lim_{n\to\infty}\left(1+\frac{r'-r}{n+r}\right)^n=E(r'-r)\ge1+r'-r>1.\quad\square$$

6
関　数

6.1　データ分析

◇ **例題 6.1.1.** “走り幅跳び世界記録” の変遷は，以下のとおりである．これから，“走り幅跳び” 競技の特徴を分析せよ．　◇

1874 年	1883 年	1895 年	1901 年	1923 年	1924 年
7.05m	7.06m	7.09m	7.61m	7.69m	7.76m
レーン	ダビン	フォード	オコナー	ガーディン	ル・ジェンダー
1925 年	1928 年	1931 年	1935 年	1960 年	1961 年
7.89m	7.93m	7.98m	8.13m	8.21m	8.28m
ヒュバード	ケイター	南部中平	オーエンス	ボストン	ボストン
1962 年	1964 年	1965 年	1968 年	1991 年	2018 年
8.31m	8.34m	8.35m	8.90m	8.95m	←
テルオバニヤン	ボストン	ボストン	ビーモン	パウエル	←

解答　筆者の考えでは，次のとおり：

(a) 4 つの長い記録停滞期 (1874〜1900 = 26 年間，1901〜1922 = 21 年間，1935〜1959 = 24 年間，1991〜2018 = 27 年間) があり，その間に記録急進期がある．

(b) 記録更新の難しい競技である．記録停滞期が長く，年間記録保持者は 144 年間でも，たったの 14 人しかいない[1)]．

(c) 新技術[2)]が開発されない限り，9 m が人類能力の限界だろう．

ところで，表を見ただけで，以上の特徴を読みとるのは難しい．分析の手段は，

- データの関数化：x を西暦，$f(x)$ を x 年に出された世界記録として関数化する．

1)　ちなみに，「2018 日本インカレ」男子優勝記録は 7 m 76，女子の世界記録は 7 m 52 (チスチャコワ，1988) と，超人女子なら男子に十分対抗できる．これも，走り幅跳びが超人の競技であることを示している．

2)　空中で前転しながら飛ぶ技法が開発されたが，“危険すぎる” との理由で禁止されている．

- $y = f(x)$ のグラフを作成し (下図)，その特徴を読み取る．

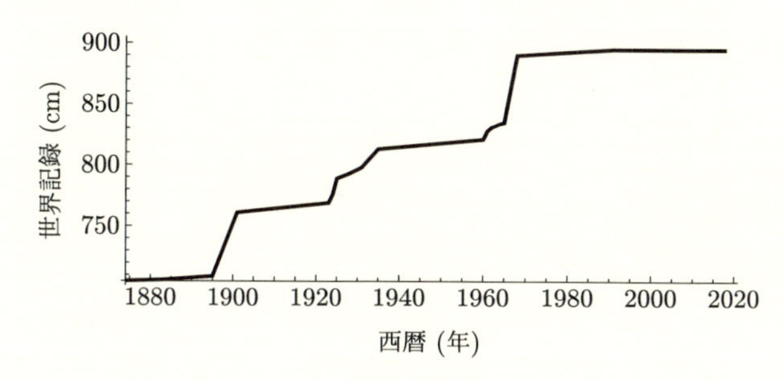

このグラフを利用すれば，走り幅跳びの競技特徴の分析が容易になり，上記のような結論に至った． □

a, b を定数とする．定理 6.3.3 で述べる指数関数に対し，$x \to a + bx$ という置き換えを行った関数

$$f(x) = e^{a+bx} = e^{a}\, e^{b\,x} \tag{6.1.1}$$

も**指数関数**とよぶが，(6.1.1) はいろいろなデータを近似することに適した関数である．その例をあげてみよう．

◇ **例題 6.1.2** (携帯電話の契約数)．日本国内で携帯電話が商業化されてからの，5 年間での契約実績は次のとおりである．このデータを関数で近似せよ．

表 6.1.1 携帯電話の契約件数

西　暦	1984	1985	1986	1987	1988	1989
契約数 (×1000 件)	13	21	33	56	92	147

◇

解答 (6.1.1) の定数 a, b を，次で定めた指数関数

$$f(x) = e^{a}e^{b\,x}, \quad a = 2.5649, \quad b = 0.47957 \tag{6.1.2}$$

で表 6.1.1 のデータを近似すると，両者は驚くほど，一致している (図 6.1.2)．

じつは (6.1.2) の a と b の値は，表 6.1.1 の 1984 年/1985 年の 2 年間のデータから決定できる (例題 6.5.6)．つまり，1986 年〜1989 年の契約数動向は，(6.1.2) から正しく予測できた． □

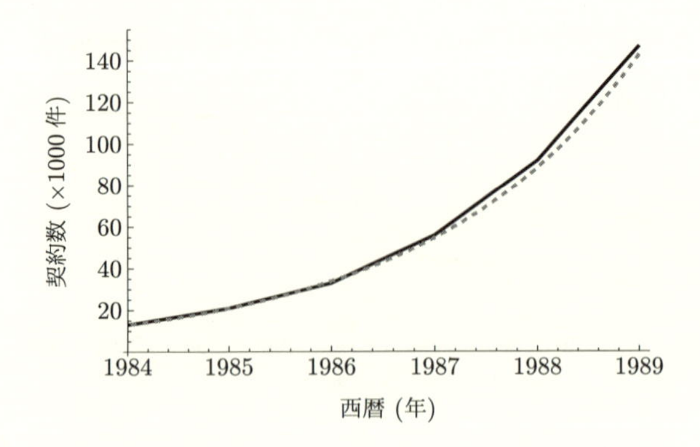

図 6.1.2　実線が実績データのグラフ，破線が近似関数

6.2　関　　数

前述の例題 6.1.2 からわかるように，**関数**という概念が導入されてから，数学の実社会への応用が飛躍的に広がった．つまり関数を使えば，ある要因とその結果との関係を厳密に記述できるからである．

定義 6.2.1 (関数)**.**　実数のある部分集合 $\mathcal{D}_f \subset \mathbb{R}$ に属する数 x に対し，

$$\text{ある数 } y \text{ がただ一つ対応する} \tag{6.2.1}$$

とき，その対応を**関数**とよび，

$$y = f(x)$$

と記述する．ここで x を**独立変数**，y を**従属変数**という．

また，$\mathcal{D}_f$ を“関数 f の**定義域**”とよぶ．一方，関数の値の動く範囲

$$\mathcal{R}_f \equiv \{f(x) : x \in \mathcal{D}_f\}$$

を“関数 f の**値域**”とよぶ．　◇

♦ **展望 6.2.2.** (i)　現代数学では関数を，集合論でいう“写像”と同一視することが多い．この立場にたてば，(6.2.1) は要求せず，

(a)　(6.2.1) を満たす関数を，“一価関数”，

(b)　(6.2.1) を満たさない関数を，“多価関数”，

と分類される．ただし本書では，**関数の定義として** (6.2.1) **を要求する．**

(ii)　厳密にいうと，定義域が異なると別の関数となる．また定義域は区間で

ある必要はない．例えば，数列 $\{a_n\}$ も関数である．この場合，定義域 $\mathcal{D}$ は自然数 $\mathbb{N}$ となる．　◇

6.3 初 等 関 数

本節では，今後よく使う関数 (初等関数) を以下で説明する．

6.3.1 多項式とその仲間

自然数 n と 実数 $a_0, a_1, \cdots, a_n$ に対し，

$$f(x) = a_0 + a_1 x + \cdots + a_n x^n, \quad x \in \mathbb{R} \tag{6.3.1}$$

という形式の関数を“**n 次多項式**”という．

この多項式を拡大して得られる関数の仲間に“代数関数”とよばれるものがある．そのいくつかの例を述べよう：

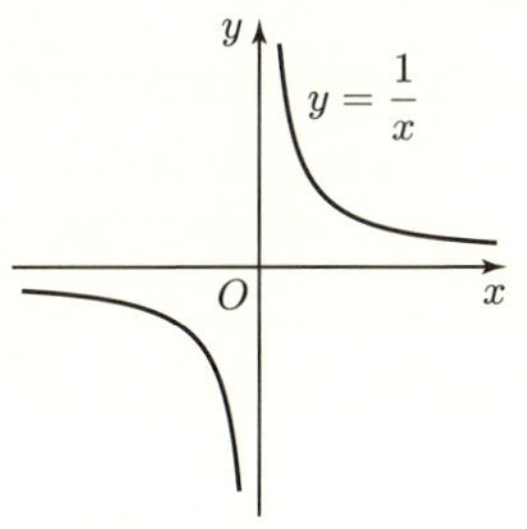

I. 分数式：$a_0, \cdots, a_4$ を実数とするとき，

$$f(x) = \frac{a_0 + a_1 x + a_2 x^2}{a_3 + a_4 x}, \quad a_3 + a_4 x \neq 0$$

などの“$(m$ 次多項式$)/(n$ 次多項式$)$”という形をした関数を**分数式**という．

II. べき乗：$f(x) = x^a$ $(a \in \mathbb{R})$ の形をした関数を**べき乗**という．

ところが，べき乗の確定は簡単ではない．

Step 1. $a = 1/n$ $(n \in \mathbb{N})$ である“べき乗”を，**n 乗根**という (定義 6.4.6)：

$$n \text{ 乗根} \quad f(x) = x^{1/n} = \psi^{-1}(x), \ x \geq 0.$$

この ψ^{-1} は“$\psi(x) = x^n$ の逆関数 (定義 6.4.6)”である．また n 乗根は，$\sqrt[n]{x}$ や $\sqrt{x}$ $(n = 2$ のとき) とも記述される．

Step 2. 有理数 $q = m/n$ $(m \in \mathbb{Z}, n \in \mathbb{N})$ に対する“べき乗”は[3]，

$$x^q = (x^m)^{1/n} = \psi^{-1}(x^m), \quad x > 0$$

---

3)　$\psi^{-1}(x^m)$ は，関数 $g(x) = x^m$ と ψ^{-1} の合成関数 $\psi^{-1}(g)$ (§6.4.1)．また，最初に $q \geq 0$ の場合に x^q を定義し，次に $x^{-q} = 1/x^q$ と定義する．

として値が確定する．さらに，$x>1$ に対し，次の不等式が成り立つ (第 VI 部，§B, 補題 B.2)：有理数 q_1，q_2 に対し，

$$q_1 > q_2 \ \Rightarrow\ x^{q_1} > x^{q_2}, \quad x>1. \tag{6.3.2}$$

Step 3. 最後に，a が有理数でないとき，すなわち無理数[4)]に対し，“べき乗 x^a の値をどう確定するか” が残った．そこで，

「実数 a のどんな近くにも有理数 q がある (命題 3.2.3 (iii))」

を利用して，べき乗 x^a を定義する．

定義 6.3.1 (べき乗)． (i) 実数 a と $x \geq 1$ に対し，x^a を次で定める：

べき乗 $\quad x^a = \sup A_a, \quad A_a \equiv \{x^q : q \in \mathbb{Q}, q \leq a\}, \quad a \in \mathbb{R}, \quad x \geq 1.$

(ii) $1>x>0$ の場合は，$\left(\dfrac{1}{x}\right)^a$ を上で定め，$x^a \equiv \dfrac{1}{(1/x)^a}$ とする． ◇

♦ **注 6.3.2.** (i) A_a は，(6.3.2) より，上に有界な集合である．ワイエルシュトラスの定理 3.2.7 より上限が存在し，べき乗 x^a の値は確定する．

(ii) 上限の定義から，次のような “単調増加で，有理数からなる数列 $\{q_n\}$” が存在する (第 VI 部，§B, 命題 B.3)：実数 a と $s \geq 1$ に対し，

$$s^a = \lim_{n\to\infty} s^{q_n}, \quad \lim_{n\to\infty} q_n = a, \quad q_n \in \mathbb{Q}. \qquad ◇ \tag{6.3.3}$$

6.3.2 指数関数

定義 5.2.2 で与えられた指数関数 $E(x)$ を再考する．

例題 5.2.4 で，$r'=2x, r=x$ などとおくと，次が成り立つ：

$$E(2x) = E(2x-x)\cdot E(x) = \big(E(x)\big)^2, \ \cdots, \ E(x) = \left(E\left(\frac{x}{2}\right)\right)^2, \cdots.$$

$E(x)>0$ に注意し，定義 6.4.6 の n 乗根を利用すると，自然数 m,n に対し，

$$E(mx) = \big(E(x)\big)^m, \quad \left(E\left(\frac{x}{n}\right)\right)^n = E(x) \quad \left(\Leftrightarrow\ E\left(\frac{x}{n}\right) = \big(E(x)\big)^{1/n}\right).$$

これを組み合わせ，例題 5.2.3 を使う．すると，有理数 q，実数 x に対し，

$$\begin{aligned} &E(qx) = \big(E(x)\big)^q, \quad q \in \mathbb{Q}, \quad x \in \mathbb{R}. \\ &\text{特に } x=1 \text{ のとき}, \quad E(q) = \big(E(1)\big)^q = e^q \end{aligned} \tag{6.3.4}$$

4) 有理数でない実数を**無理数**とよんだ (§3.2)．e, $\sqrt{2}$, 円周率 π などは無理数である．

となる．この (6.3.4) を手がかりにして，次を示す．

定理 6.3.3 (指数関数)．定義 5.2.2 の $E(x)$ に対し，

$$\textbf{指数関数}\quad E(x) = e^x, \quad x \in \mathbb{R},$$

ただし，e はネイピア数 (定義 5.1.4)，e^x はべき乗 (定義 6.3.1) である．◇

証明　後述の例 7.3.6 (iv) から，$E(x)$ は連続関数 (定義 7.3.3) である．$s = e$, $a = x$ とし，(6.3.3) の数列 $\{q_n\}$ をとる．すると，(6.3.4) と命題 7.3.5 (iv) から，$e^x = \lim_{n\to\infty} e^{q_n} = \lim_{n\to\infty} E(q_n) = E(x)$．□

右図は指数関数のグラフだが，その演算公式を述べる．

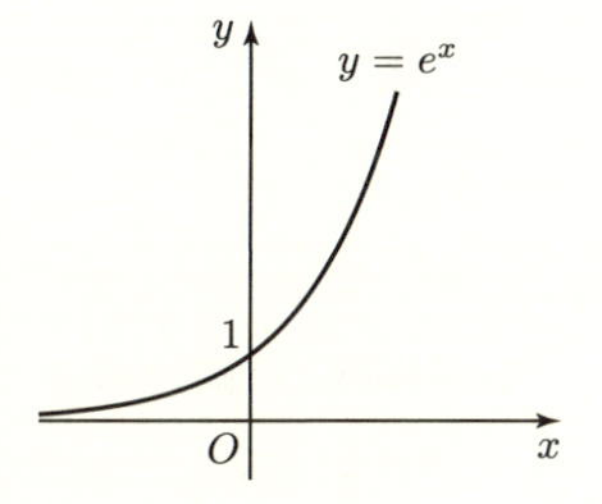

補題 6.3.4 (指数法則)．$x, y \in \mathbb{R}$ に対し，

$$e^{-x} = \frac{1}{e^x}, \quad e^x \cdot e^y = e^{x+y}, \quad \left(e^x\right)^y = e^{x\cdot y}. \quad ◇$$

証明　最初の等式は例題 5.2.3 そのもので，次の等式を示す．$s = e$ とし，(6.3.3) の数列 $\{q_n\}$, $\{r_n\}$ をとる．

$$e^x = \lim_{n\to\infty} e^{q_n}, \quad \lim_{n\to\infty} q_n = x;$$

$$e^y = \lim_{m\to\infty} e^{r_m}, \quad \lim_{m\to\infty} r_m = y.$$

例題 5.2.4 より，$E(q_m) \cdot E(r_n) = E(q_n + r_n)$ となるので，定理 6.3.3，例 7.3.6 (iv)，命題 7.3.5 (ii), (iv) より

$$\lim_{n\to\infty} E(q_n) \times \lim_{m\to\infty} E(r_m) = e^x \cdot e^y = \lim_{n\to\infty} \left\{ E(q_n) \cdot E(r_n) \right\}$$

$$= \lim_{n\to\infty} E(q_n + r_n) = E(x+y) = e^{x+y}.$$

最後の等式を示す．$s = E(x) = e^x$ に対し，(6.3.3) の数列 $\{q_n\}$ をとる：

$$\lim_{n\to\infty} (e^x)^{q_n} = \left(e^x\right)^y, \quad \lim_{n\to\infty} q_n = y.$$

すると q_n は有理数だから，定理 6.3.3 と (6.3.4) から

$$\left(e^x\right)^{q_n} = \left(E(x)\right)^{q_n} = E(q_n\, x).$$

ここで $n \to \infty$ とすれば，定理 6.3.3 より，最後の等式が示される．□

6.3.3 三角関数

点 O を中心とする半径 1 の円周上に点 A をとる．角度 $\angle AOB$ を計る単位として，通常は「度」を用いている．ところが微分や積分を考えるとき，角度を“長さ”で表すほうが都合がよい．

ラジアン： 今後は点 A の位置を弧 $\overset{\frown}{AC}$ の長さ θ で表すことにし，$\angle AOB = \theta$ ラジアンとよぶ．比例計算により，度とラジアンの対応が得られる：

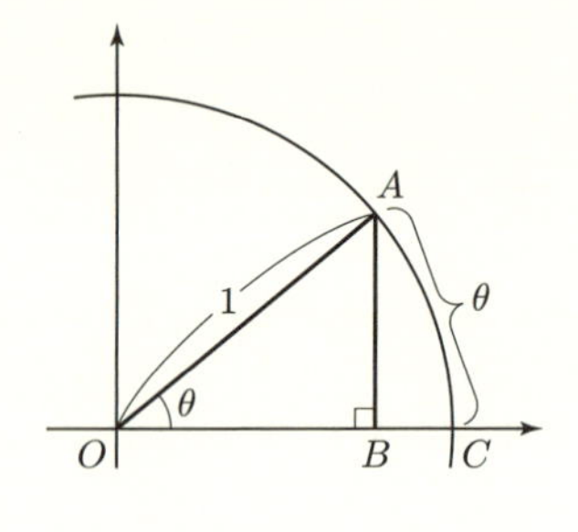

度	$0°$	$45°$	$60°$	$90°$	$180°$
ラジアン	0	$\pi/4$	$\pi/3$	$\pi/2$	π

度	$270°$	$360°$	$450°$	$\cdots$
ラジアン	$3\pi/2$	2π	$5\pi/2$	$\cdots$

三角関数： 線分 OA と x 軸とのなす角度を θ ラジアン[5)]，xy 平面での点 A の座標を (x, y) とおくとき，**正弦** $\sin\theta$，**余弦** $\cos\theta$，**正接** $\tan\theta$ を次で定義する (これらを“三角関数”と総称する)：

$$\sin\theta \equiv \frac{\overline{AB}}{\overline{OA}} = y, \quad \cos\theta \equiv \frac{\overline{OB}}{\overline{OA}} = x, \quad \tan\theta \equiv \frac{\overline{AB}}{\overline{OB}} = \frac{y}{x}.$$

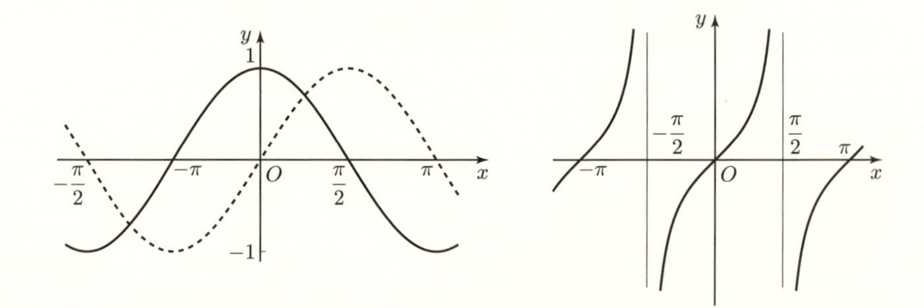

図 6.3.1 左：$\cos\theta$ (実線)，$\sin\theta$ (破線)，右：$\tan\theta$ のグラフ

5) 常にラジアンを使うので，今後は特に“ラジアン”を表記しない．

三角関数の性質を調べよう．

- $\triangle OAB$ は $\overline{OA}=1$ の直角三角形なので，ピタゴラスの定理より

$$\sin^2\theta+\cos^2\theta=\left(\overline{AB}\right)^2+\left(\overline{OB}\right)^2=\left(\overline{OA}\right)^2=1^2=1.$$

- $\angle OAB=\pi/2-\theta$ だから，次の等式が得られる：

$$\sin\left(\frac{\pi}{2}-\theta\right)=\sin(\angle OAB)=\frac{\overline{OB}}{\overline{OA}}=\cos\theta.$$

- “三角関数の加法公式”を導くため，図 6.3.2 を次のように定める．

$$\overline{AO}=1,\ \angle AOB=\alpha,\ \angle BOD=\beta$$

とする．また，

$$\angle ACD=\angle ABO=\angle AEB$$
$$=\angle BDC=\pi/2.$$

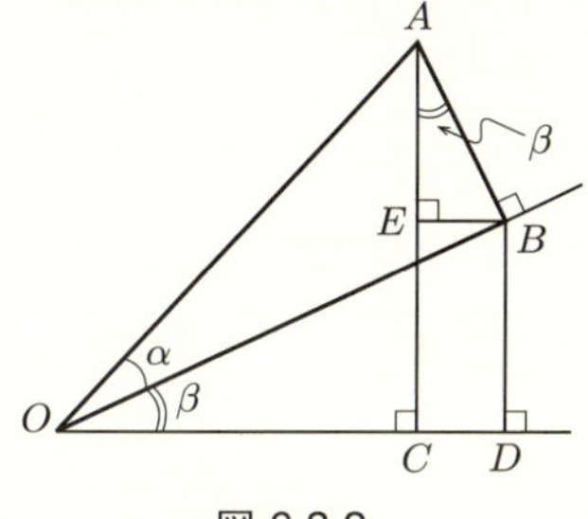

図 6.3.2

三角関数の定義より，$\sin(\alpha+\beta)=\overline{AC}$ となる．一方，四角形 $BECD$ は長方形なので，$\overline{EC}=\overline{BD}$. さて，$\angle BAE=\beta$, $\overline{AB}=\sin\alpha$ だから $\overline{AE}=\overline{AB}\ \cos\beta=\sin\alpha\cdot\cos\beta$.

また，$\overline{OB}=\cos\alpha$ だから $\overline{BD}=\overline{OB}\ \sin\beta=\cos\alpha\cdot\sin\beta$.

これらを $\overline{AC}=\overline{AE}+\overline{EC}=\overline{AE}+\overline{BD}$ に代入して，正弦の加法定理を得る：

$$\sin(\alpha+\beta)=\sin\alpha\cdot\cos\beta+\cos\alpha\cdot\sin\beta.$$

同様の計算を $\cos(\alpha+\beta)=\overline{OC}$ に適用して，余弦の加法公式も得ることができる．

以上の計算結果を補題としてまとめる．

補題 6.3.5 (三角関数の演算).

(i) $\sin^2\theta+\cos^2\theta=1,\qquad \sin\left(\frac{\pi}{2}-\theta\right)=\cos\theta.$

(ii) (加法公式)

$$\sin(\alpha+\beta)=\sin\alpha\cdot\cos\beta+\cos\alpha\cdot\sin\beta,$$
$$\cos(\alpha+\beta)=\cos\alpha\cdot\cos\beta-\sin\alpha\cdot\sin\beta.\quad\diamond$$

♦ 注：加法公式で $\alpha=\beta$ の場合，特に“**倍角の公式**”という． ◇

6.4 合成関数と逆関数

ある関数が与えられているとき，その関数から新しい関数をつくる方法が合成関数と逆関数である．

6.4.1 合成関数

2つの関数 $f:\mathcal{D}_f \to \mathcal{R}_f$ と $g:\mathcal{D}_g \to \mathcal{R}_g$ が，$\mathcal{R}_f \subset \mathcal{D}_g$ の関係にある．このとき，$x \in \mathcal{D}_f$ を定めると，$y = f(x) \in \mathcal{D}_g$ の値が定まり，さらに，$g(y)$ の値が定まる．

つまり，$x \in \mathcal{D}_f$ に $g\bigl(f(x)\bigr)$ の値を対応させる新しい関数

$$\text{合成関数}\quad g\bigl(f(x)\bigr):\mathcal{D}_f \to \mathcal{R}_g \quad (\,g\circ f(x)\ \text{とも記述する}) \tag{6.4.1}$$

をつくることができた (下図を参照).

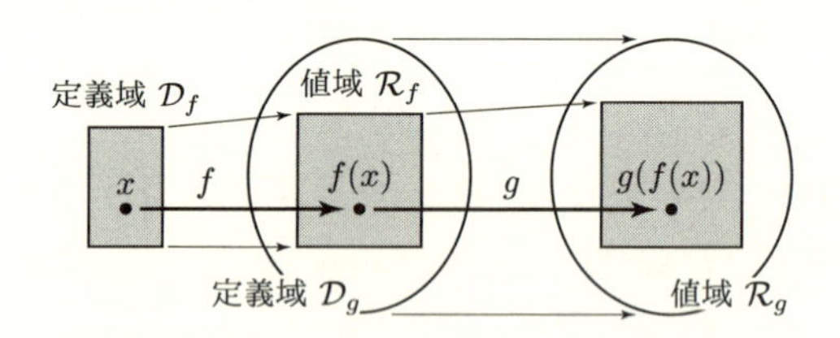

◊ **例題 6.4.1.** 次の関数 f,g からできる合成関数 $g\bigl(f(x)\bigr)$ は何か.

$$f(x) = x^2,\quad \mathcal{D}_f = \mathbb{R},\quad \mathcal{R}_f = \{x : x \geq 0\},$$

$$g(x) = \sqrt{x},\quad \mathcal{D}_g = \{x : x \geq 0\},\quad \mathcal{R}_g = \{x : x \geq 0\}.\quad \diamond$$

解答　この合成関数は

$$g\bigl(f(x)\bigr) = \sqrt{x^2} = |x|,\quad \mathcal{D}_{g(f)} = \mathbb{R},\quad \mathcal{R}_{g(f)} = \{x : x \geq 0\}.\quad \square$$

♦ **解説**：合成の順番により，異なる関数がつくられることもある．実際，例 6.4.1 では，定義域 $\mathcal{D}_{g(f)} \supset \mathcal{D}_{f(g)}$ であり，

$$f\bigl(g(x)\bigr) = \bigl(\sqrt{x}\bigr)^2 = x,\quad \mathcal{D}_{f(g)} = \{x : x \geq 0\} = \mathcal{R}_{f(g)}.\quad \diamond$$

6.4.2 逆関数

関数 f の定義域を $\mathcal{D}_f$，値域を $\mathcal{R}_f$ とする．

定義 6.4.2 (1 : 1 対応).　すべての $x, x' \in \mathcal{D}_f$ に対し

$$x \neq x' \;\Rightarrow\; f(x) \neq f(x')$$

が成立するとき，関数 f は 1 : 1 対応という．　◇

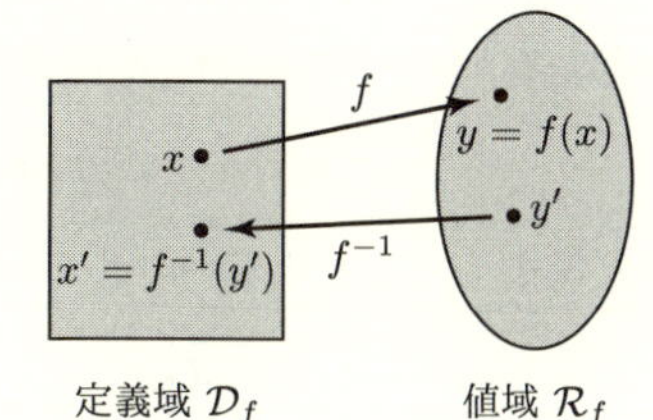

逆関数：　関数 f が 1 : 1 対応のとき，$y \in \mathcal{R}_f$ に対しては，$f(x) = y$ となる $x \in \mathcal{D}_f$ が常にただ一つ存在する．このとき

$$x = f^{-1}(y)$$

と表すが，これを $y \in \mathcal{R}_f$ の関数とみなして，f の**逆関数**とよぶ．ただし，通常は x と y を入れ替えた表記を使うことが多い：

逆関数　　$f^{-1}(x), \quad x \in \mathcal{R}_f.$　◇

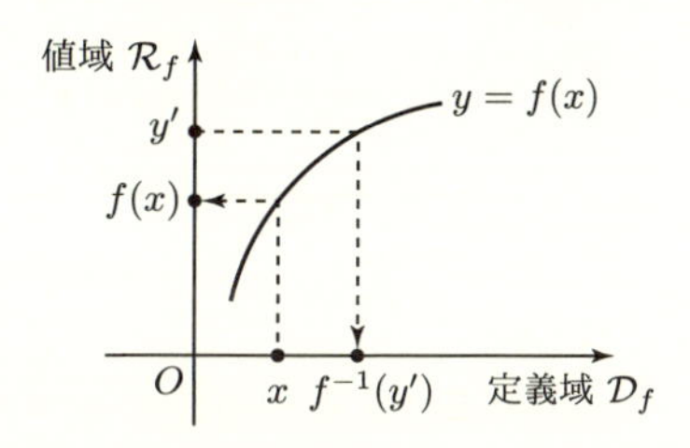

次の補題は，右図から明らかである．

補題 6.4.3. 関数 f とその逆関数 f^{-1} には次の等式が成立する：

$$\begin{aligned} &y' \in \mathcal{R}_f \text{ に対し}\quad f\big(f^{-1}(y')\big) = y', \\ &x \in \mathcal{D}_f \text{ である } x \text{ に対し}\quad f^{-1}\big(f(x)\big) = x. \end{aligned} \tag{6.4.2}$$
◇

★要点 6.4.4 (逆関数の求め方)**.**　$y = f(x)$ に対し，x, y を入れ替えて $x = f(y)$ とし，これを y について解く．ただし，“$x = f(y)$ を y について解く”ことは困難な場合が多い．　◇

◇ **例題 6.4.5.** 次の関数の逆関数を求めよ．なお，n は自然数とする．

(i)　$f(x) = 2x,\ \mathcal{D}_f = \mathbb{R}$,　(ii)　$g(x) = \dfrac{1}{x},\ \mathcal{D}_g = \{x \in \mathbb{R} : x \neq 0\}$,

(iii)　$\psi(x) = x^n,\ \mathcal{D}_\psi = \mathbb{R}$.　◇

解答　(i)　$y = f(x)$ で x, y を入れ替える：　$x = f(y) = 2y$．次に，$x = f(y)$ を y について解く：

$$x = f(y) = 2y \;\Rightarrow\; f^{-1}(x) = y = \frac{x}{2}.$$

(ii)　同様に，$g^{-1}(x) = y = 1/x$.

(iii)　(a)　n が奇数の場合：次の図のように，ψ は狭義単調増加な関数 (定義

9.2.1) で，1 : 1 対応になり，逆関数 (“n 乗根” という) が存在する．

$$\psi^{-1}(x) = x^{1/n}, \quad \mathcal{D}_{\psi^{-1}} = \mathbb{R} = \mathcal{R}_{\psi^{-1}}.$$

(b) n が偶数の場合：$\psi(\pm 1) = 1$ だから，1 : 1 対応ではなく，逆関数は存在しない．しかし，ψ の定義域を

$$\psi(x) = x^n, \quad \mathcal{D}_\psi = \{x : x \geq 0\} \tag{6.4.3}$$

と制限すると，この ψ は 1 : 1 対応になる[6]．　□

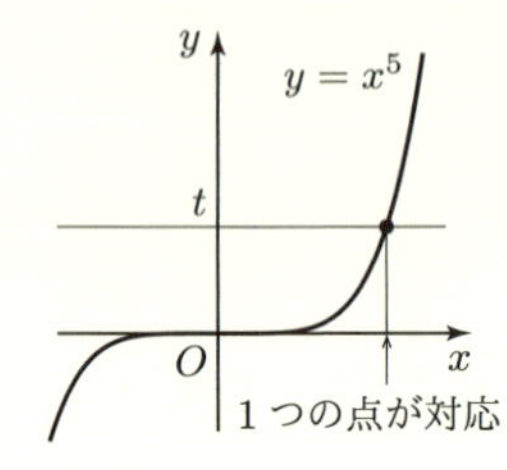

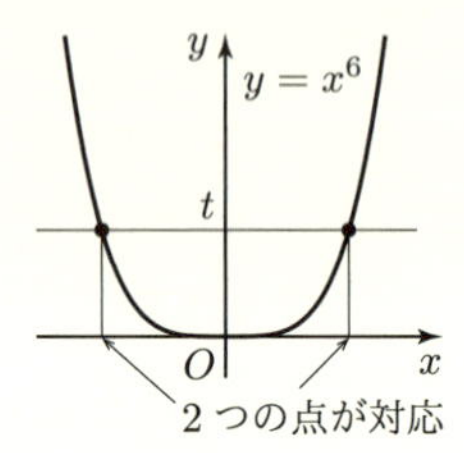

定義 6.4.6.　一般の自然数 n に対する (6.4.3) の逆関数

$$\psi^{-1}(x) = x^{1/n}, \quad \mathcal{D}_{\psi^{-1}} = \{x : x \geq 0\}, \quad n \in \mathbb{N}$$

も $\boldsymbol{n}$ **乗根**[7]といい，やはり，狭義単調増加な関数である[8]．　◇

例題 6.4.5 (iii) と同様に，関数 f の本来の定義域を制限すると，定義域と値域の対応が 1 : 1 対応になり，逆関数が存在する例をあげる．

◇ **例 6.4.7.**　(i)　三角関数 $\sin x$ や $\cos x$ は $x \in \mathbb{R}$ で定義されているが，それを

$$f(x) = \sin x,\ \mathcal{D}_f = \left[\frac{\pi}{2}, \frac{\pi}{2}\right], \quad g(x) = \cos x,\ \mathcal{D}_g = [0, \pi] \tag{6.4.4}$$

と定義域を制限すると f は狭義単調増加，g は狭義単調減少となり，どちらも 1 : 1 対応となることから，逆関数が存在する．

(6.4.4) のように定義域を制限した f の逆関数は，**逆正弦関数**[9]という：

$$f^{-1}(x) = \arcsin x, \quad \mathcal{D}_{f^{-1}} = [-1, 1], \quad \mathcal{R}_{f^{-1}} = \left[-\frac{\pi}{2}, \frac{\pi}{2}\right].$$

---

6)　因数分解 $s^n - t^n = (s - t)\left\{s^{n-1} + s^{n-2}t + \cdots + t^{n-1}\right\}$ を考えるとよい．

7)　$\sqrt{x}$ ($n = 2$ のとき) や $\sqrt[n]{x}$ なども n 乗根の記号として使われる．

8)　後で述べる展望 9.2.8 から導くことができる．

9)　arcsine (アークサイン) とよび，$\sin^{-1} x$ とも表記する．例 19.2.3 のように不定積分で使われる．

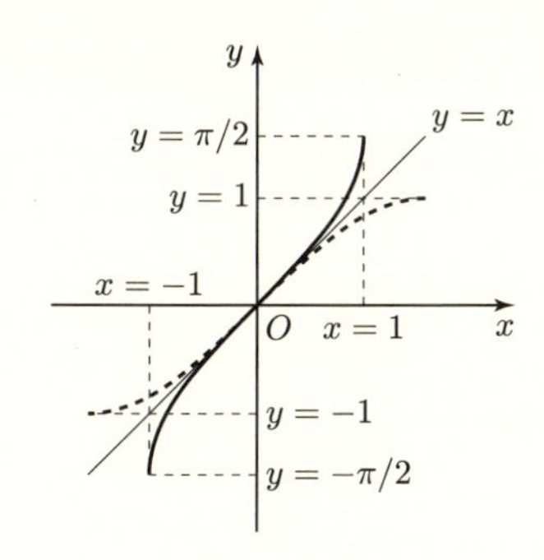

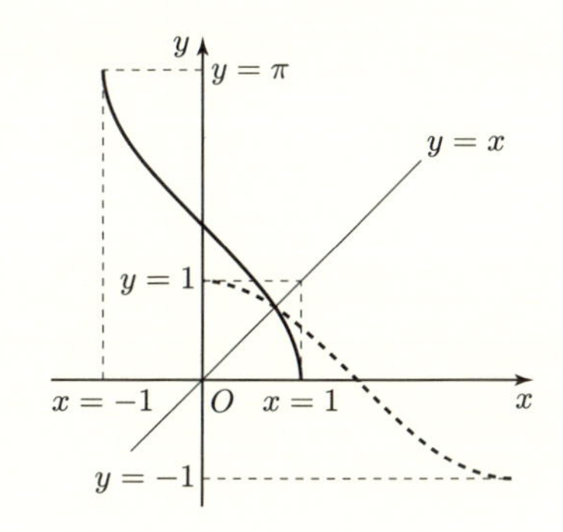

図 6.4.1 左：実線が $\arcsin x$, 破線が $\sin x$. 右：実線が $\arccos x$, 破線が $\cos x$.

一方，定義域を制限した g の逆関数は，**逆余弦関数**[10]という：

$$g^{-1}(x) = \arccos x, \quad \mathcal{D}_{g^{-1}} = [-1,1], \quad \mathcal{R}_{g^{-1}} = [0,\pi].$$

(ii) 正接関数 $\tan x$ は，不連続点 $x = \cdots, -\frac{3\pi}{2}, -\frac{\pi}{2}, \frac{\pi}{2}, \frac{3\pi}{2}, \cdots$ 以外の $x \in \mathbb{R}$ で定義されている．

それを

$$f(x) = \tan x, \quad \mathcal{D}_f = \left(-\frac{\pi}{2}, \frac{\pi}{2}\right)$$

と定義域を制限すると，狭義単調増加関数となり，次の**逆正接関数**が存在する[11]．

$$f^{-1}(x) = \arctan x,$$

$$\mathcal{D}_{f^{-1}} = (-\infty,\infty), \quad \mathcal{R}_{f^{-1}} = \left(-\frac{\pi}{2}, \frac{\pi}{2}\right). \quad \diamond$$

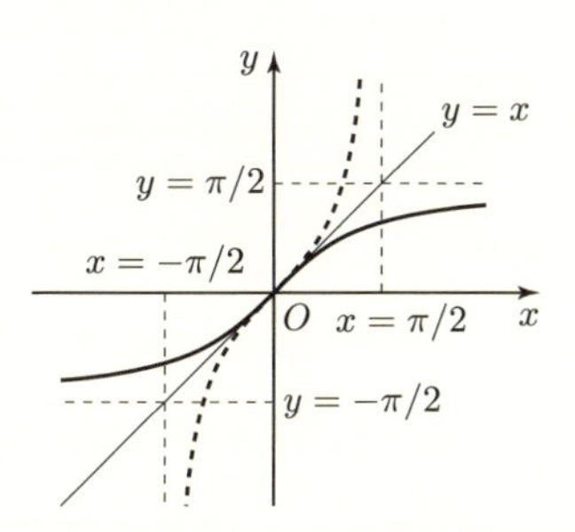

6.5 対数関数

例題 5.2.4 と定理 6.3.3 からわかるように，指数関数 $f(x) = E(x) = e^x$ は狭義単調増加で，1 : 1 対応である．そのため，指数関数には逆関数が存在するが，この逆関数は，応用上，特に重要である．

定義 6.5.1 (対数関数)．定理 6.3.3 の指数関数

$$f(x) = e^x, \quad \mathcal{D}_f = \mathbb{R}, \quad \mathcal{R}_f = \{x : x > 0\}$$

10) arccosine (アークコサイン) とよび，$\cos^{-1} x$ とも表記する．これも不定積分で使われる．
11) arctangent (アークタンジェント) とよび，$\tan^{-1} x$ とも表記する．不定積分で使われる．

の逆関数 $f^{-1}(x)$ を特に**対数関数**とよび，$\log x$ と表す ($\ln x$ とも書く)：

$$\textbf{対数関数}\quad f^{-1}(x)=\log x,\quad \mathcal{D}_{f^{-1}}=\{x : x>0\},\quad \mathcal{R}_{f^{-1}}=\mathbb{R}.\quad\diamond$$

♦ **注**：対数関数のグラフを右図に示す．実線が対数関数 $\log x$ で，破線は指数関数 e^x である．指数関数と対数関数のグラフは $y=x$ に関して，線対称である．　$\diamond$

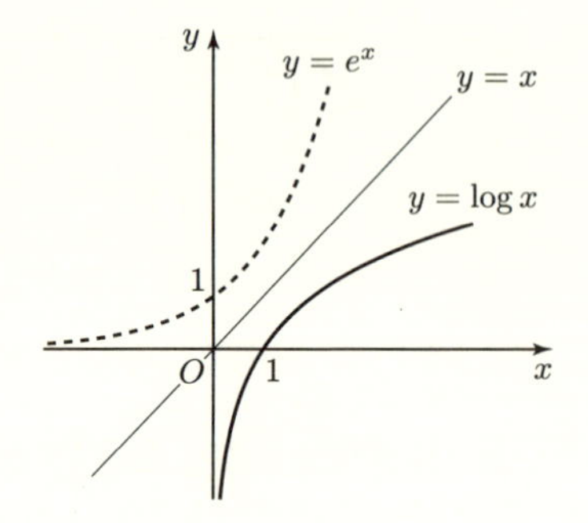

♦ **解説 6.5.2** (自然対数と常用対数)**.**

(i) $a>0$ に対し

$$\log_a x \equiv \frac{\log x}{\log a},\quad x>0$$

と表し，“a を底とする対数” とよぶ．特に $a=10$ の対数 $\log_{10} x$ を**常用対数**というが，次の補題 6.5.3 (i) で，$a=10$ とすれば

常用対数 $\log_{10} x$ は “関数 10^x の逆関数”

となることがわかる．

(ii) このいい方に従えば，定義 6.5.1 の $\log x$ は “ネイピア数 e を底とする対数” とよぶべきだが，単に**対数**という，しかし，底の区別を明確にする必要がある場合には，$\log x$ を**自然対数**とよび $\log_e x$ や $\ln x$ の表記を使う．　$\diamond$

今後，必要となる “対数の計算規則” を列挙する．

補題 6.5.3 (対数関数の演算)**.**　a, b を正定数，$x, y>0$ とする．

(i) $\log_a a^x = x,\quad a^{\log_a x}=x,$　　(ii) $\log_a(x\,y)=\log_a x+\log_a y,$

(iii) $\log_a x^y = y\log_a x,$　　(iv) $\log_a x = \dfrac{\log_b x}{\log_b a}.$　$\diamond$

証明　補題 (指数関数の演算) 6.3.4 から導く．

(i) 自然対数関数は指数関数 e^x の逆関数だから，(6.4.2) より，

$$a=e^{\log a},\quad \log e^a = a,\quad a>0 \tag{6.5.1}$$

となる．この両辺を x 乗すると $a^x=(e^{\log a})^x=e^{x\log a}$ となり，

$$\log a^x = \log(e^{x\log a}) = x\log a.$$

ここで 2 番目の等式には，(6.5.1) を使った．解説 6.5.2 より

$$\log_a a^x = \frac{\log a^x}{\log a} = \frac{x \log a}{\log a} = x$$

となり，前半が示された．次に後半を示す．(6.5.1) と解説 6.5.2，補題 6.3.4 より

$$a^{\log_a x} = \left(e^{\log a}\right)^{\log_a x} = \left(e^{\log a}\right)^{\log x/\log a} = e^{\log x} = x.$$

(ii) まず，(i) の前半より $x = a^{\log_a x}$，$y = a^{\log_a y}$．補題 6.3.4 と (i) の前半にも注意する．

$$\log_a(xy) = \log_a(a^{\log_a x} \cdot a^{\log_a y}) = \log_a a^{\log_a x + \log_a y} = \log_a x + \log_a y.$$

(iii) 再び (i) の後半より $x = a^{\log_a x}$．補題 6.3.4 と (i) から

$$\log_a x^y = \log_a \left(a^{\log_a x}\right)^y = \log_a a^{y \log_a x} = y \log_a x.$$

(iv) 解説 6.5.2 より

$$\frac{\log_b x}{\log_b a} = \frac{\log x/\log b}{\log a/\log b} = \frac{\log x}{\log a} = \log_a x. \quad \square$$

♦ **注 6.5.4** (対数関数の演算)． 補題 6.5.3 で，$a = e$ とした自然対数の場合，計算規則はもっと簡潔になる．$x, y > 0$ に対し，

(i) $\log e^x = x$, $e^{\log x} = x$, (ii) $\log xy = \log x + \log y$,

(iii) $\log x^y = y \log x$. ◇

♦ **展望 6.5.5** (べき乗)． べき乗 $f(x) = x^a$ を再考する．実数 a が有理数でないとき，f は定義 6.3.1 で与えられた．しかし，“上限” はわかりにくく，計算も難しい．そこで，対数関数を使うと，注 6.5.4 (i) から，

$$f(x) = x^a = e^{a \log x}, \quad \mathcal{D}_f = \begin{cases} \{x : x \geq 0\}, & a \geq 0, \\ \{x : x > 0\}, & a < 0, \end{cases} \quad a \in \mathbb{R}$$

と対数と指数の合成関数 (計算が容易) で，べき乗を表現することができる．

また，$a > 0$ に対する，一般の指数関数 $f(x) = a^x$ も同様に考える：

$$f(x) = a^x = e^{x \log a}, \quad x \in \mathbb{R}, \quad a > 0. \quad \diamond$$

◇ **例題 6.5.6** (携帯電話の契約数)． 例題 6.1.2 では，表 6.1.1 の実績データの良好な近似関数が，指数関数 (6.1.2) であることを示した．

では，定数 a, b はどうやって決定したのか？ ◇

解答 $x = 0$ が 1984 年とする．$f(x) = e^a e^{bx}$ で $x = 0$ とすると，注 6.5.4

(i) と表 6.1.1 より

$$e^{\log 13} = 13 = f(0) = e^a e^{b\cdot 0} = e^a \ \Rightarrow\ a = \log 13 = 2.5649\cdots.$$

次に，指数関数 (6.1.2) の対数をとる．注 6.5.4 を使って

$$\log f(x) = \log\left(e^a e^{bx}\right) = \log e^a + \log e^{bx} = a + bx.$$

ここで，$x = 1$ (1985 年) とすると，表 6.1.1 と注 6.5.4 より

$$\log 21 = \log f(1) = a + b = \log 13 + b$$
$$\Rightarrow\ b = \log 21 - \log 13 = \log\frac{21}{13} \simeq 0.479573\cdots. \quad \square$$

◊ **例題 6.5.7.** (i) 次の数値を大小の順に並べよ： 2^{250}, 5^{110}, 10^{75}. ただし，$\log_{10} 2 = 0.3010$ とする．

(ii) $1 < a < b < a^2$ のとき，次の不等式を示せ：

$$\frac{2}{3} < \log_{ab} a^2 < 1 < \log_a b < 2. \quad \diamond$$

解答 (i) 方針は，底が 10 の常用対数に変換して，大小を比べる．

$$\log_{10} 5 = \log_{10}\frac{10}{2} = \log_{10} 10 - \log_{10} 2 = 1 - 0.301 = 0.699.$$

これから

$$\log_{10} 5^{110} = 110 \cdot 0.699 = 76.89,$$
$$\log_{10} 2^{250} = 250 \times 0.301 = 75.25, \quad \log_{10} 10^{75} = 75$$

となるので，$5^{110} > 2^{250} > 10^{75}$.

(ii) $X \equiv \log_a b$ とおく．$1 < a < b < a^2$ だから，

$$1 < X = \log_a b = \frac{\log b}{\log a} < 2. \tag{6.5.2}$$

$\log_{ab} a^2$ を X で表す：

$$\log_{ab} a^2 = \frac{\log_a a^2}{\log_a ab} = \frac{2}{\log_a a + \log_a b} = \frac{2}{1 + \log_a b} = \frac{2}{1 + X}.$$

すると，(6.5.2) より $2 < 1 + X < 3$ だから，$2/3 < \log_{ab} a^2 < 1$ である．　$\square$

Part III

微　　分

7

関数の極限と連続性

この章では，重要な性質——連続性と微分可能性——を備えた関数を取り上げ，それからどのようなことが導かれるかを調べる．

7.1 関数の極限

定義 7.1.1 (関数の極限)**.** 関数 f の定義域 $\mathcal{D}_f$ と内部の点 a に対し，

$$\lim_{x \to a,\ x \in \mathcal{D}_f} f(x) = \gamma \tag{7.1.1}$$

であるとき，“関数 f は $x = a$ で**極限** γ をもつ”という．

なお，“f の定義域 $\mathcal{D}_f$ が $\mathbb{R}$”などまぎれがない場合は，単に，$\lim_{x \to a} f(x) = \gamma$ と書く． ◇

数学の記号

♦ **解説**：数学では，いろいろな記号を使って，数式を記述する．その数式を読めるようにすることが，“数学を理解する早道”である．これは語学と同じで，単語＝記号 の意味がわからないと数学の理解は難しい．

例えば，(7.1.1) は，“定義域 $\mathcal{D}_f$ の中だけを通って点 x が点 a に近づいたとき，関数 $f(x)$ の極限は γ になる”の意味である．

♦ **注 7.1.2.** 定義 7.1.1 では，“$x = a$ での f の値 $f(a)$”と“極限値 γ”とのあいだには，なんの関係もないことを注意する． ◇

数列の場合と同様に，定義 7.1.1 を厳密にした，$\varepsilon - \delta$ 論法による定義があり，判断に迷うようなときの指針として使われる．

$\varepsilon - \delta$ 論法

定義 7.1.3 (関数の極限). $\displaystyle\lim_{x\to a,\ x\in\mathcal{D}_f} f(x) = \gamma$ とは，任意の $\varepsilon > 0$ に対し，ある $\delta > 0$ があり，次が成立することである：

$$x \in \mathcal{D}_f \text{ かつ } 0 < |x-a| < \delta \ \Rightarrow\ |f(x) - \gamma| < \varepsilon. \quad \diamond$$

◇ **例題 7.1.4.** 関数 $f(x)$ を

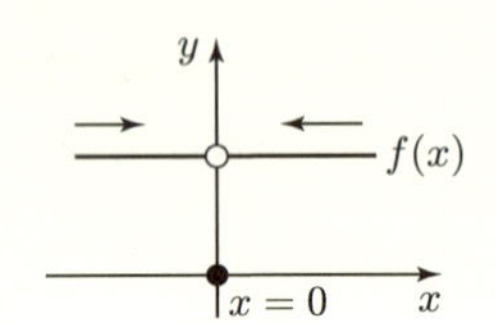

$$f(x) \equiv \begin{cases} 1, & x \neq 0, \\ 0, & x = 0 \end{cases}$$

と定義する．$\displaystyle\lim_{x\to 0} f(x)$ を求めよ． $\diamond$

解答 $\displaystyle\lim_{x\to 0} f(x) = 1$. 左右から近づくときの値が極限値で，それと $f(0) = 0$ とは関連がない． □

★**要点 7.1.5** (極限が存在しない状況の分類). 数列と同様に，関数の極限は，存在するとは限らない．存在しない状況として，次の 3 つの場合がある：

(i) 左からの極限と右からの極限が一致しない，

(ii) 無限に発散する，

(iii) 振動する． $\diamond$

♦ **展望 7.1.6** (左極限と右極限). 関数 f に対し，左側から a に近づくときの極限は $\displaystyle\lim_{x\to a-} f(x)$ と表記し，“$x = a$ での**左極限**” という．一方，右側から a に近づくときの極限は $\displaystyle\lim_{x\to a+} f(x)$ と表記し，“$x = a$ での**右極限**” という． $\diamond$

◇ **例題 7.1.7.** 次の関数は，$x = 0$ での極限が存在しない．要点 7.1.5 のどれに該当するか?

$$\text{(a)}\ \ f(x) = \begin{cases} 1 - x^2, & x < 0, \\ 2 - x^2, & x \geq 0, \end{cases} \quad \text{(b)}\ \ f(x) = \frac{1}{x^2}, \quad \text{(c)}\ \ f(x) = \sin\frac{1}{x}. \quad \diamond$$

解答 (a) は，$\displaystyle\lim_{x\to 0-} f(x) = 1 \neq 2 = \lim_{x\to 0+} f(x)$ だから，(i) の例 (図，左).

(b) は無限に発散する (ii) の例 (図，中).

(c) は振動する (iii) の例 (図，右). □

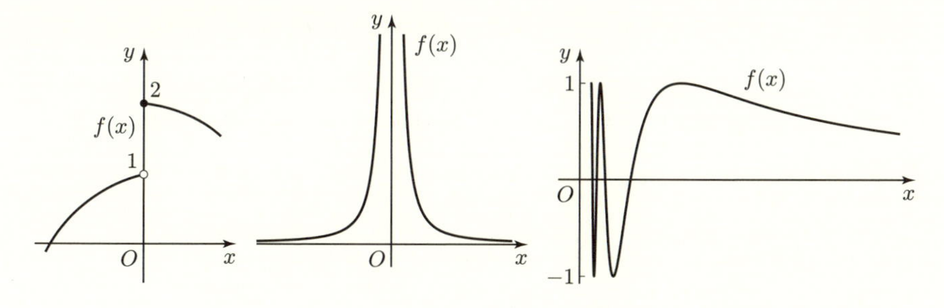

図 7.1.1 左から (i), (ii), (iii) のそれぞれのグラフ

7.2 関数の極限と数列の極限

極限という言葉は，数列 $\{a_n\}$ と関数 f の両方で使われる．“両者は同じことを意味するのか” を考えよう．

◇ **例題 7.2.1.** 関数 f と数列 $\{a_n\}$ があり，

$$\text{(i)}\ \lim_{n\to\infty} a_n = a, \quad \text{(ii)}\ \lim_{x\to a} f(x) = \gamma, \quad \text{(iii)}\ \lim_{n\to\infty} f(a_n) = \beta$$

である．このとき，(i), (ii), (iii) にはどのような関係があるか? ◇

解答 “(i) と (ii) $\Rightarrow$ (iii) かつ $\gamma = \beta$” を示す．これを，厳密な $\varepsilon - N$ 論法 (定義 4.1.3) および $\varepsilon - \delta$ 論法 (定義 7.1.3) に従って証明するが，順を追えば，それほど難解ではない．

(i), (ii) を仮定する．まず (ii) より任意の $\varepsilon > 0$ に対し，$\delta > 0$ があり，

$$|x - a| < \delta \ \Rightarrow\ |\,f(x) - \gamma\,| < \varepsilon.$$

次に (i) より，上記の $\delta > 0$ に対して，$N > 0$ があり

$$n > N \ \Rightarrow\ |a_n - a| < \delta.$$

両者を組み合わせると，任意の $\varepsilon > 0$ に対し，$N > 0$ があり

$$n > N \ \Rightarrow\ |\,f(a_n) - \gamma\,| < \varepsilon.$$

つまり，$\lim_{n\to\infty} f(a_n) = \gamma$ が示され，“(iii) かつ $\gamma = \beta$” が成立した． □

ただし，(iii) が成立しても，(ii) が成立しない場合もある．

◇ **例 7.2.2** (反例)**.** 関数 f を $f(x) \equiv \sin(1/x)$ $(x \neq 0)$, $f(0) = 0$ $(x = 0)$ と定義する．$f(x)$ は $x = 0$ の近くで振動している (1 および -1 の値を無限回

とる，図 7.1.1 の右のグラフ). つまり，極限 $\lim_{x\to 0} f(x)$ は存在せず，(ii) は不成立.

一方，$a_n \equiv 1/(2n\pi)$, $n = 1, 2, \cdots$ と定める. $\lim_{n\to\infty} a_n = 0$, $\sin 2n\pi = 0$ に注意すると，

$$\lim_{n\to\infty} f(a_n) = \lim_{n\to\infty} \sin\left(\frac{1}{1/2n\pi}\right) = \lim_{n\to\infty} \sin 2n\pi = 0$$

となり，(i) と (iii) は成立している. ◇

◊ **例題 7.2.3.** 次の極限を求めよ.

(i) $f(x) \equiv \begin{cases} x, & x < 1 \\ x^2, & x \geq 1 \end{cases}$ のとき， $\lim_{x\to 1} f(x)$.

(ii) $g(x) \equiv \begin{cases} x, & x < 2 \\ x^2, & x \geq 2 \end{cases}$ のとき， $\lim_{x\to 2} g(x)$. ◇

解答 展望 7.1.6 の記号を使う.

(i) $\lim_{x\to 1-} f(x) = 1 = \lim_{x\to 1+} f(x)$ だから，$\lim_{x\to 1} f(x) = 1$.

(ii) $\lim_{x\to 2-} g(x) = 2$, $\lim_{x\to 2+} g(x) = 4$ だから，両者は一致せず，$\lim_{x\to 2} g(x)$ は存在しない. □

◊ **例題 7.2.4** (指数関数の増大度). 任意の正の整数 k に対し，次が成立する：

$$\lim_{x\to\infty} \frac{e^x}{x^k} = \infty \qquad \left(\Leftrightarrow \lim_{x\to\infty} \frac{x^k}{e^x} = 0\right).$$

証明 $e = 2.71\cdots > 2$ に注意して，例題 2.2.1 を使う. $k < n$ に対し

$$\begin{aligned} e^n > 2^n &= \sum_{k=0}^{n} {}_n\mathrm{C}_k \\ &= 1 + n + \frac{1}{2}n(n-1) + \frac{1}{3!}n(n-1)(n-2) \\ &\quad + \cdots + \frac{1}{(k+1)!}\underbrace{n\,(n-1)\cdots(n-k)}_{k+1\text{ 個}} + \cdots + 1. \end{aligned}$$

これより

$$\frac{e^n}{n^k} > \frac{1}{(k+1)!}\, n \left(1 - \frac{1}{n}\right)\left(1 - \frac{2}{n}\right)\cdots\left(1 - \frac{k-1}{n}\right)\left(n - \frac{k}{n}\right).$$

k は固定されているから，$n \to \infty$ とすると

$$\lim_{n\to\infty}\frac{e^n}{n^k} > \lim_{n\to\infty}\frac{1}{(k+1)!}\,n\left(1-\frac{1}{n}\right)\left(1-\frac{2}{n}\right)\cdots\left(1-\frac{k-1}{n}\right)\left(n-\frac{k}{n}\right)$$
$$= \lim_{n\to\infty}\frac{n}{(k+1)!} = \infty.$$

つまり，$\lim_{n\to\infty} e^n/n^k = \infty$.

次に，x を超えない最大の整数を n とする．$n \le x < n+1$ だから

$$\frac{e^x}{x^k} \ge \frac{e^n}{(n+1)!} = \frac{1}{e}\frac{e^{n+1}}{(n+1)k}. \tag{7.2.1}$$

$x \to \infty$ のとき $n \to \infty$ となるが，(7.2.1) の右辺は発散するので，証明を終える．　□

◇ **例題 7.2.5.**　次の極限を求めよ．ただし，$c > 0$ は定数である．

(a) $\displaystyle\lim_{x\to\infty}\frac{c}{x}$,　(b) $\displaystyle\lim_{x\to\infty}\frac{x+x^2}{x^2+3x+5}$,　(c) $\displaystyle\lim_{x\to\infty}\left(\sqrt{x+1}-\sqrt{x}\right)$,

(d) $\displaystyle\lim_{x\to\infty}\left(1+\frac{c}{x}\right)^x$,　(e) $\displaystyle\lim_{x\to\infty}\frac{x+e^x}{x^2+e^x}$.　◇

解答　(a) x を超えない最大の整数を n とすると，$0 < \dfrac{1}{x} \le \dfrac{1}{n}$. あとは，例題 4.3.3 から $\displaystyle\lim_{x\to\infty}\frac{c}{x} = c\lim_{x\to\infty}\frac{1}{x} = 0$.

(b) 分母分子を x^2 で割って，(a) の結果を利用すると，

$$\lim_{x\to\infty}\frac{x+x^2}{x^2+3x+5} = \lim_{x\to\infty}\frac{1/x+1}{1+1/3x+1/5x^2} = \frac{1}{1} = 1.$$

(c) 因数分解 $(a-b)(a+b) = a^2-b^2$ を利用する：

$$\sqrt{x+1}-\sqrt{x} = \frac{(x+1)-x}{\sqrt{x+1}+\sqrt{x}} = \frac{1}{\sqrt{x+1}+\sqrt{x}}.$$

ここで

$$\frac{1}{2\sqrt{x+1}} < \frac{1}{\sqrt{x+1}+\sqrt{x}} < \frac{1}{\sqrt{x}}.$$

一方，(a) と同様の議論で，“$x \to \infty$ のとき $\dfrac{1}{\sqrt{x+1}} \to 0$, $\dfrac{1}{\sqrt{x}} \to 0$” がわかる．つまり，求める極限値は 0.

(d) x を超えない最大の整数を n とすると，$n \le x < n+1$ だから，

$$\left(1+\frac{c}{n+1}\right)^n < \left(1+\frac{c}{x}\right)^x \le \left(1+\frac{c}{n}\right)^n.$$

命題 5.1.3，定義 5.1.4，定義 5.2.2 より

$$\lim_{n\to\infty}\left(1+\frac{c}{n}\right)^n = e^c,$$

$$\lim_{n\to\infty}\left(1+\frac{c}{n+1}\right)^n = \lim_{n\to\infty}\left(1+\frac{c}{n+1}\right)^{n+1} \times \lim_{n\to\infty}\frac{1}{\bigl(1+c/(n+1)\bigr)} = e^c$$

となり，$\displaystyle\lim_{x\to\infty}\left(1+\frac{c}{x}\right)^x = e^c$.

(e) 分母分子を e^x で割り，例題 7.2.4 を考慮すると，

$$\lim_{x\to\infty}\frac{x+e^x}{x^2+e^x} = \lim_{x\to\infty}\frac{x/e^x+1}{x^2/e^x+1} = \frac{1}{1} = 1. \quad \square$$

7.3 連続性

I. 関数の性質のなかで，連続性は基本となる性質である．なお今後は，閉区間 $[a,b]$ と開区間 (a,b) をしっかり区別する必要がある．

大事な区別

◆ **解説 7.3.1** (開区間と閉区間)．**閉区間** $[a,b]$ は，$a \leq x \leq b$ を満たす実数 x の集合で，両端の 2 点を含む．一方，**開区間** (a,b) は $a < x < b$ を満たす実数 x の集合で，両端の 2 点を含まない．

たかが両端の 2 点が属するかどうかの差だが，この差がもたらす数学的な意味には大きな違いがある．(例えば，例 7.3.2 を参照のこと．) ◇

◇ **例 7.3.2.** 下図のような区間 I_1 と I_2 の共通部分が空でないとする．

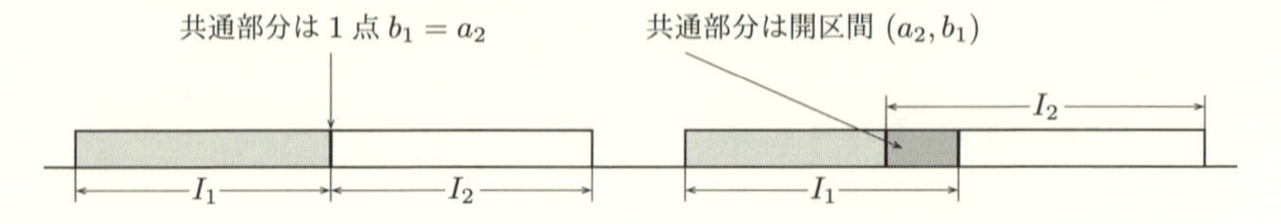

もし，$I_1 = [a_1, b_1]$, $I_2 = [a_2, b_2]$ ともに閉区間なら，共通部分は 1 点 $\{b_1\} = \{a_2\}$ の可能性がある．ところが，$I_1 = (a_1, b_1)$, $I_2 = (a_2, b_2)$ ともに開区間なら，必ず新たな開区間 (a_2, b_1) が共通部分 (無限個の点) となる． ◇

定義 7.3.3 (関数の連続性). (i) 関数 f に対し極限 $\lim_{x \to c} f(x) = \gamma$ が存在し，$\gamma = f(c)$ のとき，"f は $x = c$ で**連続**" という．

(ii) f の定義域 $\mathcal{D}_f$ のすべての点で連続な関数を，**連続関数**という． ◇

この定義を，$\varepsilon - \delta$ 論法に従って，厳密に述べてみよう．一見わかり難いが，定義 (関数の連続性) 7.3.4 は，厳密な論証のための強力なツールとなる．

$\varepsilon - \delta$ 論法

定義 7.3.4 (関数の連続性). 関数 f が $x = c$ で**連続**とは，任意の $\varepsilon > 0$ に対し，ある $\delta > 0$ があり，次が成立することである：

$$|x - c| < \delta \;\Rightarrow\; |f(x) - f(c)| < \varepsilon. \quad ◇ \tag{7.3.1}$$

命題 7.3.5. 関数 f, g は点 $x = c$ で連続とし，K_1, K_2 は定数とする．

(i) 関数 $K_1 f \pm K_2 g$ は $x = c$ で連続である．

(ii) 関数 $f \cdot g$ は $x = c$ で連続である．また，$g(c) \neq 0$ のとき，関数 f/g も $x = c$ で連続である．

(iii) 点 $t = f(c)$ で関数 g が連続なとき，合成関数 $g\big(f(x)\big)$ は点 $x = c$ で連続である．

(iv) 数列 $\{a_n\}$ が c に収束するとき，$\lim_{n \to \infty} f\big(a_n\big) = f(c)$ となる． ◇

証明 命題 4.2.3 の証明とほぼ同じである．また，(iv) は例題 7.2.1 で示した．定義 7.3.4 に従って (iii) を示すが，他も同様の議論で示すことができる．

g は連続だから，(7.3.1) より，任意の $\varepsilon > 0$ に対し，ある $\delta_1 > 0$ があり，

$$|y - t| < \delta_1 \;\Rightarrow\; |\,g(y) - g(t)\,| < \varepsilon.$$

f も連続だから，再び (7.3.1) より，ある $\delta_2 > 0$ があり，

$$|x - c| < \delta_2 \;\Rightarrow\; |\,f(x) - f(c)\,| < \delta_1.$$

この 2 つを組み合わせると，$g(f)$ に対する (7.3.1) に到達する：

$$\begin{aligned} |x - c| < \delta_2 \;&\Rightarrow\; |y - t| < \delta_1, \quad y = f(x),\ t = f(c) \\ &\Rightarrow\; \big|\,g\big(f(x)\big) - g\big(f(c)\big)\big| = |\,g(y) - g(t)\,| < \varepsilon. \quad \square \end{aligned}$$

◇ **例 7.3.6.** 6 章で述べた初等関数が連続かどうかを調べてみる．厳密な "定義 7.3.4" への適合を確かめると，ほぼ直感どおりの結論になる．

(i) §6.3.1，多項式 $a_0 + a_1 x + \cdots + a_n x^n$ は $x \in \mathbb{R}$ で連続．

(ii) §6.3.1，分数式 $a_0 + a_1 x + \dfrac{a_2}{a_3 + x}$ は $x \neq -a_3$ では連続．しかし，$x = -a_3$ では発散する．

(iii) §6.3.1，べき乗 x^a $(a \in \mathbb{R})$ は定義域 $\{x : x > 0\}$ で連続．

(iv) §6.3.2，指数関数 $E(x) = e^x$ は $x \in \mathbb{R}$ で連続．(定義 5.2.2 と定理 6.3.3 を参照のこと．)

(v) §6.5，対数関数 $\log x$ は $D_f = \{x : x > 0\}$ で連続．$x \to 0$ では $-\infty$ に発散する．

(vi) §6.3.3，三角関数 $\sin\theta, \cos\theta$ は $\theta \in \mathbb{R}$ で連続．一方，$\tan\theta$ は次の不連続点をもつ：

$$\theta = \frac{(2k+1)\,\pi}{2}, \quad k = \cdots, -2, -1, 0, 1, 2, \cdots. \quad \diamond$$

証明 定義 5.2.2 で与えられた指数関数 $E(x)$ に対し，(iv) を示す．補題 5.1.6, 定義 5.2.1, 例題 5.2.3 より，$0 \le h < 2$ に対し，

$$1 + h \le E(h) = \lim_{n\to\infty} a_n(h) \le 1 + \frac{2\,h}{2-h}, \tag{7.3.2a}$$

$$1 - \frac{2\,h}{2+h} = \frac{2-h}{2+h} \le E(-h) = \frac{1}{E(h)} \le \frac{1}{1+h} = 1 - \frac{h}{1+h}. \tag{7.3.2b}$$

これより，h の正負にかかわらず $\lim_{h\to 0} E(h) = 1$ となる．例題 5.2.4 を使うと，$E(x) = E(c)\cdot E(x-c)$ となるので，$h = x - c$ とおき，

$$\lim_{x\to c} |\,E(x) - E(c)\,| = \lim_{h\to 0} E(c)\,|\,E(h) - 1\,| = E(c)\ \lim_{h\to 0} |\,E(h) - 1\,| = 0.$$

$c \in \mathbb{R}$ は任意だから，連続性が示された．

残りの関数の連続性は，後述の §8.2 で示す． □

連続関数はいろいろ都合のよい性質を備えている．

定理 7.3.7 (中間値の定理). 閉区間 $[a, b]$ で定義された連続関数 f が $f(a) < f(b)$ を満たしている．このとき，$f(a) < t < f(b)$ である任意の t に対し，

$$f(c) = t$$

となる $c \in (a, b)$ が存在する．(次の解説 (ii) も参照のこと．) ◇

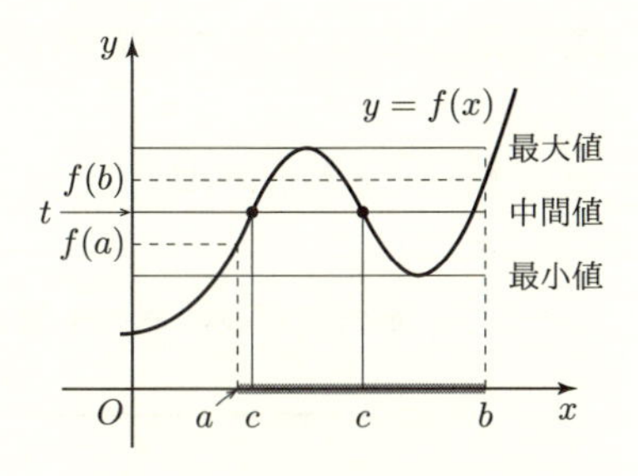

定理 7.3.8 (最大値原理). 有限な閉区間 $[a,b]$ で連続な関数 f は，最大値と最小値をもつ． ◇

♦ **解説** (i) 右図を見ると，どちらの定理も自明と思うかもしれない．しかし証明には，実数の性質に関する命題 3.2.3, ワイエルシュトラスの定理 3.2.7 を駆使した $\varepsilon - N$ 論法が必要となる．興味をもつ人のために，第 VI 部，§C.1, 定理 C.1，および §C.2, 定理 C.4 として証明する．

(ii) 最大値原理 7.3.8 を考慮すると，中間値の定理 7.3.7 は「f の最小値と最大値の間にある任意の t に対して，$f(c) = t$ となる $c \in [a,b]$ が存在する」と拡張できる．

(iii) どの定理に対しても，“f が連続” という仮定が鍵となる．例えば，関数 $f(x) = 1/x$ は閉区間 $[-1,+1]$ で連続ではなく，そこでは最大値も最小値ももたない． ◇

◇ **例題 7.3.9.** 下左図 A 地点から出発し，

$$A \to \text{北極} \to \text{裏の } B \to \text{南極} \to A$$

と経線に沿って地球を一周するコースを $\mathcal{C}$ とする．$\mathcal{C}$ 上の各地点で，気温を同時に計測したとき，A 地点と同じ気温の場所はあるか? ◇

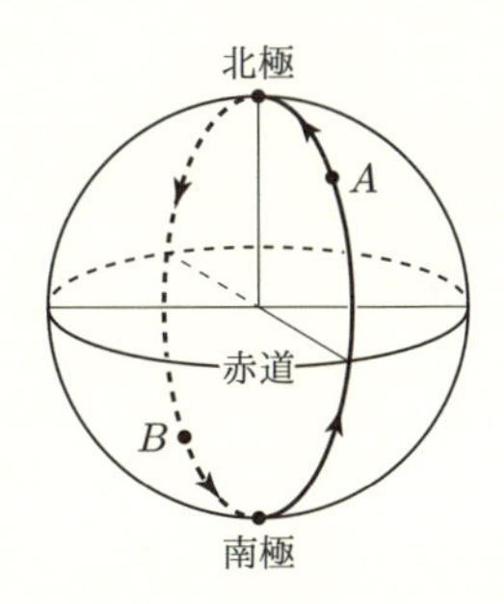

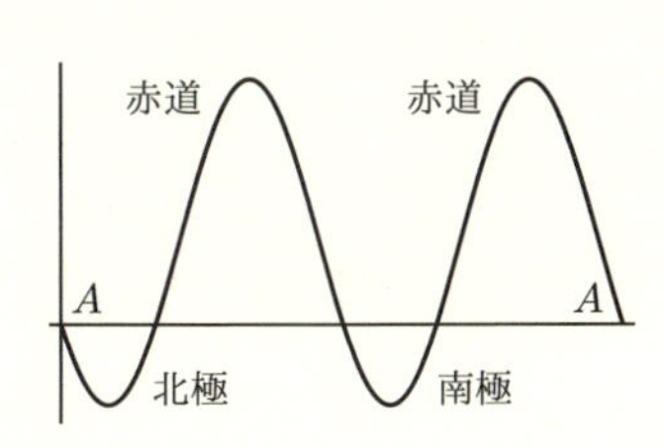

解答 気温は連続的に変化し，北極と南極で極小，赤道で極大となるので，上右図のようになる．すると中間値の定理 7.3.7 より，A と同じ気温の場所が少なくとも 3 箇所ある． □

II. 有限区間 $[a,b]$ での連続関数がもつ有用な性質として，一様連続性がある．これは，

「2 点 x, c が近ければ，それらの位置にかかわらず，$|f(x)-f(c)|$ が小さくなる」

ことだが，厳密な定義は $\varepsilon-\delta$ 論法が必要となる．

$\varepsilon-\delta$ 論法

定義 7.3.10 (関数の一様連続性)．関数 f が区間 $[a,b]$ で**一様連続**とは，任意の $\varepsilon>0$ と任意の $x,c\in[a,b]$ に対し，ある $\delta>0$ があり，次が成立することである：

$$|x-c|\leq\delta \;\Rightarrow\; |f(x)-f(c)|\leq\varepsilon. \quad \diamond \tag{7.3.3}$$

♦ **解説** (連続の定義式 (7.3.1) と一様連続の定義式 (7.3.3) との違い)： まず，前者の δ は c を固定して決めることができる．ところが，後者の δ は $a\leq c\leq b$ の範囲の c に対して，共通に決めなければならない．

反例： $f(x)=1/x$, $0<x<1$ とする．任意に小さな $\varepsilon>0$ に対する (7.3.3) は，

$$\begin{aligned}
\varepsilon>|f(x)-f(c)|&=\left|\frac{1}{x}-\frac{1}{c}\right|\\
\Leftrightarrow\quad \frac{1-\varepsilon c}{c}&=-\varepsilon+\frac{1}{c}<\frac{1}{x}<\varepsilon+\frac{1}{c}=\frac{1+\varepsilon c}{c}\\
\Leftrightarrow\quad \frac{-\varepsilon c^2}{1+\varepsilon c}&=\frac{c}{1+\varepsilon c}-c<x-c<\frac{c}{1-\varepsilon c}-c=\frac{\varepsilon c^2}{1-\varepsilon c}
\end{aligned}$$

である．つまり，$\delta=\varepsilon c^2/(1-\varepsilon c)$ に対し，(7.3.3) が成立する．

ここで，注意で述べたように，c を $0<c<1$ の範囲で動かす．すると，$c\to0$ のとき $\delta\to0$ となり，(7.3.3) が成り立たない．すなわち f は開区間 $(0,1)$ で連続だが，そこで一様連続ではない． $\diamond$

定理 7.3.11 (ハイネの定理)． 有限な閉区間 $[a,b]$ で連続な関数 f は，そこで一様連続である． $\diamond$

この証明も複雑である．興味をもつ人のために，第 VI 部，§C.3, 定理 C.6 として証明を記す．

8

微　分

8.1　微分の概念

I. 直線上に動点 P があり，その速度を計測している．

(i) 時刻 0 に原点を出発し，t_2 秒後に位置 y_2 にいる．もし P が定速運動しているなら，その速度は y_2/t_2.

(ii) P の速度は，途中で変動している様子なので，2 回に分けて速度を計測した．すると，t_1 秒後に位置 y_1，t_2 秒後に位置 y_2 となり，t_1 から t_2 秒までの平均速度 $(y_2 - y_1)/(t_2 - t_1)$ が計算できた．

問題：では，時刻 t_2 での瞬間速度はどうやって調べるのか?

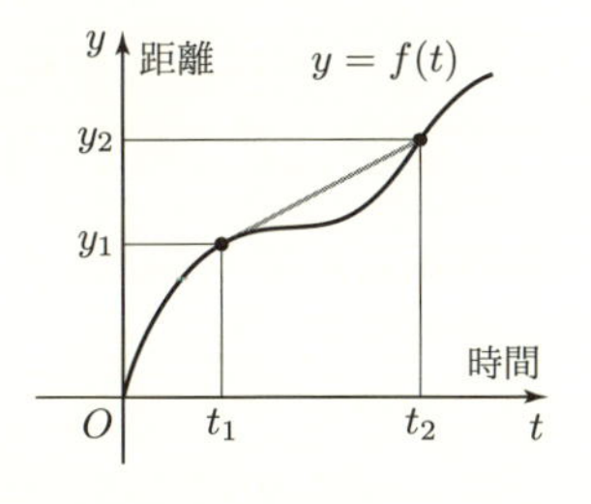

解答：t_1 を t_2 に近づけ，短い時間区間 $[t_1, t_2]$ での平均速度を求める．すなわち

$$\lim_{t_1 \to t_2} \frac{f(t_2) - f(t_1)}{t_2 - t_1}$$

とすると，時刻 t_2 での正確な瞬間速度を得ることができる．　□

II. この“瞬間速度を計算する方法”が，**微分**の考え方である．

定義 8.1.1 (微分)．(i) 連続関数 $f(x)$ に対し，ある点 $x = c$ で，極限

$$\lim_{h \to 0} \frac{f(c+h) - f(c)}{h}$$

が存在するとき，“f は点 $x = c$ で**微分可能**”といい，

$$\frac{d}{dx} f(c) \equiv \lim_{h \to 0} \frac{f(c+h) - f(c)}{h} \tag{8.1.1}$$

と記述する．なお，$\dfrac{df}{dx}(c)$ や $f'(c)$ の記号も多用する．

(ii) また，$f'(c)$ を c の関数とみたとき，f の**導関数**とよぶ．　◇

♦ 注：(i)　平面上の 2 点

$$(c,\ f(c)),\ (c+h,\ f(c+h))$$

を通る直線を $L(x)$ とする．

$h \to 0$ とすると，直線 $L(x)$ は，「点 $x=c$ における関数 f の接線」に近づく．一方，直線 $L(x)$ の傾きは

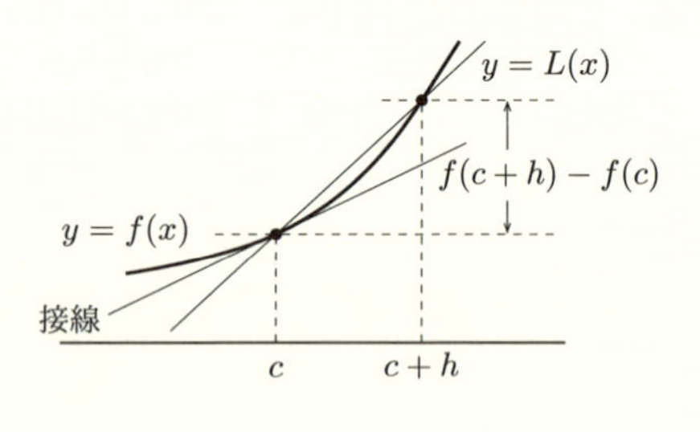

$$\lim_{h\to 0}\frac{f(c+h)-f(c)}{h}=f'(c)$$

になるので，“曲線 f の点 c での接線の傾き” が，$f'(c)$ になる．

(ii)　微分可能な関数なら，当然，連続である．だが，微分可能な関数と連続関数とのギャップは意外に大きく，“どの x でも微分はできない，しかし連続” な関数が存在する．　◇

8.2　1 変数関数の微分公式

8.2.1　一般的な微分公式

今後の具体的な微分計算に必要な公式を述べる．

命題 8.2.1 (微分公式)．f, g を微分可能な関数，c_1, c_2 を定数とする．

(i)　$\dfrac{d}{dx}\big(c_1 f(x)+c_2\big)=c_1 f'(x)$.

(ii)　(積の微分公式)　$\dfrac{d}{dx}\big(f(x)\,g(x)\big)=f'(x)\,g(x)+f(x)\,g'(x)$.

(iii)　(合成関数の微分公式)　$\dfrac{d}{dx}g\big(f(x)\big)=g'\big(f(x)\big)\cdot f'(x)$.

(♦ 注：ここで $g'\big(f(x)\big)\equiv g'\big(t\big)\Big|_{t=f(x)}$ の意味である．)

(iv)　$g(x)\neq 0$ のとき，

$$\frac{d}{dx}\,\frac{f(x)}{g(x)}=\frac{f'(x)\,g(x)-f(x)\,g'(x)}{g^2(x)}.\quad ◇$$

証明　(i)　微分の定義 (8.1.1) より明らか．

(ii)　微分の定義より

$$\frac{d}{dx}\big(f(x)\,g(x)\big)=\lim_{h\to 0}\frac{f(x+h)\,g(x+h)-f(x)\,g(x)}{h}$$

$$= \lim_{h\to 0} \frac{f(x+h)-f(x)}{h}\, g(x+h) + \lim_{h\to 0} f(x)\, \frac{g(x+h)-g(x)}{h}$$
$$= f'(x)\, g(x) + f(x)\, g'(x).$$

(iii) 厳密な証明は後にゆずり，“合成関数の微分公式”の概念を説明する．

$k \equiv f(x+h)-f(x)$, $y \equiv f(x)$ とおく．すると $f(x+h) = y+k$. また f は連続関数なので，$h\to 0$ のとき $k\to 0$ となり

$$\frac{d}{dx} g\big(f(x)\big) = \lim_{h\to 0} \frac{g(f(x+h)) - g(f(x))}{h} = \lim_{h\to 0} \frac{g(y+k)-g(y)}{h}$$
$$= \lim_{h\to 0} \frac{g(y+k)-g(y)}{k} \times \frac{f(x+h)-f(x)}{h}$$
$$= \lim_{k\to 0} \frac{g(y+k)-g(y)}{k} \times \lim_{h\to 0} \frac{f(x+h)-f(x)}{h}$$
$$= g'(y)\cdot f'(x) = g'(f(x))\cdot f'(x).$$

♦ **解説**：“$h\to 0$ となる途中で $k=0$ となる”場合，分母が 0 になるので，この議論は成立しない．それを避けた厳密な証明は，平均値の定理 9.1.2 (後述) を利用した例題 9.1.3 で示す．　◇

(iv) まず $G(x) \equiv 1/g(x)$ とおくと，

$$\frac{d}{dx} G(x) = \lim_{h\to 0} \frac{1}{h}\Big(\frac{1}{g(x+h)} - \frac{1}{g(x)}\Big) = \lim_{h\to 0} \frac{1}{h}\Big(-\frac{g(x+h)-g(x)}{g(x+h)\ g(x)}\Big)$$
$$= \lim_{h\to 0} \frac{g(x+h)-g(x)}{h} \times \lim_{h\to 0} \frac{-1}{g(x+h)\ g(x)} = \frac{-g'(x)}{\big(g(x)\big)^2}.$$

次に，上で示した (ii) の積の微分公式より

$$\frac{d}{dx} f(x)\, G(x) = f'(x)\, G(x) + f(x)\, G'(x) = \frac{f'(x)}{g(x)} - \frac{f(x)\ g'(x)}{\big(g(x)\big)^2}$$
$$= \frac{f'(x)\, g(x) - f(x)\, g'(x)}{\big(g(x)\big)^2}. \quad \square$$

◇ **例題 8.2.2.** 関数 f とその逆関数 f^{-1} はともに微分可能である．このとき，$\dfrac{d}{dx} f^{-1}(x) = \dfrac{1}{f\big(f^{-1}(x)\big)}$ となることを示せ．　◇

解答　$g(x) \equiv f^{-1}(x)$ とおく．逆関数の定義より $f\big(g(x)\big) = x$ だから，この両辺を微分する．命題 (微分公式) 8.2.1 (iii) より

$$1 = \frac{d}{dx} f\big(g(x)\big) = f'\big(g(x)\big)\, g'(x).$$

$g'(x) = \dfrac{d}{dx} f^{-1}(x)$ について整理すると証明が終わる．　□

8.2.2 多項式の微分

いよいよ具体的な関数を微分する．最初は，多項式を取り上げる．

命題 8.2.3. (i) 定数 c に対し，$\dfrac{d}{dx} c = 0.$

(ii) 自然数 n に対し，$\dfrac{d}{dx} x^n = n\, x^{n-1}.$　◇

証明 (i) 微分の定義 (8.1.1) より，$\dfrac{d}{dx} c = \lim\limits_{h \to 0} \dfrac{c - c}{h} = \lim\limits_{h \to 0} 0 = 0.$

(ii) この主張は命題 8.2.6 に含まれる．　□

8.2.3 対数関数と指数関数の微分

指数関数 e^x は定義 5.2.2 および定理 6.3.3 で与え，その逆関数として，対数関数 $\log x$ を定義した (定義 6.5.1).

命題 8.2.4 (対数関数，指数関数の微分). 指数関数 e^x $(x \in \mathbb{R})$ および対数関数 $\log x$ $(x > 0)$ は連続かつ微分可能である：

(i) $\dfrac{d}{dx} e^x = e^x,\ \ x \in \mathbb{R},$　　(ii) $\dfrac{d}{dx} \log x = \dfrac{1}{x},\ \ x > 0.$　◇

証明 (i) $E(x) = e^x$ が連続なことは，例 7.3.6 ですでに示した．

(7.3.2a) と (7.3.2b) から，$0 \le h < 2$ に対し，

$$1 \le \frac{e^h - 1}{h} \le \frac{2}{2 - h}, \qquad \frac{1}{1 + h} \le \frac{e^{-h} - 1}{-h} \le \frac{2}{2 + h} \tag{8.2.1}$$

となるので，h の正負に関係なく，

$$\lim_{h \to 0} \frac{e^h - 1}{h} = 1. \tag{8.2.2}$$

すると，微分の定義 (8.1.1) と (8.2.2) より

$$\frac{d}{dx} e^x = \lim_{h \to 0} \frac{e^{x+h} - e^x}{h} = e^x \times \lim_{h \to 0} \frac{e^h - 1}{h} = e^x.$$

(ii) (8.2.1) を h の不等式に書き換える．$0 \le h < 2$ に対し，

$$\frac{2}{e^h+1} \le \frac{h}{e^h-1} \le 1, \quad \frac{2}{1+e^{-h}} \le \frac{-h}{e^{-h}-1} \le \frac{1}{e^{-h}}. \tag{8.2.3}$$

$1 > \delta/x \ge 0$ に対し，(8.2.3) の最初の不等式では $h = \log(1+\delta/x)$，また，2 番目の不等式では $-h = \log(1-\delta/x)$ とおく．注 6.5.4 を考えて，

$$\frac{2}{2+\delta/x} \le \frac{\log(1+\delta/x)}{\delta/x} \le 1,$$
$$\frac{2}{2-\delta/x} \le \frac{\log(1-\delta/x)}{-\delta/x} \le \frac{1}{1-\delta/x}.$$

これから，δ の正負に関係なく，

$$\lim_{\delta\to 0} \frac{\log(1+\delta/x)}{\delta/x} = 1. \tag{8.2.4}$$

この (8.2.4)，注 (対数関数の演算) 6.5.4，微分の定義 (8.1.1) から，固定した $x > 0$ に対し

$$\begin{aligned}(\log x)' &= \lim_{\delta\to 0} \frac{\log(x+\delta) - \log x}{\delta} = \lim_{\delta\to 0} \frac{1}{\delta} \log\left(\frac{x+\delta}{x}\right) \\ &= \lim_{\delta\to 0} \frac{1}{\delta} \log\left(1+\frac{\delta}{x}\right) = \frac{1}{x} \lim_{\delta\to 0} \frac{\log(1+\delta/x)}{\delta/x} = \frac{1}{x}.\end{aligned}$$

なお，この等式から，関数 $\log x$ $(x > 0)$ の連続性は明らかである．　□

◇ **例題 8.2.5.** a を正の定数，b と c を 0 でない定数とする．次を微分せよ．

(a)　e^{cx},　　(b)　$\log|x-b|^c$,　　(c)　a^{cx}.　　◇

解答　(a)　$g(x) = e^x$，$f(x) = cx$ として，合成関数 $g(f(x))$ を微分する．$g'(x) = e^x$，$f'(x) = c$ だから，命題 (微分公式) 8.2.1 (iii) から

$$\frac{d}{dx} g(f(x)) = g'(f(x)) f'(x) = e^{cx} c.$$

(b)　$x > b$ とすると，$\log|x-b|^c = c\log(x-b)$．$g(x) = \log x$，$f(x) = x-b$ とおき，合成関数 $g(f(x))$ を微分する：

$$\frac{d}{dx}\log|x-b|^c = c\frac{d}{dx}\log(x-b) = \frac{c}{x-b}, \quad x > b.$$

また $x < b$ なら，$\log|x-b|^c = c\log(b-x)$ だから，再び合成関数の微分となり，

$$\frac{d}{dx}\log|x-b|^c = \frac{-c}{b-x} = \frac{c}{x-b}, \quad x < b.$$

(c) 展望 6.5.5 より，$a^{cx} = \exp\{x\,c\log a\}$. ここで (a) を使うと，

$$\frac{d}{dx}a^{cx} = \frac{d}{dx}\exp\{x\,(c\log a)\} = \exp\{x\,c\log a\}\cdot c\log a = a^{cx}\cdot c\log a. \quad \square$$

8.2.4 べき乗の微分

命題 8.2.6. 実数 $a \neq 0$ に対し，べき乗 x^a $(x > 0)$ は連続かつ微分可能な関数で，$\dfrac{d}{dx}x^a = a\,x^{a-1}$, $x > 0$. ◇

証明 $g(x) = e^{a\,x}$, $f(x) = \log x$ とおくと，展望 6.5.5 より，

$$g\bigl(f(x)\bigr) = x^a = e^{a\log x}, \quad x > 0.$$

命題 8.2.4 から f, g ともに微分可能だから，命題 (微分公式) 8.2.1 (iii) により，合成関数 $g\bigl(f(x)\bigr) = x^a$ も連続かつ微分可能である．すると，例題 8.2.5 (a) と命題 8.2.4 から，

$$\frac{d}{dx}x^a = \frac{d}{dx}g\bigl(f(x)\bigr) = g'\bigl(f(x)\bigr)\cdot f'(x) = a\,e^{a\log x}\cdot\frac{1}{x} = a\,x^{a-1}. \quad \square$$

8.2.5 三角関数

まず $\sin x$ の微分を計算するが，そのためには，次の補題が必要となる．

補題 8.2.7 (重要な補題). $\displaystyle\lim_{x\to 0}\frac{\sin x}{x} = 1.$ ◇

証明 *Step 1.* 半径が 1，中心が O の円周上に点 A, C をとる．点 A から線分 OC 上に垂線 AB を下ろす．また，線分 OC の右端 C から垂線を立て，線分 OA の延長線との交点を D とする．

$\angle AOC = x$ ラジアンとして，$\triangle AOB$，扇形 $\overset{\frown}{AOC}$，$\triangle DOC$ の面積を求める．図 8.2.1 を参考にすると，

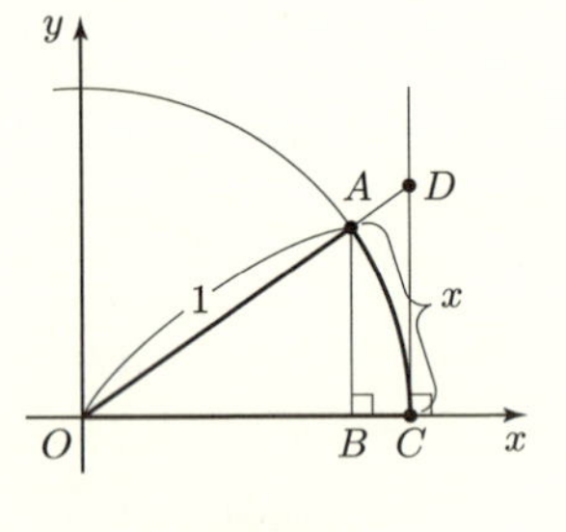

図 8.2.1

$$\triangle AOB \text{ の面積} = \frac{\overline{OB}\cdot\overline{AB}}{2} = \frac{\cos x\cdot\sin x}{2},$$

$$\triangle DOC \text{ の面積} = \frac{\overline{OC}\cdot\overline{DC}}{2} = \frac{1\cdot\tan x}{2} = \frac{\sin x}{2\cos x},$$

$$\text{扇形 } \overset{\frown}{AOC} \text{ の面積} = \pi\cdot\frac{x}{2\pi} = \frac{x}{2}.$$

<u>*Step 2.*</u> 図 8.2.1 からわかるように，

$$\triangle AOB \text{ の面積} < \text{扇形 } \widehat{AOC} \text{ の面積} < \triangle DOC \text{ の面積}$$

の大小関係がある．この不等式に，それぞれの面積の値を代入して

$$\frac{\cos x \cdot \sin x}{2} < \frac{x}{2} < \frac{\sin x}{2\cos x} \Leftrightarrow \cos x < \frac{\sin x}{x} < \frac{1}{\cos x}.$$

右の式で $x \to 0$ とする：

$$1 = \lim_{x\to 0} \cos x \le \lim_{x\to 0} \frac{\sin x}{x} \le \lim_{x\to 0} \frac{1}{\cos x} = \frac{1}{1} = 1. \quad \square$$

さらに，$\cos x$ の極限挙動も必要となる．

補題 8.2.8.　$\displaystyle\lim_{x\to 0} \frac{\cos x - 1}{x} = 0.$　◇

証明　補題 (加法公式) 6.3.5 より

$$\begin{aligned}\cos x &= \cos^2 \frac{x}{2} - \sin^2 \frac{x}{2} \\ &= 1 - \sin^2 \frac{x}{2} - \sin^2 \frac{x}{2} = 1 - 2\sin^2 \frac{x}{2}\end{aligned}$$

だから

$$\begin{aligned}\lim_{x\to 0} \frac{\cos x - 1}{x} &= -\lim_{x\to 0} \frac{2\big(\sin x/2\big)^2}{x} \\ &= -\lim_{x\to 0} \frac{\sin x/2}{x/2} \cdot \lim_{x\to 0} \sin \frac{x}{2} = -1 \cdot 0 = 0. \quad \square\end{aligned}$$

命題 8.2.9 ($\sin x$ の微分)**.**　正弦 $\sin x$ ($x \in \mathbb{R}$) は連続かつ微分可能な関数で，$\dfrac{d}{dx} \sin x = \cos x$ である．　◇

証明　補題 (加法公式) 6.3.5 の適用で $\sin(x+\delta)$ を分解して，

$$\frac{\sin(x+\delta) - \sin x}{\delta} = \sin x \cdot \frac{\cos \delta - 1}{\delta} + \cos x \cdot \frac{\sin \delta}{\delta}.$$

ここで，$\delta \to 0$ とすると，微分の定義，補題 8.2.7, 8.2.8 より

$$\text{左辺} \to \frac{d}{dx} \sin x, \quad \frac{\cos \delta - 1}{\delta} \to 0, \quad \frac{\sin \delta}{\delta} \to 1$$

だから，命題の結論を得る．なお，途中で $\sin x$ の連続性は示されている．　□

◇ **例題 8.2.10.** 次の微分公式を証明せよ．

$$\text{(a)}\quad \frac{d}{dx}\cos x = -\sin x, \qquad \text{(b)}\quad \frac{d}{dx}\tan x = \frac{1}{\cos^2 x}. \quad \diamond$$

解答 (a) $f(x) \equiv \sin x$, $g(x) \equiv \pi/2 + x$ とおく．補題 (加法公式) 6.3.5 より，$f\bigl(g(x)\bigr) = \sin(\pi/2 + x) = \cos x$．次に，命題 (微分公式) 8.2.1 (iii) から

$$\frac{d}{dx}\sin\left(\frac{\pi}{2} + x\right) = \cos\left(\frac{\pi}{2} + x\right) \times 1 = -\sin x.$$

(b) $\tan x = \sin x / \cos x$ だから，命題 (微分公式) 8.2.1 (iv) を使う：

$$\frac{d}{dx}\tan x = \frac{1}{\cos^2 x}\bigl\{\cos x \times \cos x - \sin x \times (-\sin x)\bigr\} = \frac{1}{\cos^2 x}. \quad \square$$

◇ **例題 8.2.11.** 例 6.4.7 で述べた逆三角関数に対し，次を示せ：

$$\text{(a)}\quad \frac{d}{dx}\arcsin x = \frac{1}{\sqrt{1 - x^2}}, \qquad \text{(b)}\quad \frac{d}{dx}\arctan x = \frac{1}{1 + x^2}. \quad \diamond$$

解答 (a) $f(x) \equiv \sin x$ とおくと，例題 8.2.2 より

$$\frac{d}{dx}\arcsin x = \frac{1}{f'\bigl(\arcsin x\bigr)} = \frac{1}{\cos\bigl(\arcsin x\bigr)}.$$

ここで，右辺を整理する．$y = \arcsin x$ とおくと，例 6.4.7 より $-\pi/2 \le y \le \pi/2$ となり，常に $\cos y \ge 0$ である．

$$\begin{aligned}\cos\bigl(\arcsin x\bigr) = \cos y &= \sqrt{1 - \sin^2 y} \\ &= \sqrt{1 - \bigl\{\sin(\arcsin x)\bigr\}^2} = \sqrt{1 - x^2}\end{aligned}$$

となり，(a) が示された．

(b) まず，$\cos^2 x = 1/\bigl(1 + \tan^2 x\bigr)$ に注意する．例題 8.2.2 より，$f(x) = \tan x$ に対し，$f'(x) = 1/\cos^2 x$ だから，

$$\begin{aligned}\frac{d}{dx}\arctan x &= \frac{1}{f'\bigl(\arctan x\bigr)} \\ &= \cos^2\bigl(\arctan x\bigr) = \frac{1}{1 + \{\tan(\arctan x)\}^2} = \frac{1}{1 + x^2}. \quad \diamond\end{aligned}$$

8.3　微分公式のまとめと例題

f, g は微分可能な関数，a, b, c は定数とする．

関　　数		その微分
定数倍	$c\,f(x)+b$	$c\,f'(x)$
合成関数	$g\big(f(x)\big)$	$g'\big(f(x)\big)\cdot f'(x)$
関数の積	$f(x)\,g(x)$	$f'(x)\,g(x)+f(x)\,g'(x)$
関数の商	$\dfrac{f(x)}{g(x)},\quad g(x)\neq 0$	$\dfrac{f'(x)\,g(x)-f(x)\,g'(x)}{g^2(x)}$
定　数	c	0
べき乗	$x^a,\ x>0,\ a\neq 0$	$a\,x^{a-1}$
指数関数	e^x	e^x
対数関数	$\log\lvert x\rvert,\ x\neq 0$	$\dfrac{1}{x}$
正　弦	$\sin x$	$\cos x$
余　弦	$\cos x$	$-\sin x$
正　接	$\tan x$	$\dfrac{1}{\cos^2 x}$
逆正弦	$\arcsin x$	$\dfrac{1}{\sqrt{1-x^2}}$
逆余弦	$\arccos x$	$-\dfrac{1}{\sqrt{1-x^2}}$
逆正接	$\arctan x$	$\dfrac{1}{1+x^2}$
	$\log f(x)$	$\dfrac{f'(x)}{f(x)}$

◇ **例題 8.3.1.** (i)　次の関数を $g\big(f(x)\big)=y$ の形にしたい．適当な f と g を求めよ．

(a)　$y=(x^3+x^2+1)^{10}$,　(b)　$y=\log(x^2+x+1)$,　(c)　$y=\sqrt{1+x^2}$.

(ii)　上記の関数 (a)〜(c) を微分せよ．　◇

解答　(i)　(a)　$f(x)=x^3+x^2+1,\ g(x)=x^{10}$.

(b)　$f(x)=x^2+x+1,\ g(x)=\log x$.

(c)　$f(x)=1+x^2,\ g(x)=\sqrt{x},\ x\geq 0$.

(ii)　命題 8.2.1 (合成関数の微分公式) の (iii) を使う．

(a) $g'(x) = 10x^9, \quad f'(x) = 3x^2 + 2x$ だから，

$$\frac{d}{dx}(x^3 + x^2 + 1)^{10} = 10\,(\,f(x)\,)^9\,(3x^2 + 2x)$$
$$= 10\,x\,(3x + 2)(x^3 + x^2 + 1)^9.$$

(b) $g'(x) = 1/x, \quad f'(x) = 2x + 1$ だから，

$$\frac{d}{dx}\log(x^2 + x + 1) = \frac{1}{f(x)}(2x + 1) = \frac{2x + 1}{x^2 + x + 1}.$$

(c) $g'(x) = 1/(2\sqrt{x}), \quad f'(x) = 2x$ だから，

$$\frac{d}{dx}\sqrt{x^2 + 1} = \frac{1}{2\sqrt{f(x)}} \cdot 2x = \frac{x}{\sqrt{x^2 + 1}}. \quad \square$$

◇ **例題 8.3.2.** 次の関数を微分せよ．

(a) $y = (x^2 + 1)^5 (x^3 + 1)^4$, (b) $y = \exp\{\,(x^2 + 1)^2\,\}$. ◇

解答 (a) 命題 (積の微分公式) 8.2.1 (ii) より

$$\frac{d}{dx}(x^2 + 1)^5 (x^3 + 1)^4 = \Big((x^2 + 1)^5\Big)'(x^3 + 1)^4 + (x^2 + 1)^5\Big((x^3 + 1)^4\Big)'.$$

ここで命題 (合成関数の微分公式) 8.2.1 (iii) より

$$\frac{d}{dx}(x^2 + 1)^5 = 5\,(x^2 + 1)^4 \cdot 2x = 10x(x^2 + 1)^4,$$
$$\frac{d}{dx}(x^3 + 1)^4 = 4\,(x^3 + 1)^3 \cdot 3x^2 = 12x^2(x^3 + 1)^3.$$

これを代入して整理し，

$$\frac{d}{dx}(x^2 + 1)^5\,(x^3 + 1)^4 = 2x\,(x^2 + 1)^4\,(x^3 + 1)^3\,(11x^3 + 6x + 5).$$

(b) 命題 (合成関数の微分公式) 8.2.1 (iii) より

$$\frac{d}{dx}\exp\{\,(x^2 + 1)^2\,\} = \exp\{\,(x^2 + 1)^2\,\}\big((x^2 + 1)^2\big)'.$$

ここで再び，合成関数の微分公式から

$$\frac{d}{dx}(x^2 + 1)^2 = 2\,(x^2 + 1) \cdot 2x = 4x\,(x^2 + 1).$$

以上より，

$$\frac{d}{dx}\exp\{\,(x^2 + 1)^2\,\} = \exp\{(x^2 + 1)^2\} \cdot 4x(x^2 + 1). \quad \square$$

◊ **例題 8.3.3.** f, g, h を微分可能な関数とする．次の関数を微分せよ．

$$\text{(a)}\quad f\big(g\big(h(x)\big)\big), \qquad \text{(b)}\quad \Big(f(x)\cdot g(x)\cdot h(x)\Big). \quad \diamond$$

解答　(a)　$G(x) \equiv g\big(h(x)\big)$ とおく．合成関数の微分公式から

$$\frac{d}{dx}G(x) = g'\big(h(x)\big)\cdot h'(x).$$

これと，再び合成関数の微分公式から

$$\begin{aligned}\frac{d}{dx}f\big(g\big(h(x)\big)\big) &= \frac{d}{dx}f\big(G(x)\big) = f'\big(G(x)\big)\cdot G'(x) \\ &= f'\big(g\big(h(x)\big)\big)\cdot g'\big(h(x)\big)\cdot h'(x).\end{aligned}$$

(b)　$G(x) \equiv g(x)\cdot h(x)$ とおくと，$G'(x) = g'(x)\cdot h(x) + g(x)\cdot h'(x)$.
再び，積の微分公式から

$$\begin{aligned}&\frac{d}{dx}\Big(f(x)\cdot g(x)\cdot h(x)\Big) = \frac{d}{dx}\Big(f(x)\cdot G(x)\Big) \\ &= f'(x)\cdot G(x) + f(x)\cdot G'(x) \\ &= f'(x)\cdot g(x)\cdot h(x) + f(x)\cdot g'(x)\cdot h(x) + f(x)\cdot g(x)\cdot h'(x). \quad \square\end{aligned}$$

9 平均値の定理とその応用

平均値の定理は，近代解析学の成果の一つであり，いろいろな応用がある．

9.1 いろいろな平均値の定理

定理 9.1.1 (ロールの定理)．関数 f は閉区間 $[a,b]$ で連続，開区間 (a,b) で微分可能とする．$f(a)=0=f(b)$ であるとき，次を満たす点 c が存在する：

$$f'(c)=0, \quad a<c<b. \quad \diamond \tag{9.1.1}$$

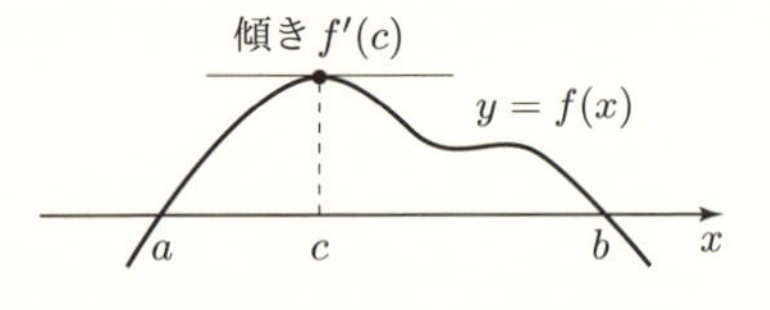

証明 *Step 1.* f が $f(x)=0$ という定数関数の場合： すべての $x\in(a,b)$ に対し $f'(x)=0$ だから，任意の $c\in(a,b)$ で定理が成立している．

Step 2. “$f(x)>0$ となる $a<x<b$ がある” 場合： 有限な閉区間 $[a,b]$ で f は連続だから，最大値原理 7.3.8 より，ある $c\in[a,b]$ で f は正の最大値をとる．ところが $f(a)=0=f(b)$ だから $a<c<b$ となる．

$f(c)$ は最大値なので，$h_1>0$ に対し $f(c)\geq f(c+h_1)$ となり，

$$0\geq \frac{f(c+h_1)-f(c)}{h_1}.$$

ここで $h_1\to 0$ とすると，微分の定義より

$$0\geq \lim_{h_1\to 0}\frac{f(c+h_1)-f(c)}{h_1}=f'(c). \tag{9.1.2}$$

一方，別の $h_2>0$ に対しても $0\geq f(c-h_2)-f(c)$ となる．$h_2>0$ だから

$$0\leq \frac{f(c-h_2)-f(c)}{-h_2}.$$

ここで $h_2\to 0$ とすると，やはり微分の定義から

$$0 \leq \lim_{h_2 \to 0} \frac{f(c-h_2)-f(c)}{-h_2} = f'(c). \tag{9.1.3}$$

結局，(9.1.2) と (9.1.3) が同時に成立することになり，$f'(c)=0$.

Step 3. 次に "$f(x)<0$ となる $a<x<b$ がある" 場合： $g(x) \equiv -f(x)$ とおくと，g は定理 9.1.1 および *Step 1* の仮定を満たしている．g に *Step 1* の結論を適用すると，$0=g'(c_1)=-f'(c_1)$ となり，求める $c_1 \in (a,b)$ がみつかった． □

ロールの定理 9.1.1 を拡張すると，次の "平均値の定理" になる．

定理 9.1.2 (平均値の定理)**.** f を閉区間 $[a,b]$ で連続，開区間 (a,b) で微分可能な関数とする．このとき，次を満たす点 c が存在する：

$$\frac{f(b)-f(a)}{b-a} = f'(c), \quad a<c<b. \quad \diamond$$

♦ **注** (i) 上式の左辺は，2 点 $(a,f(a))$ と $(b,f(b))$ を結ぶ直線の傾きである (右図).

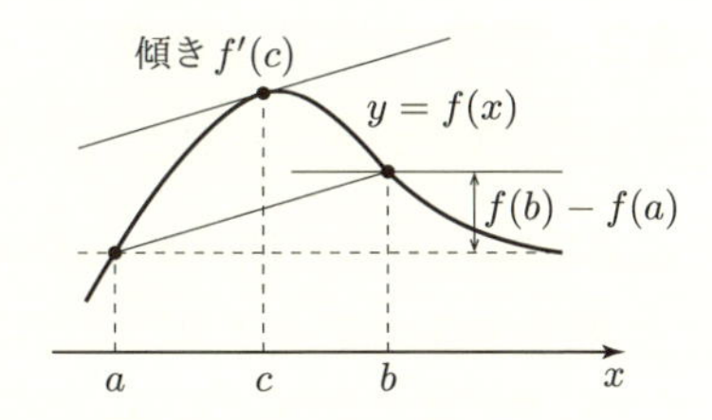

(ii) $a<c<b$ だから，

$\theta \equiv \dfrac{c-a}{b-a}$ とおくと，

$c=a+\theta\,(b-a),\ 0<\theta<1.$

すると結論の等式は，「$=f'(c)$」に替えて，「$=f'\bigl(a+\theta\,(b-a)\bigr),\ 0<\theta<1$」となる．なお，この表現は，ロールの定理の結論 (9.1.1) でも使われる． ◇

定理 9.1.2 の証明 f から新しい関数 g を

$$g(x) \equiv f(b)-f(x)-\frac{f(b)-f(a)}{b-a}(b-x), \quad a \leq x \leq b \tag{9.1.4}$$

と定める．(9.1.4) の g は微分可能で，$g(a)=0,\ g(b)=0$ となり，ロールの定理 9.1.1 が適用できる．つまり，ある $c \in (a,b)$ が存在し

$$0=g'(c)=-f'(c)+\frac{f(b)-f(a)}{b-a}$$

となる．これを $f'(c)$ に関して整理し，定理が導かれる． □

◊ **例題 9.1.3** (合成関数の微分公式)**.** f,g は，それぞれ連続な導関数をもつとき，次式が成立することを示せ：

$$\frac{d}{dx}g\bigl(f(x)\bigr)=g'\bigl(f(x)\bigr)\cdot f'(x). \quad \diamond$$

解答 平均値の定理 9.1.2，およびその下の注 (ii) より，

$$f(x+h_1)-f(x)=f'(x+\theta_1 h_1)\,h_1,\quad 0<\theta_1<1,$$
$$g(y+h_2)-g(y)=g'(y+\theta_2 h_2)\,h_2,\quad 0<\theta_2<1.$$

なお，この等式は，$h_1=0$ や $h_2=0$ の場合も成立している．

上の等式で，$y=f(x)$, $h_2=f'(x+\theta_1 h_1)\,h_1$ とおくと，

$$g\bigl(f(x+h_1)\bigr)-g\bigl(f(x)\bigr)=g\bigl(f(x)+h_2\bigr)-g\bigl(f(x)\bigr)$$
$$=g'\bigl(f(x)+\theta_2 h_2\bigr)\,h_2=g'\bigl(f(x)+\theta_2 h_2\bigr)\,f'(x+\theta_1 h_1)\,h_1. \quad (9.1.5)$$

ここで $\lim_{h_1\to 0} h_2=0$，また f', g' は連続である．(9.1.5) の両辺を h_1 で割り，$h_1\to 0$ とすれば，微分の定義より，証明が完了する． □

9.2 関数の増減と極値

まず，関数の性質を定義する．

定義 9.2.1 (単調)**.** 閉区間 $[a,b]$ で定義された関数 f が

- $a<x<x'<b$ なら，常に $f(x)\leq f(x')$ となるとき，**単調増加**，
- $a<x<x'<b$ なら，常に $f(x)\geq f(x')$ となるとき，**単調減少**，

という．なお，両者を総称して，**単調**という．“等号なしの不等号 $\lneq$, $\gneq$” が成り立つときは，前者を**狭義単調増加**，後者を**狭義単調減少**とよぶ[1)]． ◇

定理 9.2.2. f を閉区間 $[a,b]$ で連続，開区間 (a,b) で微分可能な関数とすると，次が成立する．

$x\in(a,b)$ で	区間 (a,b) で $f(x)$ は
$f'(x)\geq 0$ $\bigl(f'(x)>0\bigr)$	単調増加 (狭義単調増加)
$f'(x)\leq 0$ $\bigl(f'(x)<0\bigr)$	単調減少 (狭義単調減少)
$f'(x)=0$	定 数

◇

証明 $a<x<x'<b$ となる点 x, x' を任意に選ぶ．平均値の定理 9.1.2 より

$$\frac{f(x')-f(x)}{x'-x}=f'(c),\quad a<x<c<x'<b$$

となる点 c がある．ところが，“$x\in(a,b)$ で $f'(x)>0$” なら，$f'(c)>0$ と

1) 要点 9.2.8 を参照のこと．

なる．つまり，$x < x'$ に対し，

$$\frac{f(z)-f(y)}{z-y} = f'(c) > 0 \ \Rightarrow\ f(x') > f(x)$$

だから，$f(x)$ は狭義単調増加となる．他の場合も同様に証明する． □

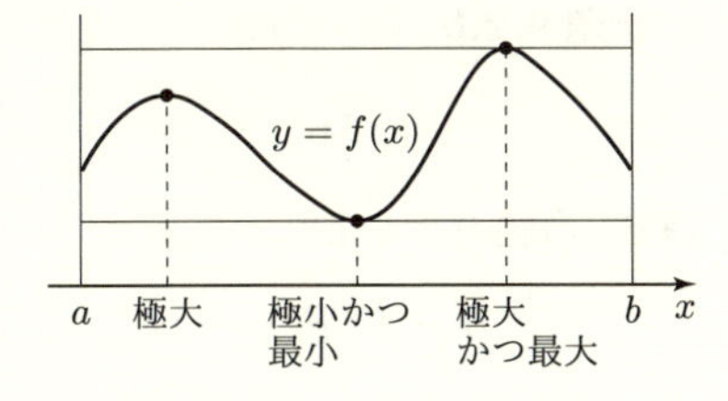

定義 9.2.3 (極値)**.** 関数 f が $x = c$ で値 $f(c)$ をとる．

(i) 次を満たす $\delta > 0$ が存在するとき，$f(c)$ を**極大値**，$x = c$ を**極大点**という：

すべての $x \in (c-\delta, c+\delta)$ に対し，

$$f(x) \leq f(c).$$

(ii) 次を満たす $\delta > 0$ が存在するとき，$f(c)$ を**極小値**，$x = c$ を**極小点**という：

$$\text{すべての } x \in (c-\delta, c+\delta) \text{ に対し，}\quad f(x) \geq f(c).$$

(iii) 両者を総称して**極値**，**極値点**という． ◇

◆ **注**：上図のように，極値は複数存在することがある．また，最大値や最小値とは異なることもある． ◇

応用上，極値と極値点を知ることが重要だが，次の命題を利用して，極値点をみつけることができる．

命題 9.2.4. 閉区間 $[a, b]$ で定義された関数 f は微分可能とする．$c \in (a, b)$ が f の極値点なら $f'(c) = 0$． ◇

証明 $x = c$ は極大点とする．微分の定義より

$$0 \leq \lim_{h\to 0} \frac{f(c)-f(c-h)}{h} = f'(c) = \lim_{h\to 0} \frac{f(c+h)-f(c)}{h} \leq 0.$$

これより $f'(c) = 0$．極小点の場合も同様である． □

◇ **例題 9.2.5.** 次の不等式を証明せよ．

$$x > 0 \text{ に対し，} \log(1+x) > x - \frac{x^2}{2}. \quad ◇$$

解答 $f(x) = \log(1+x) - x + \dfrac{x^2}{2}$ とする．

$$x > 0 \text{ に対し}\quad f'(x) = \frac{1}{1+x} - 1 - x = \frac{x^2}{1+x} > 0.$$

定理 9.2.2 より，この関数 f は 区間 $(0,\infty)$ で狭義単調増加．つまり，任意の $x > 0$ に対し $f(x) > f(0) = 0$ である． □

◊ **例題 9.2.6.** 次の関数 f の極値を求めよ．

$$f(x) = -x^4 + 4x^3 - 4x^2 + 1, \quad x \in \mathbb{R}. \quad \diamond$$

解答 命題 9.2.4 より

$$0 = f'(x) = -4x^3 + 12x^2 - 8x = -4\,x\,(x-1)\,(x-2).$$

$x = 0, 1, 2$ が極値点の候補だが，“本当に極値点かどうか”はまだわからない．

増減表をつくる[2)]と，$x = 1$ は極小点，$x = 0, 2$ は極大点となる．

x		0		1		2	
$f'(x)$	>0	$=0$	<0	$=0$	>0	$=0$	<0
$f(x)$	↗		↘		↗		↘

□

次の定理は“微積分の基本定理”とよばれ，微分と積分を関連づけるうえで重要な役割を果たしている．

定理 9.2.7 (微積分の基本定理). 関数 f, g は閉区間 $[a, b]$ で連続，開区間 (a, b) で微分可能とする．このとき，

$$\text{“すべての } x \in (a,b) \text{ で } f'(x) = g'(x)\text{”} \quad \text{かつ} \quad \text{“}f(a) = g(a)\text{”}$$

であるなら，

$$\text{すべての } x \in (a,b) \text{ で} \quad f(x) = g(x). \quad \diamond$$

証明 $F(x) \equiv f(x) - g(x)$ とおく．定理の仮定より，

$$\left.\begin{array}{l} \text{すべての } x \in (a,b) \text{ で } F'(x) = f'(x) - g'(x) = 0, \\ F(a) = f(a) - g(a) = 0. \end{array}\right\} \tag{9.2.1}$$

$a < s \leq b$ である s を選び，平均値の定理 9.1.2 を F に適用すると，

$$\frac{F(s) - F(a)}{s - a} = F'(c), \quad a < c < s$$

2) じつは，命題 10.2.1 を使うと，もっと簡単に極値の判定ができる．

を満たす c が存在する．すると (9.2.1) より $F'(c)=0$．つまり

$$0=(s-a)\,F'(c)=F(s)-F(a)=\big\{\,f(s)-g(s)\,\big\}-\big\{\,f(a)-g(a)\,\big\}$$

となるが，(9.2.1) より $f(a)-g(a)=0$ だから，

$$0=f(s)-g(s),\quad a<s\le b.$$

$a<s\le b$ である s は任意に選べるから，証明が完了した． □

♦ **展望 9.2.8.** 次の関数は，定義 9.2.1 の狭義単調性を遺伝する．

(i) 合成関数 (§6.4.1)： f,g が狭義単調増加 (減少) なら，合成関数 $g\big(f\big)$ も狭義単調増加 (減少) となる．

(ii) 逆関数 (§6.4.2)： 関数 f が狭義単調増加 (減少) なら，逆関数 f^{-1} が存在し，f^{-1} は狭義単調増加 (減少) となる． ◇

証明 (i) は自明．また (ii) では，狭義単調な f は明らかに $1:1$ 対応だから，その逆関数 f^{-1} が存在する．同じことだから，f は区間 $[a,b]$ で狭義単調増加とし，背理法で (ii) の後段を示す．

関数 f は狭義単調増加だが，f^{-1} は狭義単調増加ではない，つまり

$$\text{ある } t_1<t_2 \text{ があり}\quad f^{-1}(t_1)\ge f^{-1}(t_2) \tag{9.2.2}$$

として，矛盾を導く．f は $1:1$ 対応だから，$s_1,s_2\in[a,b]$ があり，$f(s_1)=t_1$，$f(s_2)=t_2$ である．ところが，(9.2.2) より，

$$f(s_1)=t_1<t_2=f(s_2)\quad\text{かつ}\quad s_1=f^{-1}(t_1)\ge f^{-1}(t_2)=s_2$$

となるが，これは "f が狭義単調増加" の仮定と矛盾する． □

9.3 不定形の計算——ロピタルの定理

$0/0$，$0\times\infty$，∞/∞ などは**不定形**といい，数学では禁止される計算である．ところが極限操作によって，そうした計算が実行できることがある．

定理 9.3.1 (**コーシーの平均値定理**)**.** 関数 f,g は閉区間 $[a,b]$ で連続，開区間 (a,b) で微分可能とする．すべての $x\in(a,b)$ で $g'(x)\neq 0$ なら，次を満たす点 c が存在する：

$$\frac{f(b)-f(a)}{g(b)-g(a)}=\frac{f'(c)}{g'(c)}.\quad a<c<b.\quad\diamond$$

証明　f, g から新しい関数 F を

$$F(x) = f(b) - f(x) - \frac{f(b)-f(a)}{g(b)-g(a)}\{\, g(b) - g(x)\,\}, \quad a < x < b$$

と定める．すると $F(a) = 0$, $F(b) = 0$ となり，ロールの定理 9.1.1 が F に適用できる．つまり，次を満たす c が存在する：

$$F'(c) = 0, \quad a < c < b.$$

ところが，簡単な計算から

$$0 = F'(c) = -f'(c) + \frac{f(b)-f(a)}{g(b)-g(a)}\, g'(c), \quad a < c < b.$$

これを整理すると，定理の結論を得る．　□

次の定理が，不定形を計算するためのツールである．

定理 9.3.2 (**ロピタルの定理**)**.** (i)　関数 f, g は，閉区間 $[a, b]$ で定義され，開区間 (a, b) で微分可能とする．ある点 $c \in (a, b)$ に対し，“$f(c) = 0 = g(c)$ かつ $g'(c) \neq 0$” であるとき，

$$\lim_{s\to c} \frac{f'(s)}{g'(s)} = \gamma \quad なら \quad \lim_{s\to c} \frac{f(s)}{g(s)} = \gamma \quad である.$$

(ii)　定数 $K > 0$ があり，関数 f, g は，区間 (K, ∞) で微分可能とする．さらに “$x \in (K, \infty)$ で $g'(x) \neq 0$ かつ $\lim_{x\to\infty} g(x) = \infty$” である．このとき，

$$\lim_{x\to\infty} \frac{f'(x)}{g'(x)} = \gamma \quad なら \quad \lim_{x\to\infty} \frac{f(x)}{g(x)} = \gamma \quad である. \quad \diamond$$

証明　(i)　コーシーの平均値定理 9.3.1 を区間 (c, x) に適用する．$f(c) = 0 = g(c)$ だから

$$\frac{f(x)}{g(x)} = \frac{f(x)-f(c)}{g(x)-g(c)} = \frac{f'(s)}{g'(s)}, \quad c < s < x.$$

ここで，$x \to c$ とすれば，$s \to c$ になる．右辺の極限の存在を仮定しているので，(i) が得られた．

(ii)　こちらの証明は，考え方が面倒である．まず

$$R(x) \equiv \frac{f(x)-f(K)}{g(x)-g(K)}$$

とおくと

$$\frac{f(x)}{g(x)} = \frac{f(K)}{g(x)} + \frac{g(x)-g(K)}{g(x)}\,\frac{f(x)-f(K)}{g(x)-g(K)}$$
$$= \frac{f(K)}{g(x)} + \left\{1 - \frac{g(K)}{g(x)}\right\} R(x). \tag{9.3.1}$$

(9.3.1) で $x \to \infty$ とする．$g(x) \to \infty$ となるので，

$$\lim_{x\to\infty} \frac{f(x)}{g(x)} = \lim_{x\to\infty} \frac{f(K)}{g(x)} + \lim_{x\to\infty} \left\{1 - \frac{g(K)}{g(x)}\right\} \times \lim_{x\to\infty} R(x) = \lim_{x\to\infty} R(x).$$

ところがコーシーの平均値定理 9.3.1 より，

$$R(x) = \frac{f'(c)}{g'(c)}, \quad K < c < x \tag{9.3.2}$$

となるので，最初に $x \to \infty$，次に，$K \to \infty$ とすれば

$$\lim_{x\to\infty} \frac{f(x)}{g(x)} = \lim_{K\to\infty} \left(\lim_{x\to\infty} R(x) \right) = \lim_{c\to\infty} \frac{f'(c)}{g'(c)} = \gamma. \quad \square$$

♦ 解説 (なぜ面倒か)：　ここで，(9.3.2) の c は，x および K とともに変化する．つまり，(9.3.2) は，K ごとに成立しているから，単に $x \to \infty$ では "(9.3.2) の右辺が γ に収束" はわからない．ところが，$K \to \infty$ とすれば，$c \to \infty$ となり，その右辺が γ となることが確定する．　◇

◇ **例題 9.3.3.** 次の極限を求めよ．ただし，$1 \geq a > 0$, $b > 0$ とする．

$$\text{(a)}\ \lim_{x\to 0} \frac{\log(x+1)}{x^a}, \quad \text{(b)}\ \lim_{x\to 0} \frac{\sqrt{x+1}-1}{x}, \quad \text{(c)}\ \lim_{x\to\infty} \frac{\log x}{x^b}. \quad \diamond$$

解答　いずれもロピタルの定理 9.3.2 を使う．

(a) $$\lim_{x\to 0} \frac{\log(x+1)}{x^a} = \lim_{x\to 0} \frac{1}{x+1} \cdot \frac{1}{a\,x^{a-1}} = \begin{cases} 0, & 0 < a < 1, \\ 1, & a = 1 \end{cases}$$

(b) $$\lim_{x\to 0} \frac{\sqrt{x+1}-1}{x} = \lim_{x\to 0} \frac{1}{2\sqrt{x+1}} = \frac{1}{2},$$

(c) $$\lim_{x\to\infty} \frac{\log x}{x^b} = \lim_{x\to\infty} \frac{1}{x} \cdot \frac{1}{b\,x^{b-1}} = \frac{1}{b} \lim_{x\to\infty} \frac{1}{x^b} = 0. \quad \square$$

10
テイラー展開

10.1　高階微分とテイラー展開

関数 f の導関数 $f'(x)$ に対し，さらに，その微分を考えることができる．

定義 10.1.1 (高階微分)**.** (i) 関数 f の導関数 $f'(x)$ が微分可能，つまり

$$\lim_{h\to 0}\frac{f'(x+h)-f'(x)}{h}\equiv\frac{d^2f}{dx^2}(x) \tag{10.1.1}$$

が存在するとき，**2 階微分可能**という．(10.1.1) の左辺を x の関数とみて，**2 階導関数**とよび，右辺のように記述する．なお，2 階導関数は $f''(x)$, $f^{(2)}(x)$ とも記述する．

(ii) 高階微分は順番に定義する．つまり，n 階導関数 $\dfrac{d^nf}{dx^n}(x)$ が微分可能なとき，$\boldsymbol{n+1}$ **階微分可能**という．また，その導関数を "$\boldsymbol{n+1}$ **階導関数**" といい

$$\frac{d^{n+1}f}{dx^{n+1}}(x)\quad \left(\text{あるいは，}\ \frac{d^{n+1}}{dx^{n+1}}f(x)\ \text{や}\ f^{(n+1)}(x)\right)$$

と記述する．　◇

この高階微分の重要な応用として，**テイラー展開**がある．次の展開式 (10.1.2) は，挙動がよくわからない関数を調べるための，強力な道具となる．

定理 10.1.2 (テイラー)**.** 関数 f は閉区間 $[a,b]$ で $n+1$ 階まで微分可能とする．このとき，点 $s,t\in(a,b)$ に対し，次が成立する．$0<\theta<1$ があり，

$$f(t)=f(s)+\frac{f'(s)}{1!}(t-s)+\frac{f''(s)}{2!}(t-s)^2$$

$$+\cdots+\frac{f^{(n)}(s)}{n!}(t-s)^n+R_{n+1}, \tag{10.1.2}$$

$$R_{n+1}\equiv f^{(n+1)}\big(s+\theta(t-s)\big)\frac{(t-s)^{n+1}}{(n+1)!},\quad 0<\theta<1.\quad\diamond \tag{10.1.3}$$

♦ 注：(10.1.2) を“s を中心とした**テイラー展開**”という．また，(10.1.3) の R_{n+1} を**剰余項**とよぶ．　◇

証明　簡単のため，$a < s < t < b$ とする．

<u>*Step 1.*</u> $t \in (a, b)$ を固定し，新しく関数 $F(x)$ を

$$F(x) \equiv f(t) - \left\{ f(x) + \frac{f'(x)}{1!}(t-x) + \cdots + \frac{f^{(n)}(x)}{n!}(t-x)^n \right\}$$
$$= f(t) - \sum_{k=0}^{n} \frac{f^{(k)}(x)}{k!}(t-x)^k \tag{10.1.4}$$

と定める．すると

$$F(t) = 0, \quad F(s) = f(t) - \sum_{k=0}^{n} \frac{f^{(k)}(s)}{k!}(t-s)^k.$$

次に，命題 (微分公式) 8.2.1 (ii) より，$k \neq 0$ に対し，

$$\frac{d}{dx}\frac{f^{(k)}(x)}{k!}(t-x)^k = \frac{f^{(k+1)}(x)}{k!} \cdot (t-x)^k - \frac{f^{(k)}(x)}{k!} \cdot k \cdot (t-x)^{k-1}$$

となる．これを (10.1.4) に代入すると，前後の項で打ち消しが起こり

$$F'(x) = -\sum_{k=0}^{n} \frac{f^{(k+1)}(x)}{k!} \cdot (t-x)^k + \sum_{k=1}^{n} \frac{f^{(k)}(x)}{k!} \cdot k \cdot (t-x)^{k-1}$$
$$= -\frac{f^{(n+1)}(x)}{n!} \cdot (t-x)^n$$

となる．一方，$G(x) \equiv (t-x)^{n+1}$ と定めると，

$$G(t) = 0, \quad G(s) = (t-s)^{n+1}, \quad G'(x) = -(n+1)(t-x)^n.$$

<u>*Step 2.*</u> 関数 F, G にコーシーの平均値定理 9.3.1 を適用する：

$$\frac{F(t) - F(s)}{G(t) - G(s)} = \frac{F'(c)}{G'(c)} = \frac{-f^{(n+1)}(c)\,(t-c)^n}{n!} \frac{1}{-(n+1)(t-c)^n}$$
$$= \frac{f^{(n+1)}(c)}{(n+1)!}, \quad s < c < t.$$

$F(t) = 0 = G(t)$ に注意して，これを整理すると，

$$F(s) = \frac{f^{(n+1)}(c)}{(n+1)!} \cdot G(s) = \frac{f^{(n+1)}(c)}{(n+1)!} \cdot (t-s)^{n+1}.$$

“$x = s$ と置き換えた (10.1.4)”に，これを代入する：$s < c < t$ とし，

$$f(t) - \sum_{k=0}^{n} \frac{f^{(k)}(s)}{k!}(t-s)^k = F(s) = \frac{f^{(n+1)}(c)}{(n+1)!}(t-s)^{n+1}.$$

この式を $f(t)$ について整理し，$c \equiv s+\theta(t-s)$ とすれば (10.1.2), (10.1.3) が得られた．また，$a<t<s<b$ の場合も，同様である． □

◇ **例題 10.1.3.** 指数関数 e^x の“0 を中心としたテイラー展開”は，次であることを示せ：

$$e^x = 1 + x + \frac{x^2}{2!} + \cdots + \frac{x^n}{n!} + \cdots . \quad \diamond \tag{10.1.5}$$

証明 $f(x) \equiv e^x$ とおく．

$$f(x) = f'(x) = \cdots = f^{(n)}(x) = \cdots , \quad f(0) = 1$$

だから，テイラーの定理 10.1.2 で $s=0$ すると，

$$f(x) = 1 + \sum_{k=1}^{n} \frac{1}{k!} x^k + \frac{e^{\theta x}}{(n+1)!} x^{n+1}, \quad 0<\theta<1. \tag{10.1.6}$$

x を固定し, 剰余項の挙動を調べる．$|x|<K$ となる整数 K をとると, $n \geq K+1$ のとき，

$$\begin{aligned}
&\frac{|x|^{n+1}}{(n+1)!} < \frac{K^{n+1}}{(n+1)!} \\
&\quad = \frac{K}{1} \times \cdots \times \frac{K}{K} \times \frac{K}{K+1} \times \cdots \times \frac{K}{n+1} < K^{K+1} \left(\frac{K}{K+1} \right)^{n+1-K} .
\end{aligned}$$

ここで，

$$\lim_{n\to\infty} \left(\frac{K}{K+1} \right)^{n-K} = 0$$

だから，(10.1.6) で，右辺最後の剰余項は，$n \to \infty$ のとき 0 に収束する．

つまり (10.1.6) で $n \to \infty$ として，(10.1.5) を得る． □

◇ **例題 10.1.4.** 三角関数 $\sin x$, $\cos x$ の“0 を中心としたテイラー展開”は，次であることを示せ：

$$\sin x = x - \frac{x^3}{3!} + \frac{x^5}{5!} - \cdots + (-1)^{n-1} \frac{x^{2n-1}}{(2n-1)!} + \cdots , \tag{10.1.7}$$

$$\cos x = 1 - \frac{x^2}{2!} + \frac{x^4}{4!} + \cdots + (-1)^{n-1} \frac{x^{2n}}{(2n)!} + \cdots . \quad \diamond \tag{10.1.8}$$

解答 *Step 1.* $f(x) \equiv \sin x$ とおく．

$$f'(x) = \cos x, \quad f''(x) = -\sin x, \quad f^{(3)}(x) = -\cos x,$$

$$f^{(4)}(x) = \sin x = f(x), \quad f^{(5)}(x) = f'(x) = \cos x, \ \cdots$$

高次導関数は 4 の倍数でもとにもどる．つまり，非負の整数 m に対し

$$f^{(n)}(x) = \begin{cases} \sin x, & n = 4m, \\ \cos x, & n = 4m+1, \\ -\sin x, & n = 4m+2, \\ -\cos x, & n = 4m+3. \end{cases} \tag{10.1.9}$$

ここで $x = 0$ とすると

$$f(0) = 0, \quad f'(0) = 1, \quad f''(0) = 0, \quad f^{(3)}(0) = -1,$$

$$f^{(4)}(0) = f(0) = 0, \qquad f^{(5)}(0) = f'(0) = 1, \quad \cdots.$$

<u>*Step 2.*</u> 準備が終わったので，$s = 0$ とおいた (10.1.2) を f に適用する．$f^{(n)}$ は (10.1.9) だから，

$$\sin x = x - \frac{x^3}{3!} + \frac{x^5}{5!} - \cdots + \frac{x^n}{n!} f^{(n)}(\theta x), \quad 0 < \theta < 1.$$

ここで $\left|f^{(n)}(\theta x)\right| \leq 1$ だから，

$$\lim_{n\to\infty} \left| \frac{x^n}{n!} f^{(n)}(\theta x) \right| = 0.$$

つまり，$n \to \infty$ として (10.1.7) を得た．$\cos x$ に関しても同様である．　□

10.2　テイラー展開の応用

10.2.1　極　　値

関数 $f(x)$ の挙動を調べるうえで，定義 9.2.3 で述べた極値を知ることが重要である．命題 9.2.4 では極値点の候補を提供するが，それが極大点，極小点のどちらであるかはすぐにはわからない．

ところが，テイラーの定理 10.1.2 は，その判定条件を提供する：

命題 10.2.1 (極値の判定)**.** 関数 f は連続な 2 階導関数をもつ．

(i)　$f'(c) = 0$ かつ $f''(c) < 0$ のとき $x = c$ は極大点．

(ii)　$f'(c) = 0$ かつ $f''(c) > 0$ のとき $x = c$ で極小点．　◇

証明　(i) を示す．$x = c$ を中心とした f のテイラー展開 (10.1.2) は

$$f(x) - f(c) = f'(c) + \frac{f''(y)}{2!}(x-c)^2 = \frac{f''(y)}{2}(x-c)^2. \tag{10.2.1}$$

ここで，$0 < \theta < 1$, $y = c + \theta\,(x - c)$ だから，

$$|y-c| < |x-c|. \tag{10.2.2}$$

f'' は連続で $f''(c) < 0$ だから，$|x-c|$ が小さいとき，(10.2.2) を満たす y に対し，$f''(y) < 0$ となる．すると (10.2.1) より，$f(x) - f(c) \leq 0$ となり，c は極大点である．(ii) も同様にして示すことができる． □

10.2.2 関数の近似

関数の近似を行う．

$f(x)$ が $n+1$ 階微分可能なとき，テイラーの定理 10.1.2 より

$$\begin{aligned} &f(c+x) = P_n(x) + R_{n+1}, \\ &P_n(x) \equiv f(c) + f'(c)\,\frac{x}{1!} + f''(c)\,\frac{x^2}{2!} + \cdots + f^{(n)}(c)\,\frac{x^n}{n!}, \\ &R_{n+1} \equiv f^{(n+1)}(c+\theta\,x)\,\frac{x^{n+1}}{(n+1)!}, \qquad 0 < \theta < 1. \end{aligned} \tag{10.2.3}$$

したがって，x を固定したとき，$f(c+x)$ と $P_n(x)$ との誤差は次で評価できる：

$$\max_{|s-c|<|x|} \left| \frac{f^{(n+1)}(s)}{(n+1)!} \right| \; |x|^{n+1}. \tag{10.2.4}$$

◇ **例題 10.2.2.** 次の近似値を求め，その誤差を評価せよ．

(a) e, (b) $\sin 1$, (c) $\sqrt{4.1}$. ◇

解答 (a) e^x のテイラー展開は (10.1.6) でわかっている．$n=6$ として (図 10.2.1 を参照)，

$$\begin{aligned} &e^x = P_5(x) + R_6, \\ &P_5(x) = 1 + x + \frac{x^2}{2!} + \frac{x^3}{3!} + \frac{x^4}{4!} + \frac{x^5}{5!}, \\ &R_6 = \frac{e^{\theta x}}{6!} x^6, \quad 0 < \theta < 1. \end{aligned}$$

ここで，$x=1$ とする．補題 5.1.6 より $e < 3$ がわかっているので

$$P_5(1) = \frac{163}{60} = 2.71667, \quad \left| e - \frac{163}{60} \right| \leq \frac{3}{6!} = \frac{1}{40} = 0.004166\cdots.$$

一方，コンピュータを利用した計算では，$\left| e - \dfrac{163}{60} \right| = 0.00161\cdots$ である．

(b) $\sin x$ のテイラー展開も例題 10.1.4 でわかっている．$n=5$ として (図 10.2.1 を参照)，

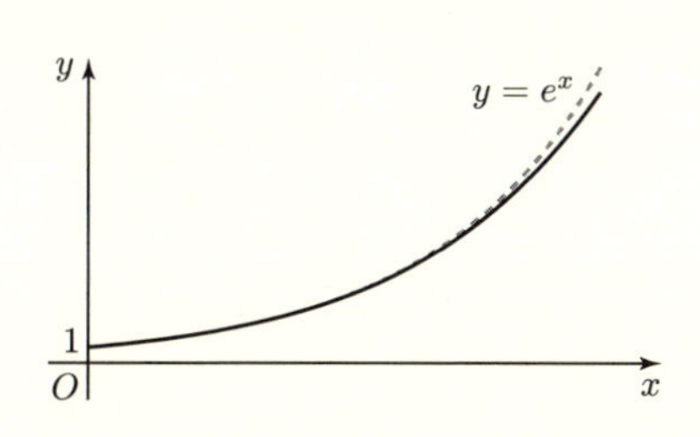

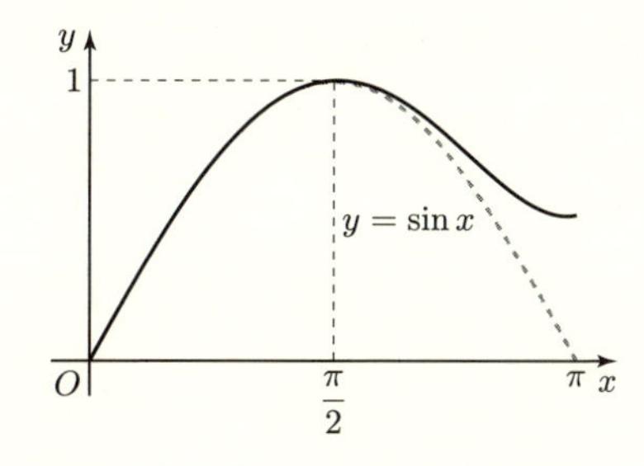

図 10.2.1 破線が $f(x)$，実線がその近似関数：左より (a) の $P_5(x)$, (b) の $P_5(x)$.

$$\sin x = P_5(x) + R_6,$$

$$P_5(x) = x - \frac{x^3}{3!} + \frac{x^5}{5!},$$

$$R_6 = -\frac{\sin\theta x}{6!}\,x^6, \quad 0 < \theta < 1.$$

ここで，$x = 1$ とすると

$$P_5(1) = \frac{101}{121} = 0.84166, \quad \left|\sin 1 - \frac{101}{121}\right| \leq \frac{1}{6!} = \frac{1}{720} = 0.001388\cdots.$$

一方，コンピュータを利用すると，$\left|\sin 1 - \dfrac{101}{120}\right| = 0.00019568\cdots$ である.

(c) $f(x) \equiv \sqrt{4+x}$ とする．この f に対し，$n = 2$ とした (10.2.3) を適用する (右図，破線が $f(x)$，実線が $P_2(x)$).

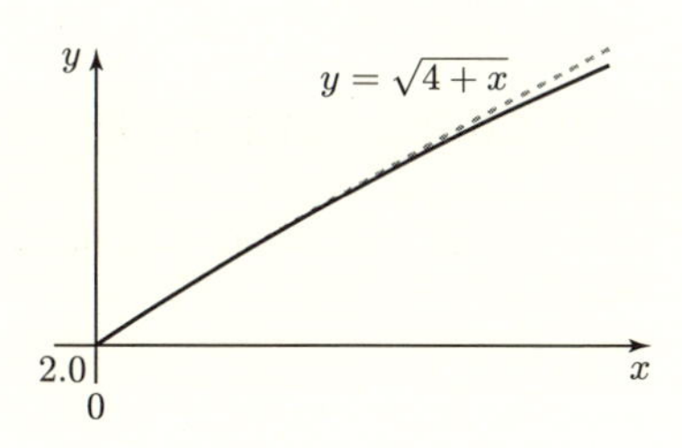

$$\sqrt{4+x} = P_2(x) + R_3,$$

$$P_2(x) = 2 + \frac{x}{4} - \frac{x^2}{64},$$

$$R_3 = \frac{x^3}{16(4+\theta x)^{5/2}}, \quad 0 < \theta < 1.$$

$x = 0.1$ として $\sqrt{4.1}$ を近似し，(10.2.4) に従ってその誤差を評価する：

$$P_2(0.1) = 2 + \frac{1}{4}\,\frac{1}{10} - \frac{1}{64}\,\frac{1}{100} = \frac{12959}{6400} = 2.02484,$$

$$\left|\sqrt{4.1} - 2.02484\right| \leq \max_{4<s<4.1} \frac{1}{16s^{5/2}}\,\frac{1}{10^3} = \frac{1}{512000} = 2 \times 10^{-6}.$$

一方，コンピュータを利用すると，$\left|\sqrt{4.1} - 2.02484\right| = 1.9 \times 10^{-6}$ である. □

10.2.3 剰余項の挙動

関数 f が $n+1$ 階微分可能なとき，(10.2.3) を n 階までのテイラー展開に書き直して，

$$\begin{aligned} f(c+h) &= f(c) + f'(c)\,\frac{h}{1!} + \cdots + f^{(n-1)}(c)\,\frac{h^{n-1}}{(n-1)!} \\ &\quad + f^{(n)}(c+\theta h)\,\frac{h^n}{n!}, \quad 0<\theta<1 \end{aligned} \tag{10.2.5}$$

となる．

◇ **例題 10.2.3.** $n+1$ 階導関数 $f^{(n+1)}$ が連続で，$f^{(n+1)}(c) \neq 0$ とする．(10.2.5) の θ に対し，$\displaystyle\lim_{h\to 0}\theta = \frac{1}{n+1}$ となることを示せ． ◇

解答 平均値の定理 9.1.2 より

$$f^{(n)}(c+\theta h) - f^{(n)}(c) = f^{(n+1)}(c+\eta_1\theta h)\,\theta h, \quad 0<\eta_1<1.$$

これを (10.2.5) に代入して，

$$\begin{aligned} f(c+h) &= f(c) + f'(c)\,\frac{h}{1!} + \cdots + f^{(n-1)}(c)\,\frac{h^{n-1}}{(n-1)!} \\ &\quad + f^{(n)}(c)\,\frac{h^n}{n!} + f^{(n+1)}(c+\eta_1\theta h)\,\frac{h^n}{n!}\,\theta h. \end{aligned} \tag{10.2.6}$$

一方，$n+1$ 階までのテイラー展開は

$$\begin{aligned} f(c+h) &= f(c) + f'(c)\,\frac{h}{1!} + \cdots + f^{(n)}(c)\,\frac{h^n}{n!} \\ &\quad + f^{(n+1)}(c+\eta_2 h)\,\frac{h^{n+1}}{(n+1)!}, \quad 0<\eta_2<1. \end{aligned} \tag{10.2.7}$$

(10.2.6) から (10.2.7) を減ずると，

$$0 = f^{(n+1)}(c+\eta_1\theta h)\,\frac{h^{n+1}}{n!}\theta - f^{(n+1)}(c+\eta_2 h)\,\frac{h^{n+1}}{(n+1)!}.$$

つまり，

$$\lim_{h\to 0}\theta = \frac{1}{n+1}\lim_{h\to 0}\frac{f^{(n+1)}(c+\eta_2 h)}{f^{(n+1)}(c+\eta_1\theta h)} = \frac{1}{n+1}. \quad \square$$

11

オイラーの等式

複素数は，16 世紀の数学者カルダノが 3 次方程式の解の公式を発見した際に，“不可能の数 $\sqrt{-1}$” に気づいたことが最初とされている．当初は “虚構の産物” といわれたが，いまや，オイラーの等式，留数定理と広く使われている．

11.1 複素数の導入

I. 2 次の代数方程式

$$x^2 + 1 = 0 \tag{11.1.1}$$

を満たす数は実数の範囲では存在しない．そこで (11.1.1) が解をもつように “実数” の範囲を拡げる．

定義 11.1.1 (複素数). (i) 2 乗すると -1 になる数を i で表す：

$$i^2 = -1.$$

この i を**虚数単位**とよぶ．また 2 つの実数 a, b と虚数単位 i からつくられた

$$z \equiv a + bi \tag{11.1.2}$$

を**複素数**という．

(ii) 複素数 $z = a + bi$ に対し，a を**実部**，b を**虚部**といい，それぞれ $\Re z$, $\Im z$ で表す．さらに，複素数の全体を**複素平面**[1]といい，記号 $\mathbb{C}$ で表す． ◇

定義 11.1.2. 複素数の四則演算は以下のとおりである：

$$
\begin{aligned}
&\text{相同} \quad a + bi = c + di \iff a = c,\ b = d, \\
&\text{和} \quad (a + bi) + (c + di) = (a + c) + (b + d)\,i, \\
&\text{差} \quad (a + bi) - (c + di) = (a - c) + (b - d)\,i,
\end{aligned}
$$

1) ガウス平面ともいう．

積 $(a+bi)(c+di)=(ac-bd)+(ad+bc)i,$

商 $\dfrac{a+bi}{c+di}=\dfrac{ac+bd}{c^2+d^2}+\dfrac{bc-ad}{c^2+d^2}i.$ ◇

II. 複素数 z は，"方向をもった線分 = ベクトル" と考えると便利である．

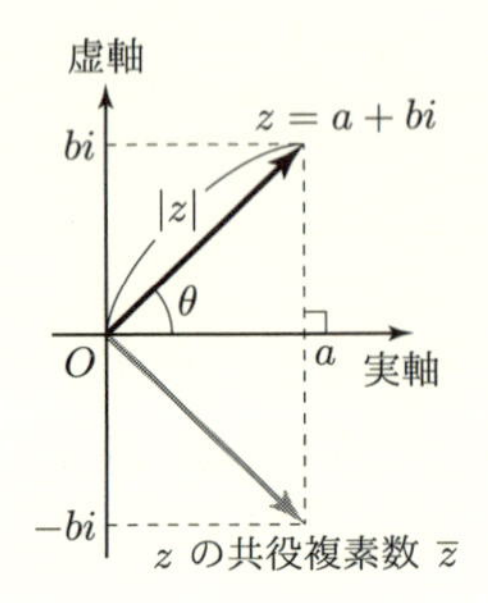

複素数 $z=a+bi$ に対し，

$|z|\equiv\sqrt{a^2+b^2}$ を絶対値，

$\theta=\arg(z)$ を偏角，

$\overline{z}\equiv a-bi$ を共役複素数，

という．これらの間には，次の等式が成立する：

$$\left|z\right|^2=z\,\overline{z},\quad |z|\cos\theta=a,\quad |z|\sin\theta=b,\quad \tan\arg(z)=b/a.$$

◇ **例題 11.1.3.** 次を満たす実数 a,b を求めよ．

(a) $a+bi=(3+i)-(2+2i)$, (b) $a+bi=(1+i)^2$,

(c) $a+bi=(1-i)(1+i)$, (d) $a+bi=\dfrac{1-i}{i}$. ◇

解答 (a) $(3+i)-(2+2i)=1-i$ だから $a=1,\ b=-1$.

(b) $(1+i)^2=1+2i+i^2=1+2i-1=2i$ だから $a=0,\ b=1$.

(c) $(1+i)(1-i)=1-i^2=2$ だから $a=2,\ b=0$.

(d) $\dfrac{1-i}{i}=\dfrac{-i(1-i)}{-i\cdot i}=-i-1$ だから $a=-1,\ b=-1$. □

◇ **例題 11.1.4.** 非負整数 n に対し，i^n を計算せよ． ◇

解答 いくつかの n について計算すると，

$i^0=1,\quad i^1=i,\quad i^2=-1$ (i の定義), $\quad i^3=i\cdot i^2=-i,$

$i^4=i\cdot i^3=1=i^0$ （つまり，周期 4 で $1\to i\to -1\to -i\to 1\cdots$).

以上より，非負整数 k と $\ell=0,\cdots,3$ を使い，

$n=4k+\ell\ (\ell=0,\cdots,3)$ のとき，$\quad i^n=i^\ell$. □

III. 複素数を導入すると，代数方程式の次数と解の個数が一致する．例えば，

(i)　2 次方程式

$$x^2 + ax + b = 0$$

は複素数の範囲で 2 根をもつ (ただし重根は 2 個と数える)：

$$x = \frac{-a \pm \sqrt{a^2 - 4b}}{2}.$$

(ii)　3 次方程式 (カルダノの解法)

$$x^3 + ax^2 + bx + c = 0$$

は複素数の範囲で，重複度を込めて 3 根をもつ．すなわち

$$D \equiv -2a^3 + 9ab - 27c + 3^{3/2}\sqrt{-a^2b^2 + 4b^3 + 4a^3c - 18abc + 27c^2}$$

とおくと

$$\begin{aligned} x = {} & \frac{-a/3 + 2^{1/3}(a^2 - b)}{3D^{1/3}} + \frac{1}{3 \cdot 2^{1/3}} D^{1/3}, \\ & \frac{-a/3 + (1 + i\sqrt{3})(-a^2 + 3b)}{3 \cdot 2^{2/3}\, D^{1/3}} - \frac{1 - i\sqrt{3}}{6 \cdot 2^{1/3}} D^{1/3}, \\ & \frac{-a/3 + (1 - i\sqrt{3})(-a^2 + 3b)}{3 \cdot 2^{2/3}\, D^{1/3}} - \frac{1 + i\sqrt{3}}{6 \cdot 2^{1/3}} D^{1/3}. \end{aligned}$$

(iii)　では，3 次以上の方程式でも同様のことがいえるのだろうか？

解答は肯定的である：

定理 11.1.5 (代数学の基本定理).　n 次方程式

$$x^n + a_{n-1}x^{n-1} + a_{n-2}x^{n-2} + \cdots + a_1 x + a_0 = 0$$

は複素数の範囲で，重複度を込めて n 個の根をもつ[2)]．　◇

♦ **解説**：例題 11.2.3 を基礎として証明するが，本書では証明を割愛する．　◇

11.2　オイラーの等式

テイラー展開を使い，複素数を変数とする指数関数，三角関数を定義しよう．なお，見やすさのため，e^x と同義の記号 $\exp\{x\}$ も随時使用する．

---

2)　一般に，根を具体的に書くことはできない．例題 11.2.3 を参照のこと．

I. 例題 10.1.3，例題 10.1.4 から，

$$\exp\{x\} = 1 + x + \frac{x^2}{2!} + \cdots + \frac{x^n}{n!} + \cdots, \tag{11.2.1}$$

$$\cos x = 1 - \frac{x^2}{2!} + \frac{x^4}{4!} + \cdots + (-1)^{n-1}\frac{x^{2n}}{(2n)!} + \cdots, \tag{11.2.2}$$

$$\sin x = x - \frac{x^3}{3!} + \frac{x^5}{5!} - \cdots + (-1)^{n-1}\frac{x^{2n-1}}{(2n-1)!} + \cdots. \tag{11.2.3}$$

ここで，i を虚数単位とし，$\exp\{ix\}$ を計算する．すると，$\exp\{ix\} = \left(e^{i}\right)^x$ となるが，そもそもネイピア数 e を i 乗することはできない．そこで，(11.2.1) で x を ix に置き換える．i^n の計算は例題 11.1.4 ですでに行っているから，右辺の計算はでき，

$$\begin{aligned}\exp\{ix\} &= 1 + ix - \frac{x^2}{2!} - i\frac{x^3}{3!} + \frac{x^4}{4!} + i\frac{x^5}{5!} - \frac{x^6}{6!} + \cdots \\ &= \left(1 - \frac{x^2}{2!} + \frac{x^4}{4!} - \frac{x^6}{6!} + \cdots\right) + i\left(x - \frac{x^3}{3!} + \frac{x^5}{5!} + \cdots\right).\end{aligned} \tag{11.2.4}$$

一方，(11.2.3) より，

$$i\sin x = i\left(x - \frac{x^3}{3!} + \frac{x^5}{5!} + \cdots\right). \tag{11.2.5}$$

(11.2.4), (11.2.2), (11.2.5) を見比べると，次の等式[3)]が得られる．

オイラーの等式

定理 11.2.1. 実数 x に対し，次が成立する：

$$\exp\{ix\} = \cos x + i\sin x. \quad \diamond \tag{11.2.6}$$

こうして，複素数を導入することにより，三角関数と指数関数が結びついた．

◇ **例題 11.2.2.** オイラーの等式 (11.2.6) を利用して，以下の値を求めよ．

(a) $\exp\{\pi i\}$, (b) $\exp\left\{\frac{\pi}{2}i\right\}$, (c) $\exp\left\{2 + \frac{\pi}{4}i\right\}$. ◇

解答 オイラーの等式 (11.2.6) より，

(a) $\exp\{\pi i\} = \cos\pi + i\sin\pi = -1$,

3) オイラー, L. (1707–1783) が 1748 年に証明した．いろいろな分野で広く使われる．(11.2.6) は，“数学の至宝”，“オイラーの玉手箱” ともいわれる．

$$\text{(b)}\quad \exp\left\{\frac{\pi}{2}i\right\} = \cos\frac{\pi}{2} + i\sin\frac{\pi}{2} = i,$$

$$\text{(c)}\quad \exp\left\{2+\frac{\pi}{4}i\right\} = e^2\cdot\exp\left\{\frac{\pi}{4}i\right\} = e^2\left(\cos\frac{\pi}{4}+i\sin\frac{\pi}{4}\right) = \frac{e^2}{\sqrt{2}}+\frac{e^2}{\sqrt{2}}i.$$

□

II. (11.2.6) から，複素数を表現する方法が 2 つあることがわかる：

$$z = a + ib = \sqrt{a^2+b^2}\left(\frac{a}{\sqrt{a^2+b^2}} + i\frac{b}{\sqrt{a^2+b^2}}\right),$$

$$z = re^{i\theta} = r\cos\theta + ir\sin\theta. \tag{11.2.7}$$

第 1 式は通常の式変形，第 2 式はオイラーの等式 (11.2.6) による．2 つの式を見比べると，

$$r = \sqrt{a^2+b^2} = |z|,$$

$$\tan\theta = \frac{\sin\theta}{\cos\theta} = \frac{a}{b} = \tan\arg(z).$$

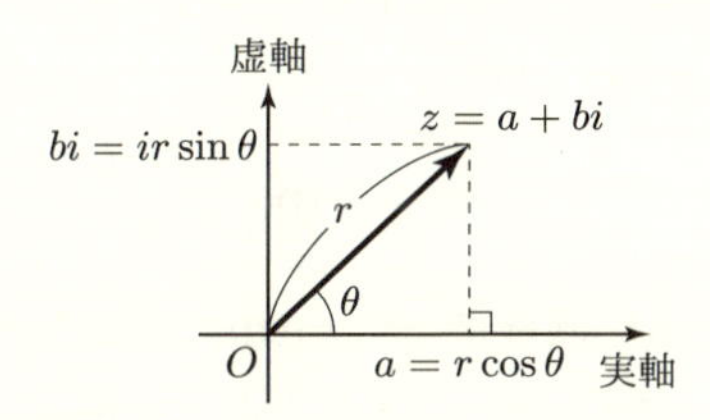

図 11.2.1 複素数の極座標表示

つまり，r は z の絶対値 $|z|$，θ は z の偏角 (前節で述べた) である．この (11.2.7) 方式による複素数 z の表示を，**極座標表示**という．

◇ **例題 11.2.3.** 次の方程式を満たす複素数 z をすべて求め，複素平面上に図示せよ．

$$\text{(a)}\quad z^3 = 1, \qquad \text{(b)}\quad z^4 = 1, \qquad \text{(c)}\quad z^3 = -1. \quad \diamond$$

解答 (a) もちろん $1 = \exp\{i\cdot 0\} = \cos 0 + i\sin 0$ だが，一般に

$$1 = \exp\{i\,2k\pi\} = \cos 2k\pi + i\sin 2k\pi, \quad k = 0, 1, \cdots.$$

これを使うと，

$$z^3 = 1 = \exp\{i\,2k\pi\}$$

だから，(a) を満たす z は

$$z = \left(\exp\{i\,2k\pi\}\right)^{1/3} = \exp\left\{i\,\frac{2k\pi}{3}\right\}, \quad k = 0, 1, 2, \cdots.$$

ところが $k \geq 3$ では，

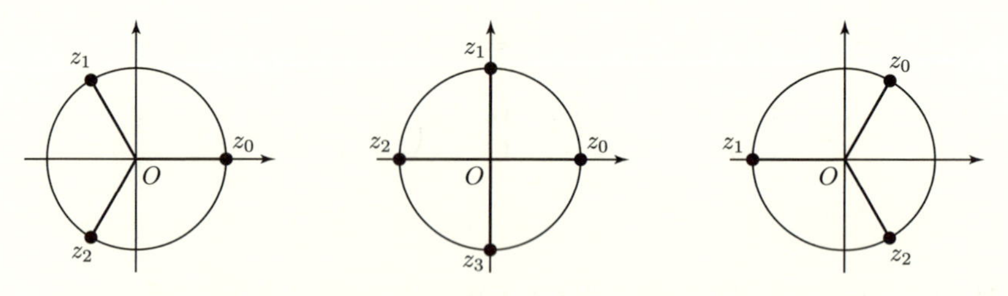

図 11.2.2 左から，$z^3 = 1$, $z^4 = 1$, $z^3 = -1$ の解の位置

$$\exp\left\{ i\,2 \cdot \frac{3\pi}{3} \right\} = \exp\{ i\,2\pi \} = 1, \ \cdots$$

のように，複素平面上の同じ点になる．

結局，次の 3 つの z_0, z_1, z_2 が解となり，それらの複素平面上の位置は，

$$z_k = \exp\left\{ i\,\frac{2k\pi}{3} \right\}, \quad k = 0, 1, 2. \qquad (\text{図 } 11.2.2 \text{ 左})$$

(b) 同様に $z^4 = \exp\{ i\,2k\pi \}$ を解く．複素平面上の重複を除くと，次の 4 つが解となり，複素平面上の位置は，

$$z_k = \exp\left\{ i\,\frac{2k\pi}{4} \right\} = \exp\left\{ i\,\frac{k\pi}{2} \right\}, \quad k = 0, 1, 2, 3. \qquad (\text{図 } 11.2.2 \text{ 中央})$$

(c) $-1 = \exp\{ i\,\pi + i\,2k\pi \}$ だから

$$z^3 = -1 = \exp\{ i\,\pi + i\,2k\pi \}.$$

これより

$$z_k = \exp\left\{ i\,\frac{(2k+1)\pi}{3} \right\}, \quad k = 0, 1, 2$$

が重複を除いた 3 つの解で，複素平面上の位置は，図 11.2.2 の右図となる．

□

11.3 複素変数の三角関数

(11.2.6) で x を $-x$ で置き換えると，$\cos(-x) = \cos x$, $\sin(-x) = -\sin x$ だから

$$e^{-i\,x} = \cos(-x) + i\,\sin(-x) = \cos x - i\,\sin x. \qquad (11.3.1)$$

"(11.2.6) + (11.3.1)"，"(11.2.6) − (11.3.1)" を考えると，

$$e^{i\,x} + e^{-i\,x} = 2\,\cos x, \qquad e^{i\,x} - e^{-i\,x} = 2i\,\sin x$$

となる．これを整理して，次の等式が導かれた：

$$\textbf{オイラーの等式 2：}\quad \cos x = \frac{e^{ix} + e^{-ix}}{2}, \quad \sin x = \frac{e^{ix} - e^{-ix}}{2i}. \qquad (11.3.2)$$

◊ **例題 11.3.1.** 次の複素数 z を $z = a + bi$ の形で表せ．ただし，a, b は実数とする．

$$\text{(a)} \quad z = \cos i, \qquad \text{(b)} \quad z = \sin\big(i \log 2\big). \quad \diamond$$

解答 オイラーの等式 2 (11.3.2) を使う．

(a) $\cos i = \dfrac{1}{2}\big(e^{i\cdot i} + e^{-i\cdot i}\big) = \dfrac{1}{2}\big(e^{-1} + e^{1}\big) = \dfrac{1}{2e} + \dfrac{e}{2}.$

(b) $\sin\big(i \log 2\big) = \dfrac{1}{2i}\big(\exp\{i \cdot i \log 2\} - \exp\{-i \cdot i \log 2\}\big)$

$$= \frac{1}{2i}\big(\exp\{-\log 2\} - \exp\{\log 2\}\big) = \frac{1}{2i}\left(\frac{1}{2} - 2\right) = \frac{3}{4} i. \quad \square$$

また (11.2.6) や (11.3.2) からは，三角関数の n 乗とか微分公式，命題 8.2.9，例題 8.2.10 などが簡単に得られる．

◊ **例題 11.3.2** (三角関数の微分公式)**.** オイラーの等式 (11.2.6) を使い，次を証明せよ．

$$\big(\cos x\big)' = -\sin x, \quad \big(\sin x\big)' = \cos x. \quad \diamond$$

証明 a を定数とする．合成関数の微分公式から $\big(e^{ax}\big)' = a\, e^{ax}$. ここで，$a = i$ とおくと

$$\big(\cos x\big)' + i\,\big(\sin x\big)' = \big(\cos x + i\, \sin x\big)'$$

$$= \big(e^{ix}\big)' = i\, e^{ix} = i\,\big(\cos x + i\, \sin x\big) = -\sin x + i\, \cos x.$$

複素数では，実部と虚部を別々に考える (定義 11.1.2) ので，$\cos x$ と $\sin x$ の微分公式が得られた．　$\square$

◊ **例題 11.3.3.** オイラーの等式 (11.2.6) を使い，次を証明せよ．

(i) 和積の公式　$\cos(x + y) = \cos x \cos y - \sin x \sin y,$

$$\sin(x + y) = \sin x \cos y + \cos x \sin y.$$

(ii) 自然数 n に対し，$1 + 2\displaystyle\sum_{k=1}^{n} \cos 2kx = \frac{\sin{(2n+1)x}}{\sin x}, \quad x \neq 0. \quad \diamond$

証明 (i) オイラーの等式 (11.2.6) より

$$\cos(x+y) + i\,\sin(x+y) = e^{i(x+y)} = e^{i\,x}\cdot e^{i\,y}$$
$$= (\cos x + i\,\sin x)\,(\cos y + i\,\sin y)$$
$$= \Big(\cos x\cos y - \sin x \sin y\Big) + i\,\Big(\sin x \cos y + \cos x \sin y\Big).$$

両辺の実部，虚部を比べると，“和積の公式”になる．

(ii) 等比数列 $a_k = a_0\,r^k$, $k = 0, 1, \cdots$ の和 (等比級数) は，例題 4.4.1 より

$$\sum_{k=0}^{n} a_k = a_0 \frac{1-r^{n+1}}{1-r}$$

である．ここで，$a_0 = 1$, $r = e^{2ix}$ とすると，

$$\sum_{k=0}^{n} \Big\{ \cos 2kx + i\,\sin 2kx \Big\} = \sum_{k=0}^{n} e^{2kix} = \frac{1-e^{2i\,(n+1)x}}{1-e^{2ix}}$$
$$= \frac{\exp\{-ix\} - \exp\{i\,(2n+1)x\}}{e^{-ix}-e^{ix}}$$
$$= \frac{1}{-2i\,\sin x}\Big(-i\,\Big\{ \sin x + \sin\,(2n+1)x \Big\} + \Big\{ \cos x - \cos\,(2n+1)x \Big\} \Big).$$

左右両辺の実部を比べると，

$$1 + \sum_{k=1}^{n} \cos 2kx = \frac{1}{2} + \frac{\sin\,(2n+1)x}{2\sin x}.$$

この両辺を 2 倍し，1 を引けば，(ii) の等式が得られる． □

♦ **展望**：(ii) の恒等式は，次の不思議な積分式 (右辺が n に無関係，応用解析で必要となる) で重要な役割をはたしている：

$$\textbf{ディリクレ積分}\qquad \int_0^{\pi/2} \frac{\sin\,(2n+1)x}{\sin x}\,dx = \frac{\pi}{2} \quad (n \text{ は自然数}).$$

◊ **問題**：この等式を証明せよ． ◇

解答 後述の命題 (不定積分の公式 1) 19.1.4 と微積分の基本定理 20.2.2 を利用する．すなわち，(ii) の恒等式を，区間 $[0, \pi/2]$ で定積分する． □

Part IV

偏　微　分

12
多変数関数の極限と連続

12.1　距離と領域

これから，多次元空間 $\mathbb{R}^n$ と，その上の関数を扱う．しかし，一般の多次元空間や多変数関数は $n=2$ の場合からの延長上にあることが多い．また，一般の n では記述も煩雑になるので，**今後は主として $n=2$ の場合を扱う**．まず $\mathbb{R}^2$，つまり 2 次元平面上の 2 点間の距離を定義する．

距離と開球： 2 次元平面 $\mathbb{R}^2$ の 2 点 $P=(x,y)$, $Q=(a,b)$ 間の**距離** $\rho(P,Q)$ を

$$\rho\,(P,Q) \equiv \sqrt{(x-a)^2+(y-b)^2} \tag{12.1.1}$$

で定義する．

点 $P=(x,y)\in\mathbb{R}^2$ に対し，部分集合

$$B_r(P) \equiv \{Q\in\mathbb{R}^2 : \rho(P,Q)<r\} \subset \mathbb{R}^2 \tag{12.1.2}$$

を "P を中心とした半径 r の**開球**" とよぶ．

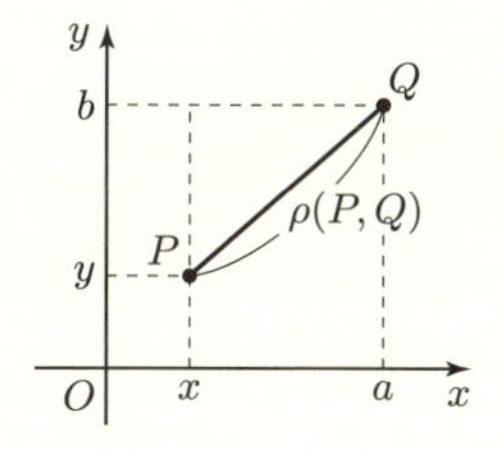

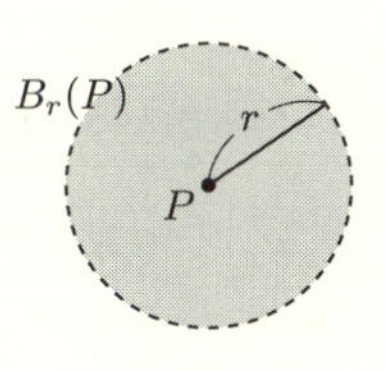

♦ **展望 12.1.1.** (i)　一般に n 次元空間 $\mathbb{R}^n$ の 2 点 $P=(x_1,x_2,\cdots,x_n)$, $Q=(a_1,a_2,\cdots,a_n)$ 間の距離としては，いくつもの定義がある：

$$\rho(P,Q) \equiv \sqrt{(x_1-a_1)^2+(x_2-a_2)^2+\cdots+(x_n-a_n)^2}, \tag{12.1.3}$$

$$\rho^*(P,Q) \equiv \max\{|x_1-a_1|,\,|x_2-a_2|,\,\cdots,\,|x_n-a_n|\}, \tag{12.1.4}$$

$$\rho^{\dagger}(P,Q) \equiv |x_1 - a_1| + \frac{1}{2}|x_2 - a_2| + \cdots + \frac{1}{2^{n-1}}|x_n - a_n| \qquad (12.1.5)$$

等であるが，いずれも同値である．ただし，ρ^* と $\rho^{\dagger}$ は $n = \infty$ の無限次元空間にも拡張できる．

(ii) 距離として，(12.1.3)〜(12.1.5) を考えたとき，下図のアミカケ部分が“原点からの距離が 1 以下の領域”である (左から (12.1.3), (12.1.4), (12.1.5))． ◇

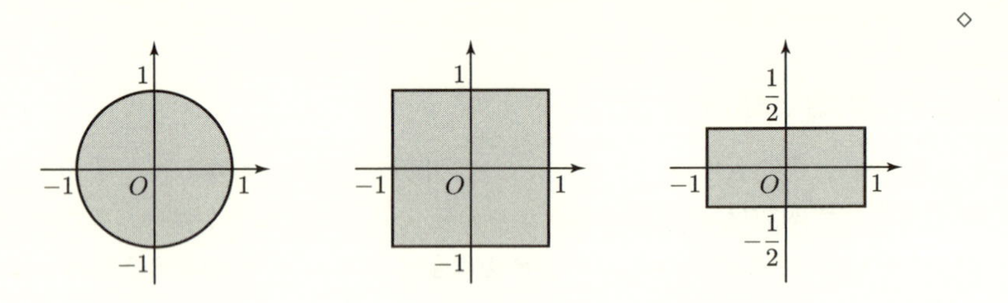

領域： $\mathbb{R}^2$ の部分集合 D で，その中の任意の 2 点が D に含まれる連続曲線で結ばれるとき，D を**領域**とよぶ．境界を含む領域を**閉領域**，含まない領域を**開領域**という．また，ある数 $K > 0$ に対し，D が原点を中心とした半径 K の開球に含まれるとき，**有界な領域**という．

12.2 2 変数関数

$\mathbb{R}^2$ の領域 D に属する点 (x, y) に対し，ただ一つの $z \in \mathbb{R}$ が対応するとき，

$$\text{対応} \quad z = f(x, y) : \ D \to \mathbb{R}^1$$

を“D で定義された実数値の **2 変数関数** f”という．

2 変数関数 $f(x, y)$ の視覚的な意味は，**3 次元空間** $\mathbb{R}^3$ **の図形**である (例題 12.2.1 を参照)．領域 D で定義された $f(x, y)$ に対し

$$G = \{(x, y, z) : z = f(x, y),\ (x, y) \in D\} \subset \mathbb{R}^3$$

を f のグラフという．

◇ **例題 12.2.1.** 次の関数のグラフを描け．

(a) $z = f(x, y) = -x - y + 1, \quad D = \{0 \leq x \leq 1,\ 0 \leq y \leq 1\},$

(b) $z = g(x, y) = \dfrac{1}{x^2 + y^2 + 1}, \quad D = \{-2 \leq x \leq 2,\ -2 \leq y \leq 2\}.$ ◇

解答 下図，左が (a)，右が (b) のグラフ.

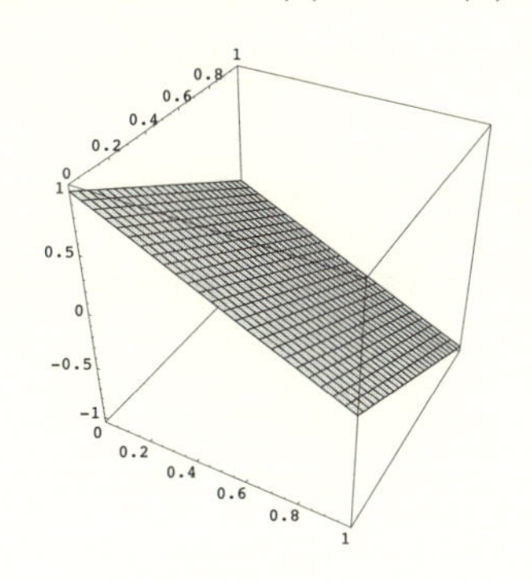

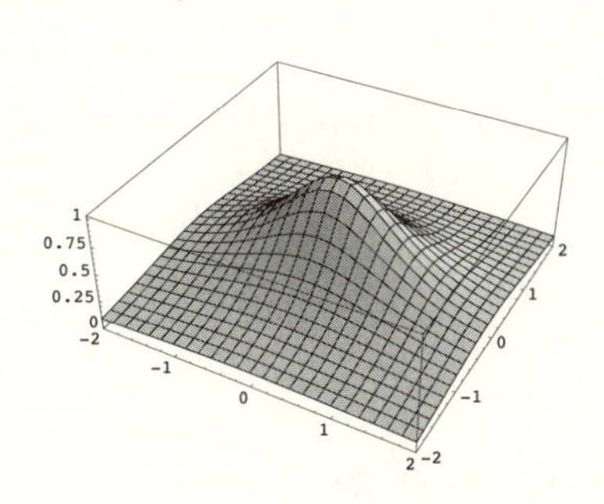

12.3 関数の極限

定義 12.3.1 (2 変数関数の極限). 定義域 D の関数 $f(P)$ に対し，点 $P=(x,y)$ が D 内のいかなる経路を通って点 $Q=(a,b)$ に近づいても

$$\lim_{P\to Q} f(P)=\alpha$$

が存在するとき，“f は点 Q で極限値 α をもつ” という. ◇

♦ **注** (i) ここで，$P=(x,y)\to(a,b)=Q$ は，(12.1.1) で与えられた ρ に対し $\rho(P,Q)\to 0$ を意味するが，点 P が点 Q に近づく方法は無数にある.

(ii) $\varepsilon-\delta$ 論法による “極限の厳密な定義” も，定義 7.1.3 と同じである．すなわち，定義 12.3.1 は次を意味する：「任意の $\varepsilon>0$ に対し，ある $\delta>0$ があり，次が成立する：$P\in D$ かつ $0<\rho(P,Q)<\delta \;\Rightarrow\; \left|f(P)-\gamma\right|<\varepsilon$」 ◇

◇ **例題 12.3.2.** $(x,y)\neq(0,0)$ で定義された関数 $f(x,y)=\dfrac{x\,y}{\sqrt{x^2+y^4}}$ に対し，$\displaystyle\lim_{(x,y)\to(0,0)} f(x,y)=0$ となることを示せ.

解答 $|x|\leq\sqrt{x^2+y^4}$ だから，$(x,y)\to(0,0)$ のとき

$$\left|\frac{x\,y}{\sqrt{x^2+y^4}}-0\right|=\frac{|x|}{\sqrt{x^2+y^4}}\cdot|y|\leq|y|\to 0. \quad \square$$

◇ **例題 12.3.3.** $(x,y)\neq(0,0)$ で定義された関数 $g(x,y)=\dfrac{x^2+y^2}{\sqrt{x^2+y^4}}$ は $Q=(0,0)$ で極限値をもたないことを示せ.

解答 x 軸に沿って点 P を $Q=(0,0)$ に近づけると，$y=0$ だから，$g(x,0)=\dfrac{x^2}{\sqrt{x^2}}=|x|\to 0$. 一方，$y$ 軸に沿って点 P を $Q=(0,0)$ に近づけると，$x=0$ だから，y の値にかかわらず，$g(0,y)=\dfrac{y^2}{\sqrt{y^4}}=1$.

点 $P=(x,y)$ が $Q=(0,0)$ に近づく経路によって $\lim_{P\to Q} g(P)$ の値が異なる．よって，極限値は存在しない． □

12.4 連続関数

領域 D で定義された関数 $f(P)$ が点 $Q=(a,b)\in D$ で**連続**とは，

$$\lim_{P\to Q} f(P)=f(Q)$$

となることである．ここで $P\to Q$ の近づき方は無数にあるが，どのような近づき方をしても $f(Q)$ になることを要求している．

多変数関数の連続の定義を $\varepsilon-\delta$ 論法を使って厳密に述べてみよう．

$\varepsilon-\delta$ 論法

定義 12.4.1 (関数の連続性). f が点 Q で**連続**とは，任意の $\varepsilon>0$ に対し，ある $\delta>0$ があり，次が成立することである：

$$P\in D \text{ かつ } \rho(P,Q)<\delta \ \Rightarrow\ |f(P)-f(Q)|<\varepsilon.$$

ここで，$\rho(P,Q)$ は (12.1.1) で定義した $\mathbb{R}^2$ の距離である． ◇

◇ **例題 12.4.2.** 次の関数 f および g は，点 $(0,0)$ で連続か?

(a) $f(x,y)=\begin{cases}\dfrac{x^2y}{x^2+y^2}, & (x,y)\neq(0,0),\\ 0, & (x,y)=(0,0).\end{cases}$

(b) $g(x,y)=\begin{cases}\dfrac{xy}{x^2+y^2}, & (x,y)\neq(0,0),\\ 0, & (x,y)=(0,0).\end{cases}$ ◇

解答 (a) §15.2 で述べる極座標を導入するとわかりやすい．

$$x=r\cos\theta,\quad y=r\sin\theta$$

とおくと，“$(x,y) \to (0,0)$” は “$r \to 0$” と同値．しかも $(x,y) \neq (0,0)$ なら

$$f(x,y) = \frac{r^3 \cos\theta \sin\theta}{r^2} = r \cos\theta \sin\theta.$$

すると $\lim_{r\to 0} f(x,y) = 0 = f(0,0)$ となるので，連続.

(b) 同様に極座標を使うと，$(x,y) \neq (0,0)$ なら

$$g(x,y) = \frac{r^2 \cos\theta \sin\theta}{r^2} = \cos\theta \sin\theta.$$

ここで，$\theta = \pi/4$ とすると，$\lim_{r\to 0} g(x,y) = 1/2 \neq 0 = g(0,0)$ となるので，連続ではない．(じつは，θ の値，すなわち $(0,0)$ に近づく方向によって，この極限値が変わるので，g は $(0,0)$ で極限をもたない．) □

多変数の連続関数も，1 変数関数の場合と同様に都合のよい性質を備えている．記述は格段に煩雑になるが，証明は 1 変数関数の場合とほぼ変わらない.

定理 12.4.3. 2 変数関数 f と g は領域 D の点 $P = (a,b)$ で連続とする．このとき

$$cf, \quad f \pm g, \quad f \cdot g, \quad \frac{f}{g}$$

はすべて $P = (a,b)$ で連続である．ただし c は定数．また，最後の f/g に対しては，$g(P) = g(a,b) \neq 0$ とする． ◇

定理 12.4.4 (中間値の定理). 関数 f は領域 D で連続とする．任意にとった 2 点 $Q, R \in D$ で $f(Q) < f(R)$ のとき，$f(Q) < t < f(R)$ となる任意の t に対し，$f(S) = t$ となる点 $S \in D$ が存在する． ◇

定理 12.4.5 (最大値原理). 有界閉領域 D で連続な関数 f は D 内で最大値と最小値をとる． ◇

定理 12.4.6 (ハイネの定理). 有界閉領域 D で連続な関数 f は，そこで一様連続である． ◇

13
偏 微 分

13.1　偏微分の定義

I. 多変数関数の微分 (= 偏微分) を定義する．

定義 13.1.1 (偏微分)**.** (i) f を領域 D_f で定義された連続関数とする．

$$\lim_{h\to 0}\frac{f(x+h,y)-f(x,y)}{h} \tag{13.1.1}$$

が存在するとき，f は点 (x,y) で x **偏微分可能**といい，

$$(13.1.1)=f_x(x,y) \qquad \left(\text{もしくは} = \frac{\partial f}{\partial x}(x,y)\right)$$

と表す (複数の表示法がある)．さらに，D_f の各点で f が x 偏微分可能なら，この $f_x(x,y)$ を (x,y) の関数とみなし，f の **1 階 x 偏導関数**とよぶ．

(ii) 同様に，

$$\lim_{k\to 0}\frac{f(x,y+k)-f(x,y)}{k}\equiv f_y(x,y)$$

が存在するとき，f は点 (x,y) で y **偏微分可能**といい，$f_y(x,y)$, $\dfrac{\partial f}{\partial y}(x,y)$ などと表す．また，D_f の各点で y 偏微分可能なとき，$f_y(x,y)$ を (x,y) の関数とみなして f の **1 階 y 偏導関数**とよぶ．　◇

◇ **例題 13.1.2.** 関数

$$f(x,y)=-x^2+y^3-y^2-y$$

を x および y で偏微分せよ．　◇

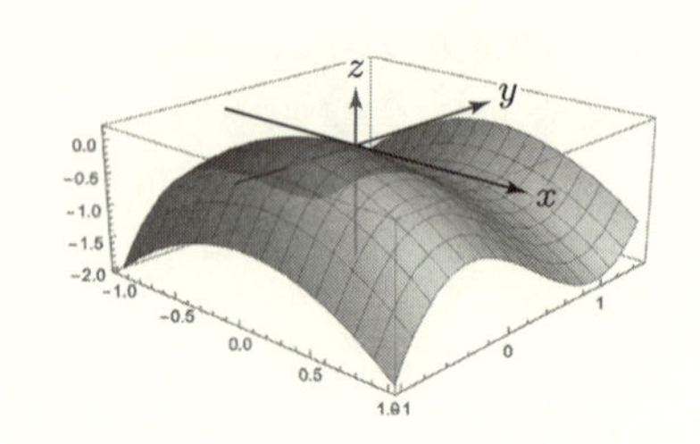

解答　関数 $z=f(x,y)$ は右図のとおりだが，まず x 偏微分の定義

$$f_x(x,0)=\lim_{h\to 0}\frac{f(x+h,0)-f(x,0)}{h}$$

の意味を説明する．曲面 $z = f(x,y)$ を平面 $y = 0$ で切断する．切断面 $z = f(x,0) = -x^2$ は x の 1 変数関数だから，定義 8.1.1 に従った微分ができ，それが $f_x(x,0) = -2x$ となる．

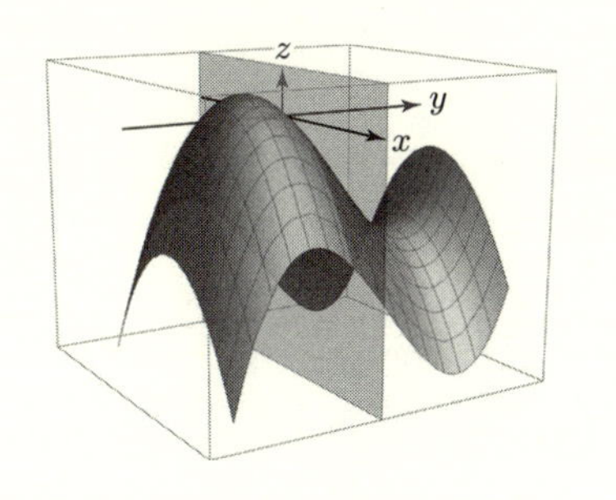

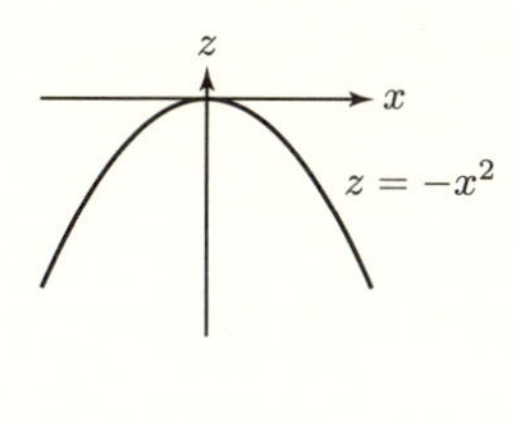

図 13.1.1　曲面 $z = f(x,y)$ を平面 $x = 0$ で切断，右は切断面 $z = f(x,0)$

同様に，y 偏微分の定義 $f_y(0,y) = \lim_{k \to 0} \dfrac{f(0,y+k) - f(0,y)}{k}$ の意味を説明する．曲面 $z = f(x,y)$ を平面 $x = 0$ (図 13.1.1 の切断平面 $y = 0$ とは直交する) で切断する．切断面 $z = f(0,y) = y^3 - y^2 - y$ は y の 1 変数関数だから，微分ができ，それが $f_y(0,y) = 3y^2 - 2y - 1$ となる．　□

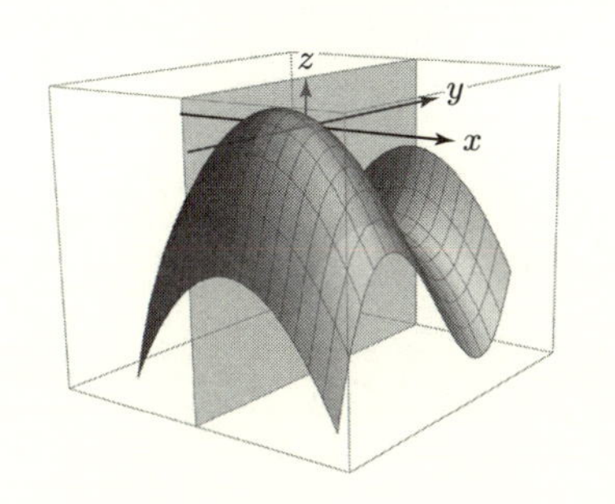

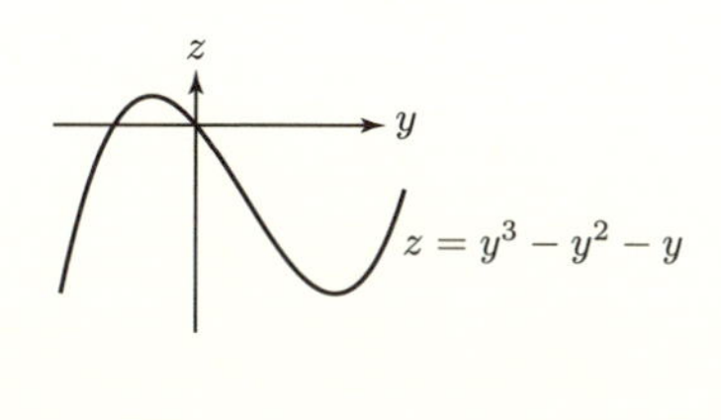

図 13.1.2　曲面 $z = f(x,y)$ を平面 $x = 0$ で切断，右は切断面 $z = f(0,y)$

偏微分の直感的な意味

★要点：偏微分しようとする変数以外は定数と考えて微分することが偏微分である．そのため 1 変数関数の場合の微分公式が，そのまま偏微分にも適用できる．　◇

◇ **例題 13.1.3.** 次の関数を x および y で偏微分せよ.

$$\text{(a)}\quad x^2\,y + y^3, \qquad \text{(b)}\quad e^{x + x\,y}, \qquad \text{(c)}\quad \sin(x\,y),$$

$$\text{(d)}\quad \log\frac{x}{y}, \qquad \text{(e)}\quad \log\frac{1}{x^2 + y}. \quad \diamond$$

解答 (a) $f_x = 2xy, \quad f_y = x^2 + 3y^2.$

(b) $f_x = (1 + y)e^{x+xy}, \quad f_y = x\,e^{x+xy}.$

(c) $f_x = y\,\cos(x\,y), \quad f_y = x\,\cos(x\,y).$

(d) $f_x = \left(\frac{1}{y}\right)\cdot\left(\frac{y}{x}\right) = \frac{1}{x}, \quad f_y = -\left(\frac{x}{y^2}\right)\cdot\left(\frac{y}{x}\right) = -\frac{1}{y}.$

(e) $f_x = \frac{-2x}{x^2 + y}, \quad f_y = \frac{-1}{x^2 + y}.$ □

偏微分を理解するコツ

♦ **解説 13.1.4** (増分). **増分記号** Δ : 変数 x が増える量を "x の増分" とよび, Δx で表す. (Δx は 2 文字だが, 1 つの量である.)

(i) $x \to x + \Delta x$ と変化したときに, **関数** $f(x, y)$ **がどれだけ変化する**かを考える. Δx が小さいとき, x 偏微分の定義を思い出すと,

$$f(x + \Delta x, y) - f(x, y) = \frac{f(x + \Delta x, y) - f(x, y)}{\Delta x}\Delta x \qquad (13.1.2)$$

$$\simeq f_x(x, y)\Delta x.$$

(ii) 同様に, Δy が小さいとして $y \to y + \Delta y$ と変化したときには,

$$f(x, y + \Delta y) - f(x, y) = \frac{f(x, y + \Delta y) - f(x, y)}{\Delta y}\Delta y \qquad (13.1.3)$$

$$\simeq f_y(x, y)\Delta y. \quad \diamond$$

II. 2 変数関数では, x と y は同時に動く. そのときの 2 種類の増分

$$f(x_0 + \Delta x, y_0 + \Delta y) - f(x_0, y_0), \qquad (13.1.4)$$

$$f_x(x_0, y_0)\Delta x + f_y(x_0, y_0)\Delta y \qquad (13.1.5)$$

があるが, "両者に違いがあるのか" を調べてみよう. 両者の差を, x と y の増分で割った量 R を考える :

$$R \equiv \frac{1}{\sqrt{(\Delta x)^2 + (\Delta y)^2}} \Big(f(x_0 + \Delta x, y_0 + \Delta y) - f(x_0, y_0)$$

$$- \Big\{ f_x(x_0, y_0)\Delta x + f_y(x_0, y_0)\Delta y \Big\} \Big). \qquad (13.1.6)$$

定義 13.1.5 (**全微分可能**).　偏微分可能な関数 f と (13.1.6) の R に対し，

$$\lim_{(\Delta x, \Delta y) \to (0,0)} R = 0 \qquad (13.1.7)$$

が成立しているとき，“f は点 $P_0 = (x_0, y_0)$ で**全微分可能**” という．　◇

♦ **注意 13.1.6.**　全微分可能なら，増分 (13.1.5) が “f の変化量 (13.1.4)” の良い近似となる．つまり，接平面の存在[1]を保証する (定理 13.3.5).

ところが，1 変数関数の場合と異なり，たとえ x および y 偏微分が存在しても，全微分可能は自明ではない．　◇

◇ **例 13.1.7** (反例).　関数 $f(x,y) = \sqrt{|x\,y|}$ は，原点 $(0,0)$ で x および y 偏微分可能だが，全微分可能ではない (下図，見やすいように上下を反転した).

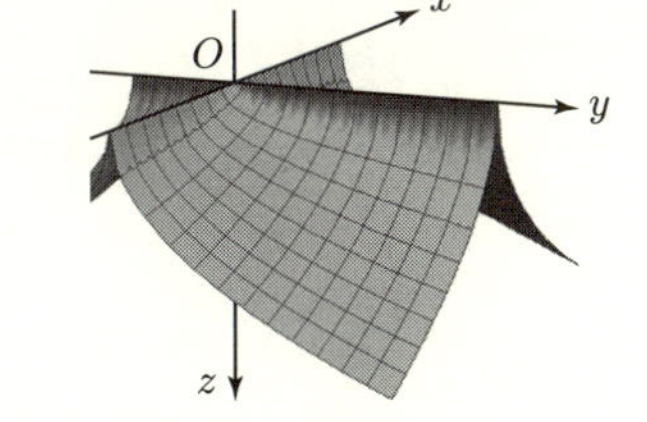

<u>*Step 1.*</u>　f の x 偏微分 $f_x(0,y)$ は

$$f_x(0,y) = \lim_{\Delta x \to 0} \frac{f(\Delta x, y) - f(0,y)}{\Delta x} = \lim_{\Delta x \to 0} \frac{\sqrt{|\Delta x|\,|y|}}{\Delta x}.$$

$|y| > 0$ なら，この極限は存在しない．

しかし，$y = 0$ の場合は

$$f_x(0,0) = \lim_{\Delta x \to 0} \frac{f(\Delta x, 0) - f(0,0)}{\Delta x} = \lim_{\Delta x \to 0} \frac{0-0}{\Delta x} = 0$$

と x 偏微分が存在する．また同様に，$f_y(0,0) = 0$ となる．

つまり，原点 $(0,0)$ では x および y 偏微分が存在し，$f_x(0,0) = 0 = f_y(0,0)$.

<u>*Step 2.*</u>　すると原点 $(x,y) = (0,0)$ では，R の定義から

$$R = \frac{f(\Delta x,\, \Delta y) - f(0,0) - f_x(0,0)\Delta x - f_y(0,0)\Delta y}{\sqrt{(\Delta x)^2 + (\Delta y)^2}} = \frac{\sqrt{|\Delta x\,\Delta y|}}{\sqrt{(\Delta x)^2 + (\Delta y)^2}}.$$

ここで $\Delta x = h^2 = \Delta y$ とすると，

$$\lim_{h \to 0} R = \lim_{h \to 0} h^2/(\sqrt{2}h^2) = 1/\sqrt{2} \neq 0$$

1)　接平面は，1 変数関数の接線に該当する．後述，定義 13.3.2 をみよ．

となり，(13.1.7) を満たさず，全微分可能ではない[2)]．　◇

では，どんな関数が全微分可能かを述べる．

命題 13.1.8 (偏導関数と全微分)．点 $P_0=(x_0,y_0)$ で偏導関数 f_x, f_y が連続なとき，f は P_0 で全微分可能である．　◇

♦ **注：** 逆に f が点 P_0 で全微分可能なら，そこでの偏導関数 f_x および f_y が存在する (定理 13.3.5)．　◇

証明　1 変数関数に対する "平均値の定理 9.1.2" から

$$f(x_0+\Delta x,\, y_0+\Delta y)-f(x_0,\, y_0+\Delta y)=f_x(x_0+\theta_1\,\Delta x, y_0+\Delta y)\Delta x,$$

$$f(x_0,\, y_0+\Delta y)-f(x_0,\, y_0)=f_x(x_0,\, y_0+\theta_2\,\Delta y)\Delta y, \quad 0<\theta_1,\, \theta_2<1.$$

これを，R の定義式 (13.1.6) に代入し

$$\begin{aligned}
R &= \frac{1}{\sqrt{(\Delta x)^2+(\Delta y)^2}}\Big\{f(x_0+\Delta x,\, y_0+\Delta y)-f(x_0,y_0) \\
&\qquad\qquad -\Big(f_x(x_0,y_0)\Delta x+f_y(x_0,y_0)\Delta y\Big)\Big\} \\
&= \Big(f_x(x_0+\theta_1\,\Delta x, y_0+\Delta y)-f_x(x_0,y_0)\Big)\frac{\Delta x}{\sqrt{(\Delta x)^2+(\Delta y)^2}} \\
&\quad + \Big(f_x(x_0, y_0+\theta_2\,\Delta y)-f_x(x_0,y_0)\Big)\frac{\Delta y}{\sqrt{(\Delta x)^2+(\Delta y)^2}}.
\end{aligned}$$

ここで，f_x, f_y は連続だから，$(\Delta x,\Delta y)\to(0,0)$ のとき，最後の項は 0 に収束する．　□

III. 解説 13.1.4 (増分) の考え方から，"合成関数の偏微分公式" を得ることができる．

命題 13.1.9 (合成関数の偏微分公式)．2 変数関数 $z=f(x,y)$ はすべての点 (x,y) で全微分可能とする．さらに，区間 $[a,b]$ で定義された微分可能な関数 V, W があり

$$x=V(t), \quad y=W(t), \quad a\le t\le b$$

である．V, W の導関数が連続のとき，$z=f\big(V(t),W(t)\big)$ は微分可能な t の

2)　$z=f(x,y)$ のグラフをみても，点 $(0,0)$ には接平面がなさそうである．

関数であり，その t での微分は次のとおりである：

$$\frac{dz}{dt} = f_x\bigl(V(t), W(t)\bigr)\ V'(t) + f_y\bigl(V(t), W(t)\bigr)\ W'(t). \quad \diamond$$

証明　<u>*Step 1.*</u>　$t \to t + \Delta t$ と変化したとき，f がどう変化するか調べる．x の変化を $\Delta x = V(t+\Delta t) - V(t)$ とおくと，V は微分可能だから，微分の定義と 1 変数関数に対する "平均値の定理 9.1.2" より，

$$\frac{\Delta x}{\Delta t} = V'(t + c_1) \quad \bigl(0 < |c_1| < |\Delta t|\bigr), \qquad \lim_{\Delta t \to 0} \frac{\Delta x}{\Delta t} = V'(t).$$

同様に，y の変化 $\Delta y = W(t + \Delta t) - W(t)$ に対して，

$$\frac{\Delta y}{\Delta t} = W'(t + c_2) \quad \bigl(0 < |c_2| < |\Delta t|\bigr), \qquad \lim_{\Delta t \to 0} \frac{\Delta y}{\Delta t} = W'(t).$$

ここで，V', W' は連続だから，ある定数 $K > 0$ に対し，次が成立する：

$$\bigl|V'(t + c_1)\bigr| \leq K, \quad \bigl|W'(t + c_2)\bigr| \leq K. \tag{13.1.8}$$

<u>*Step 2.*</u>　f は全微分可能だから，

$$\begin{aligned}
&f\bigl(V(t+\Delta t), W(t+\Delta t)\bigr) - f\bigl(V(t), W(t)\bigr) \\
&\quad = f(x + \Delta x, y + \Delta y) - f(x, y) \\
&\quad = f_x(x, y)\,\Delta x + f_y(x, y)\,\Delta y + R\sqrt{(\Delta x)^2 + (\Delta y)^2}
\end{aligned}$$

となり，$\displaystyle\lim_{(\Delta x, \Delta y) \to (0,0)} R = 0$. すると

$$\begin{aligned}
\frac{dz}{dt} &= \lim_{\Delta t \to 0} \frac{f(V(t+\Delta t), W(t+\Delta t)) - f(V(t), W(t))}{\Delta t} \\
&= \lim_{\Delta t \to 0} \frac{f(x + \Delta x, y + \Delta y) - f(x, y)}{\Delta t} \\
&= \lim_{\Delta t \to 0} \left\{ f_x(x, y)\,\frac{\Delta x}{\Delta t} + f_y(x, y)\,\frac{\Delta y}{\Delta t} + R\frac{\sqrt{(\Delta x)^2 + (\Delta y)^2}}{\Delta t} \right\}.
\end{aligned}$$

ここで *Step 1* の結果から，$\Delta t \to 0$ のとき

$$\frac{\Delta x}{\Delta t} \to V'(t), \quad \frac{\Delta y}{\Delta t} \to W'(t).$$

また (13.1.8) より，$\Delta t \to 0$ のとき

$$|R|\,\frac{\sqrt{(\Delta x)^2 + (\Delta y)^2}}{\bigl|\,\Delta t\,\bigr|} \leq |R| \cdot 2K \to 0$$

となるので，定理が証明された．　□

系 13.1.10 (平均値の定理 2)**.** すべて点 (x,y) で関数 f が全微分可能なとき，次式が成立する：定数 h,k に対し，

$$f(x+h,\ y+h) - f(x,y) = f_x(x+\theta\,h,\ y+\theta\,k)\,h \\ + f_y(x+\theta\,h,\ y+\theta\,k)\,k, \quad 0<\theta<1. \quad \diamond$$

証明　命題 13.1.9 で $V(t) \equiv x+th,\ W(t) \equiv y+tk$ とおく．$z(t) = f(V(t),W(t))$ に対し，平均値の定理 9.1.2 より

$$z(1)-z(0) = \frac{dz}{dt}(\theta), \quad 0<\theta<1.$$

$V'(t)=h$, $W'(t)=k$ だから，命題 13.1.9 より系が得られた． □

◊ **例題 13.1.11.** 次の関数を t で微分せよ．ただし，a,b は定数とする．

$$\text{(a)} \quad f(a\cos t, b\sin t), \qquad \text{(b)} \quad f(e^{a\,t}, e^{b\,t}). \quad \diamond$$

解答　(a) $-a\,f_x\,\sin t + b\,f_y\,\cos t$.　(b) $a\,f_x\,e^{a\,t} + b\,f_y\,e^{b\,t}$. □

13.2 高階偏微分

1 変数関数では高階微分を定義したが，偏微分でも高階偏微分が同じように定義できる．

定義 13.2.1 (高階偏微分)**.** (i) f の 1 階偏導関数 f_x, f_y が，各々 x および y 偏微分可能なとき，

$$\frac{\partial f_x}{\partial x}(x,y) \equiv \frac{\partial^2 f}{\partial x^2}(x,y), \quad \frac{\partial f_x}{\partial y}(x,y) \equiv \frac{\partial^2 f}{\partial x\,\partial y}(x,y),$$
$$\frac{\partial f_y}{\partial y}(x,y) \equiv \frac{\partial^2 f}{\partial y^2}(x,y), \quad \frac{\partial f_y}{\partial x}(x,y) \equiv \frac{\partial^2 f}{\partial y\,\partial x}(x,y)$$

を f の **2 階偏導関数**という．なお，それぞれの 2 階偏導関数は

$$f_{xx}(x,y), \quad f_{xy}(x,y), \quad f_{yy}(x,y), \quad f_{yx}(x,y) \tag{13.2.1}$$

とも記述される．

(ii) 高階偏導関数は帰納的に定義できる．つまり，n 階偏導関数 $\dfrac{\partial^n f}{\partial x^n}$ が x および y 偏微分可能なとき，

$$\frac{\partial}{\partial x}\left(\frac{\partial^n f}{\partial x^n}\right) \equiv \frac{\partial^{n+1} f}{\partial x^{n+1}}(x,y), \quad \frac{\partial}{\partial y}\left(\frac{\partial^n f}{\partial x^n}\right) \equiv \frac{\partial^{n+1} f}{\partial y\,\partial x^n}(x,y) \quad \text{など}$$

を **$n+1$ 階偏導関数**という． ◇

2 階偏導関数として (13.2.1) の 4 つがあった．そのなかで f_{xy} と f_{yx} は偏微分の順序が異なるだけである．そこで“両者は同じではないか?”との疑問が湧くが，答えは肯定的である．

命題 13.2.2. 2 変数関数 $f(x,y)$ で，連続な 1 階偏導関数 f_x, f_y と連続な 2 階偏導関数 f_{xy} が存在すれば，f_{yx} が存在し，$f_{xy}=f_{yx}$ となる． ◇

証明 *Step 1.* 実数 h,k と f から，新しく関数 G を定義する：

$$G(h,k) \equiv f(x+h,y+k)-f(x+h,y)-f(x,y+k)+f(x,y).$$

さらに

$$g(x) \equiv f(x,y+k)-f(x,y)$$

とおくと，$G(h,k)=g(x+h)-g(x)$ となる．平均値の定理 9.1.2 から，

$$\begin{aligned} g(x+h)-g(x) &= g'(x+\theta\,h)\,h \\ &= h\left\{f_x(x+\theta\,h,y+k)-f_x(x+\theta\,h,y)\right\}, \quad 0<\theta<1. \end{aligned}$$

この $\{\quad\}$ に，再び平均値の定理 9.1.2 を使う．簡易のため $x+\theta\,h=a$ とおき，

$$\begin{aligned} G(h,k) &= h\left\{f_x(a,y+k)-f_x(a,y)\right\} \\ &= h\,k\,f_{xy}(a,y+\theta'\,k), \quad 0<\theta'<1. \end{aligned}$$

Step 2. 一方，f_y および f_{yx} の定義と f_y の連続性から

$$\begin{aligned} f_{yx}(x,y) &= \lim_{h\to 0}\frac{f_y(x+h,y)-f_y(x,y)}{h} \\ &= \lim_{h\to 0}\frac{1}{h}\left(\lim_{k\to 0}\left\{\frac{f(x+h,y+k)-f(x,y+k)}{k}-\frac{f(x,y+k)-f(x,y)}{k}\right\}\right) \\ &= \lim_{h\to 0}\left(\lim_{k\to 0}\frac{1}{h\,k}G(h,k)\right). \end{aligned}$$

最後の式に *Step 1* の結論を代入する．すると f_{xy} の連続性から，

$$\begin{aligned} f_{yx}(x,y) &= \lim_{h\to 0}\left(\lim_{k\to 0}\frac{1}{h\,k}G(h,k)\right) \\ &= \lim_{h\to 0}\left(\lim_{k\to 0}f_{xy}(x+\theta\,h,y+\theta'\,k)\right)=f_{xy}(x,y). \quad \square \end{aligned}$$

◇ **例題 13.2.3.** 次の 2 変数関数を考える：

$$f(x,y) = \begin{cases} \dfrac{x^3\,y}{x^2+y^2}, & (x,y) \neq (0,0), \\ 0, & (x,y) = (0,0). \end{cases}$$

(i) f_x と f_y を求めよ．

(ii) $f_{xy}(0,0)$ と $f_{yx}(0,0)$ を求めよ． ◇

解答 (i) $f_x(x,y) = \dfrac{y\,(x^4+3x^2\,y^2)}{(x^2+y^2)^2}, \quad f_y(x,y) = \dfrac{x^3\,(x^2-y^2)}{(x^2+y^2)^2}.$

(ii) 定義に従って計算すると，

$$f_{xy}(0,0) = \lim_{k\to 0}\frac{f_x(0,k)-f_x(0,0)}{k} = \lim_{k\to 0}\frac{0-0}{k} = 0,$$

$$f_{yx}(0,0) = \lim_{h\to 0}\frac{f_y(h,0)-f_y(0,0)}{h} = \lim_{h\to 0}\frac{h-0}{h} = 1. \quad \square$$

♦ **解説**：“なぜこうなるか” を，命題 13.2.2 との対比で考えてみよう[3)]． ◇

13.3 接平面

13.3.1 $\mathbb{R}^3$ の平面

3 次元空間 $\mathbb{R}^3$ の中での平面を考える．

平面の方程式： 定数 a, b, c に対し，

$$z = a\,x + b\,y + c$$

が $\mathbb{R}^3$ の平面を表す．

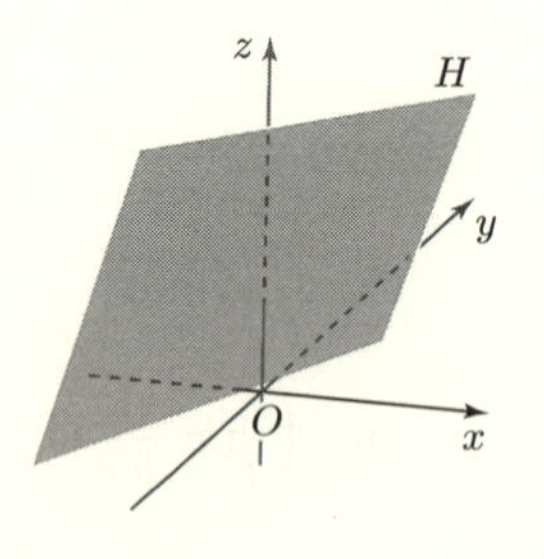

◇ **例題 13.3.1.** H を $z = 3x - y + 1$ で表される平面とする (この H は右図の平面)．

(i) 3 つの点 A, B, C のどれが，H 上にあるか：

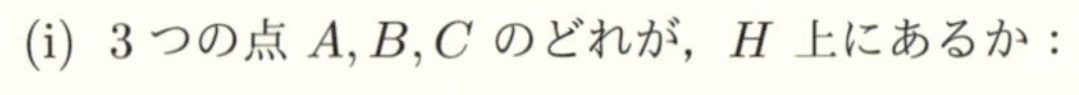

$$A = (1,2,3), \;\; B = (1,2,2), \;\; C = (1,2,1).$$

(ii) 別の平面 $z = 0$ で H を切った．断面の方程式を求めよ．

(iii) 別の平面 $y = 0$ で H を切った．断面の方程式を求めよ．

(iv) 別の平面 $z = x + y$ で H を切った．断面の方程式を求めよ． ◇

---

3) 2 階偏導関数 f_{xy} が点 $(0,0)$ で連続ではなく，命題 13.2.2 が不成立．

解答 (i) B だけが $z = 3x - y + 1$ 満たし，H 上にある．

(ii) 断面は直線になるので，3 次元空間 $\mathbb{R}^3$ では，2 つの方程式で記述される．$z = 0$ だから，$0 = 3x - y + 1$ となる．つまり $y = 3x + 1, z = 0$.

(iii) やはり断面は直線になる．$y = 0$ だから，$z = 3x + 1, y = 0$.

(iv) これも直線になる．$z = x + y$ だから，$x + y = 3x - y + 1$ となる．つまり，$0 = 2x - 2y + 1$，$z = x + y$. □

13.3.2 接 平 面

関数 $z = f(x, y)$ は $\mathbb{R}^3$ の曲面を表すので，次の接平面が，1 変数関数の接線に相当する．

定義 13.3.2 (接平面)**.** 2 変数関数 f，点 $P = (x_0, y_0)$，ある平面

$$H : z = a\,(x - x_0) + b\,(y - y_0) + f(x_0, y_0) \quad (a, b \text{ は定数})$$

に対し，

$$\lim_{(x,y)\to(x_0,y_0)} \frac{f(x,y) - \Big\{a\,(x - x_0) + b\,(y - y_0) + f(x_0, y_0)\Big\}}{\sqrt{(x - x_0)^2 + (y - y_0)^2}} = 0 \tag{13.3.1}$$

が成立するとき，H を“曲面 $z = f$ の点 P における**接平面**”とよぶ． ◇

接平面の式

♦ **注 13.3.3** (記号)**.** (13.3.2) を次の記号で表す： $df = a\,dx + b\,dy$. ◇

★**要点 13.3.4** (接平面のイメージ)**.** 地球は球面だが，東京都など，地球の小さな範囲は平面地図で表すことができる．つまり，微小な範囲で考えると，曲面の一部は平面で近似でき，この近似平面が接平面である (下図)． ◇

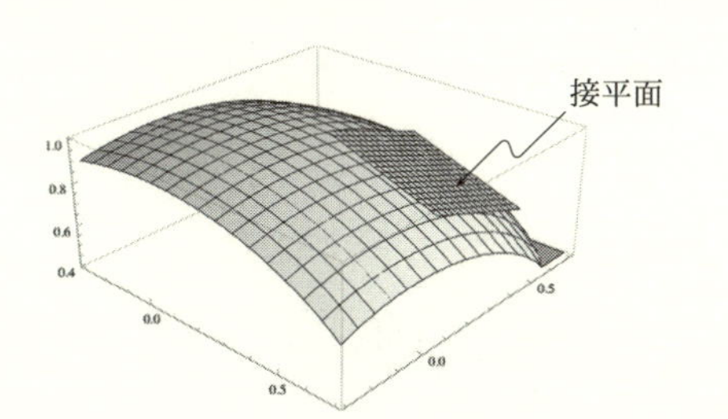

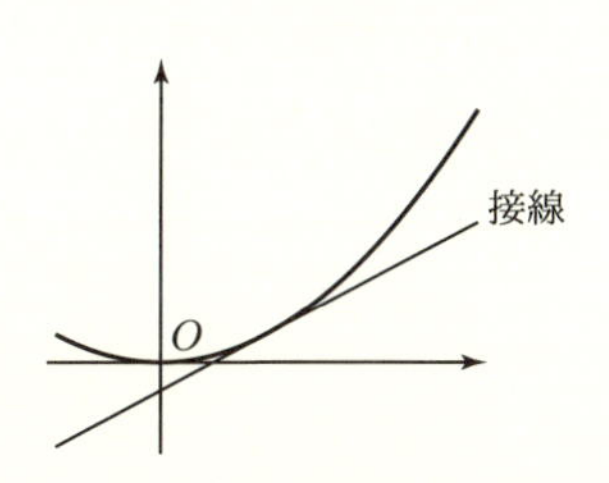

接線と同様に接平面も，無条件では存在しない．関数 f は全微分可能とし，その定義 13.1.5 で $\Delta y = 0$ とする．$x = x_0 + \Delta x$, $y = y_0$ とおくと，(13.1.7) は

$$0 = \lim_{\Delta x \to 0} R = \lim_{\Delta x \to 0} \frac{f(x_0 + \Delta x, y_0) - f(x_0, y_0) - f_x(x_0, y_0)\Delta x}{|\Delta x|}.$$

これを Δx の正負に従って変形すると，

$$\lim_{\Delta x \to 0} \frac{f(x_0 + \Delta x, y_0) - f(x_0, y_0)}{\Delta x} = f_x(x_0, y_0)$$

となる．つまり x 偏微分の存在が示され，(13.3.2) は $a = f_x(x_0, y_0)$ で成立する．同様の議論で，$f_y(x_0, y_0)$ の存在と $b = f_y(x_0, y_0)$ が得られるので，次の定理に到達した．

定理 13.3.5 (偏微分可能と接平面)．関数 f は点 $P_0 = (x_0, y_0)$ で全微分可能とする．このとき，点 P_0 で f の x および y 偏微分が存在し，

$$df = f_x(x_0, y_0)\, dx + f_y(x_0, y_0)\, dy \tag{13.3.2}$$

である．すなわち，次式が点 P_0 における f の接平面を表す：

$$z = f_x(x_0, y_0)(x - x_0) + f_y(x_0, y_0)(y - y_0) + f(x_0, y_0). \quad \diamond$$

♦ **注 13.3.6.** 例 13.1.7 より，この定理の逆は成立しない．しかし，x 偏導関数 f_x および y 偏導関数 f_y が連続なら，逆が成立する (命題 13.1.8)． ◇

◇ **例 13.3.7.** 半径 1 の半球面 $S \subset \mathbb{R}^3$ を考える：

$$S:\ z = f(x, y) \equiv \sqrt{1 - x^2 - y^2}, \quad -1 \le x \le 1, \quad -1 \le y \le 1.$$

このとき，偏導関数

$$f_x(x, y) = -\frac{x}{\sqrt{1 - x^2 - y^2}}, \quad f_y(x, y) = -\frac{y}{\sqrt{1 - x^2 - y^2}}$$

は $z = 0$ 以外では連続なので，f は全微分可能である．すると，(x_0, y_0) での接平面は次のとおりである：

$$\begin{aligned} z = &-\frac{x_0}{\sqrt{1 - {x_0}^2 - {y_0}^2}}(x - x_0) \\ &- \frac{y_0}{\sqrt{1 - {x_0}^2 - {y_0}^2}}(y - y_0) + \sqrt{1 - {x_0}^2 - {y_0}^2}. \quad \diamond \end{aligned}$$

◇ **例題 13.3.8.** (i) $z=f(x,y)=x^2y$ に点 $(1,2,2)$ で接する接平面の方程式を求めよ．

(ii) $z=g(x,y)=\sqrt{x^2+y^4}$ に点 $A=(1,1,\sqrt{2})$ で接する接平面および点 $B=(0,0,0)$ で接する接平面の方程式を求めよ． ◇

解答 (i) $f(x,y)=x^2y$ を偏微分して

$$f_x(x,y)=2xy, \quad f_y(x,y)=x^2$$

だから，$f_x(1,2)=4$ および $f_y(1,2)=1$. これより接平面の方程式は，

$$z=4(x-1)+(y-2)+2.$$

(ii) $g(x,y)=\sqrt{x^2+y^4}$ を偏微分して

$$g_x(x,y)=\frac{x}{\sqrt{x^2+y^4}}, \quad g_y(x,y)=\frac{4y^3}{2\sqrt{x^2+y^4}}$$

だから，$g_x(1,1)=\dfrac{1}{\sqrt{2}}$, $g_y(1,1)=\sqrt{2}$. これより $A=(1,1,\sqrt{2})$ で接する接平面の方程式は，

$$z=\frac{x-1}{\sqrt{2}}+\sqrt{2}\,(y-1)+\sqrt{2}.$$

一方，$g_x(x,y)$ は，$(x,y)\to(0,0)$ の極限が存在しないので，$B=(0,0,0)$ での接平面は存在しない． □

◇ **例題 13.3.9.** 半径 5 m，高さ 15 m の円柱型のタンクがある．タンクの容積は，次のどちらの方法がより大きくなるか．

(a) 半径を 0.5 cm 大きくする． (b) 高さを 1 cm 延ばす． ◇

解答 半径 r 高さ y のタンクの容積を $V(r,y)$ とすると，$V(r,y)=2\pi r^2y$. これより

$$V_r(r,y)=4\pi r\,y, \quad V_y(r,y)=2\pi r^2$$

となり，$V_r(5,15)=300\pi$, $V_y(5,15)=50\pi$.

$\Delta r=0.5\text{ cm}=0.005\text{ m}$ は 5 m と比較して微小量，また $\Delta y=1\text{ cm}=0.01\text{ m}$ は，15 m の微小量だから，

$$V(5+0.005,15)-V(5,15)\simeq V_r(5,15)\times 0.005=1.5\pi,$$
$$V(5,15+0.01)-V(5,15)\simeq V_y(5,15)\times 0.01=0.5\pi.$$

よって，半径を 0.5 cm 大きくするほうが，より容積が増える． □

13.4 陰関数定理

f を xy 平面上の関数とする.

陰関数： 方程式 $f(x,y)=0$ を満たす (x,y) の組が，関数 $y=g(x)$ と記述できるとき，この $y=g(x)$ を $f(x,y)=0$ から定まる**陰関数**という.

このとき，“どのような f に対して，陰関数は存在するか” が問題になる.

Step 1. $f(x,y)=0$ を満たす点 (x,y) を xy 平面上にプロットすると右図のようになった.

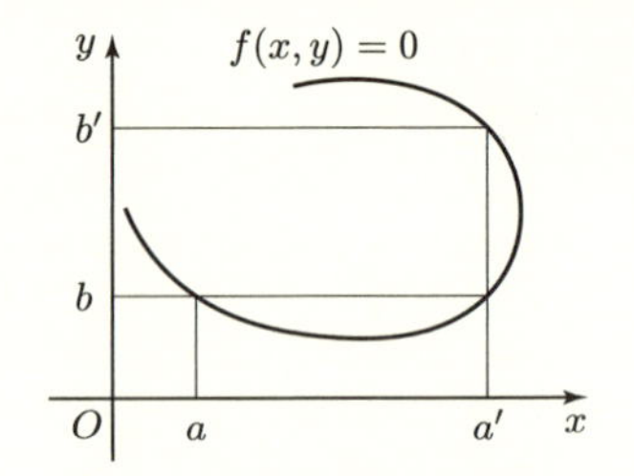

y 軸上の各点に対応する x 軸上の点が陰関数 $g(x)$ だが，$y=b$ に対応する x は a, a' と複数存在する．また，$x=a'$ に対応する y も b, b' と複数存在する．“x と y が $1:1$ 対応である関係” を関数とするので，このような場合，陰関数は存在しない.

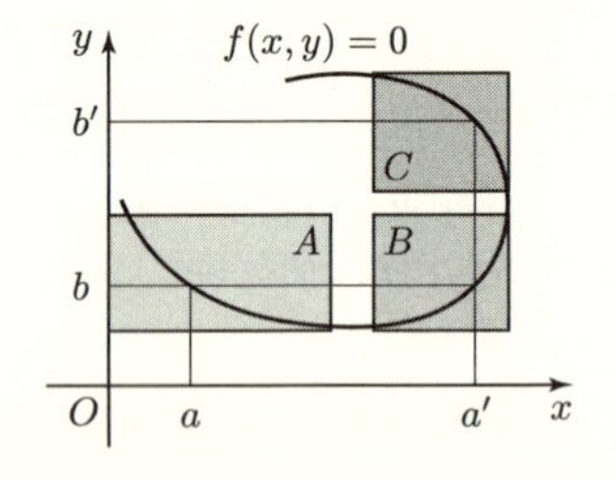

Step 2. *Step 1* への改善策を考えよう．関数 f を xy 平面全体で考えることをやめ，狭い範囲，例えば，右図の領域 A, B, C で別々に考える.

すると x と y の対応は $1:1$ になるので，“A での陰関数”，“B での陰関数”，“C での陰関数” をそれぞれ得ることができる.

この *Step 2* の考察が，**陰関数定理 13.4.1** の**原理**である.

定理の証明はこの原理に従って行うが，議論は煩雑である．詳細に興味がある人のため，第 VI 部，§C.4, 定理 C.7 として述べる.

定理 13.4.1 (**陰関数定理**). 関数 f は，領域 D で連続な x および y 導関数をもち，点 $P=(a,b)\in D$ で

$$f(P)=0,\quad f_y(P)\neq 0 \tag{13.4.1}$$

を満たしている．このとき $\delta>0$ があり，開区間 $(a-\delta, a+\delta)$ で定義された微分可能な関数 g で次を満たすものがただ一つ存在する：

$$f\bigl(x,g(x)\bigr)=0,\quad b=g(a),\quad g'(x)=-\frac{f_x\bigl(x,g(x)\bigr)}{f_y\bigl(x,g(x)\bigr)}.\quad\diamond$$

♦ 注：この g が $f(x,y)=0$ から定まる陰関数である． ◇

◇ **例題 13.4.2.** 次の関数 f に対し，$f(x,y)=0$ から定まる陰関数を求めよ：

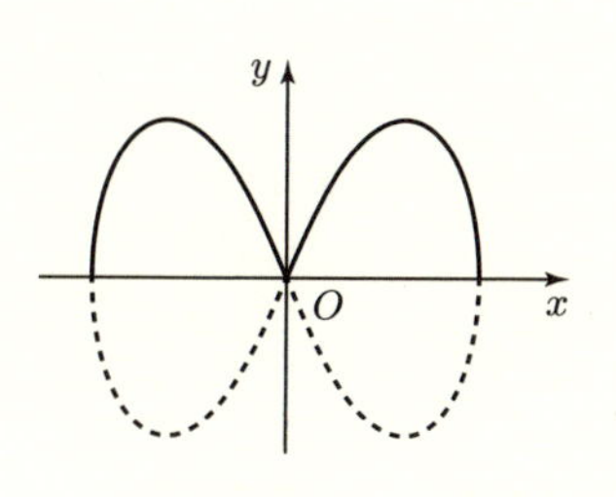

$$f(x,y)=(x^2+y^2)^2-2\,(x^2-y^2),\quad y\geq 0\quad \diamond$$

解答 $Y=y^2$ とすれば，f は Y の 2 次式で，解の公式から

$$f(x,y)=0$$
$$\Rightarrow\ y^2=Y=-(1+x^2)\pm\sqrt{1+4\,x^2}.$$

これを，さらに y について解けばよい：

$$y=g(x)=\pm\big(-(1+x^2)+\sqrt{1+4\,x^2}\,\big)^{1/2},\quad \text{陰関数は } g(x)=+(\cdots).$$

このグラフは，“ベルヌーイの連珠形”とよばれている． □

陰関数 g を具体的に求めずに，g の導関数を計算する場合もある．

◇ **例題 13.4.3.** $f(x,y)=y-x^y$, $x>0$ から定まる陰関数 $y=g(x)$ の微分を求めよ．◇

解答 注 6.5.4 から，$x=e^{\log x}$. これを適用すると，

$$f(x,y)=y-x^y=y-e^{y\,\log x}.$$

この両辺を y で偏微分する．$f(x,y)=0$ 上では

$$f_y(x,y)=1-x^y\,\log x=1-y\,\log x.$$

陰関数定理 13.4.1 から，$y\neq 1/\log x$ なら，陰関数 $y=g(x)$ が存在する．

$$0=\frac{df}{dx}(x,g(x))=g'(x)-x^{g(x)}\left(\frac{g(x)}{x}+g'(x)\,\log x\right).$$

これを $g'(x)$ に関して整理し，$g(x)=x^{g(x)}$ を利用すると

$$g'(x)=\frac{g^2(x)}{x\,\big(1-g(x)\,\log x\big)}.\quad □$$

14
経済学への応用

14.1 効用関数

最初に，経済学で使われる用語とその意味を説明する．

- **効用**：消費者が消費することで得られる満足度を意味する．さらに，標準的な経済学では，「消費者は**効用**を最大化するような消費行動をとる」としている．
- **効用関数**：消費者は以下の物品を消費する：

生産物の名称	A_1	A_2	$\cdots$	A_n
消費量	x_1	x_2	$\cdots$	x_n

  このとき，消費者の得る効用 (満足度) u は関数で表現でき，

$$u = U(x_1, x_2, \cdots, x_n)$$

  となる．この関数 U を**効用関数**[1)]という．

- **生産関数**：生産者 (企業) の行動指針となるものが**生産関数**である．労働，資本，材料など複数の生産要素に対して，企業が生産する製品の量 Y を対応させる．現実の生産要素はいくつも想定できるが，簡単のため，資本 K，労働量 L だけの関数とみなすことが多い：$Y = F(K, L)$．

◇ 例 **14.1.1.** 効用関数や生産関数の典型例として，コブ・ダグラス型関数および CES 型関数がある．

(i) コブ・ダグラス型関数

効用関数 $U(x, y) = a\,x^{\alpha}\,y^{\beta}$,　生産関数 $F(K, L) = a\,K^{\alpha}\,L^{\beta}$,

ここで $a > 0,\ \alpha > 0,\ \beta > 0$ は定数．実際は $\alpha + \beta = 1$ とすることが多い．

---

1) 「満足さが単純な関数で表されるのか」など当然の批判があるが，単純化することにより理論が構築できた．

(ii) **CES 型関数** (Constant Elasticity of Substitution)

コブ・ダグラス型では簡単すぎて，誤差が大きくなるときに用いられる．

$$\text{効用関数 } U(x,y) = \Big(a\,x^{\rho} + b\,y^{\rho}\Big)^{1/\rho},$$

$$\text{生産関数 } F(K,L) = \Big(a\,K^{\rho} + b\,L^{\rho}\Big)^{1/\rho}.$$

ここで $a, b > 0$ は定数，$0 < \rho < 1$ も定数．

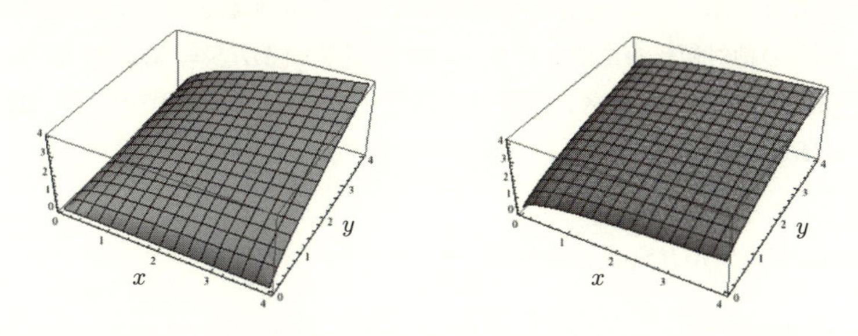

図 14.1.1 効用関数，(左) コブ・ダグラス型，(右) CES 型

♦ **注意 14.1.2.** (i) Constant elasticity of substitution は“代替の弾力性が一定”の意味である．ある消費財を他の消費財に置き換えることを**代替**（だいたい）という．その代替が簡単なことを，「代替の弾力性が高い」というが，CES 型関数では，x と y との代替は定数 a, b だけの差で，指数関係は同じである．

(ii) 一般に，コブ・ダグラス型より CES 型のほうが取り扱いが難しい． ◇

14.2 限界代替率

2 種類の生産物の消費量 x, y を変数とする効用関数 $u = U(x,y)$ を考える．

- **等高線：** 定数 γ に対し，$\gamma = U(x,y)$ を満たす (x,y) を「等高線」という．
- **無差別曲線：** 効用関数 $u = U(x,y)$ の等高線は「無差別曲線」ともよばれる．同じ等高線上の消費 (x,y) なら，どれも同じ満足度を消費者に与える．消費者にとって優劣がない (“満足度”の視点からは区別がない) 消費だから，このようによぶ．
- **限界効用：** 効用関数の偏微分 U_x, U_y を「限界効用」という．“ある消費財の量が微小に増加したとき，消費者の効用がその何倍増加するか”を

表す．例えば，x が Δx だけ増加すると，平均値の定理 9.1.2 より

$$\frac{U(x+\Delta x, y) - U(x,y)}{\Delta x} = U_x(c,y), \quad x < c < x + \Delta x.$$

ここで，Δx が小さいとき，$c \simeq x$ となり，

$$\frac{U(x+\Delta x, y) - U(x,y)}{\Delta x} \simeq U_x(x,y).$$

- **限界代替率：** 消費者が消費する生産物を選択するとき，“無差別曲線の傾きの絶対値” が重要となり，「限界代替率」(MRS = Marginal Rate of Substitution) とよぶ．消費財の組合せ $(x,y) = (a,b)$ での限界代替率を $MRS(a,b)$ と表記する．

命題 14.2.1. $\quad MRS(a,b) = \dfrac{U_x(a,b)}{U_y(a,b)}.$ ◇

証明 効用関数 $U(x,y)$ の点 (a,b) での全微分 ((13.3.2) と注 13.3.3 を参照) を考える：

$$du = U_x(a,b)\ dx + U_y(a,b)\ dy.$$

いま，(x,y) は U の無差別曲線 (=等高線) 上で微小に変化したので，$du = 0$. よって

$$MRS(a,b) = \left|\frac{dy}{dx}\right| = \frac{U_x(a,b)}{U_y(a,b)}.$$

最後の等式は，“効用関数 U は x および y に関して増加関数” であることを使い，絶対値記号を外した． □

◇ **例題 14.2.2.** コブ・ダグラス型の効用関数 $U(x,y) = x^{1/3}y^{2/3}$ を考える．

(i) 次を証明せよ．$\gamma = U(x,y)$ のとき，$y = \left(\dfrac{\gamma}{x^{1/3}}\right)^{3/2}$.

(ii) 消費量 (a,b) での，限界代替率 $MRS(a,b)$ を求めよ．

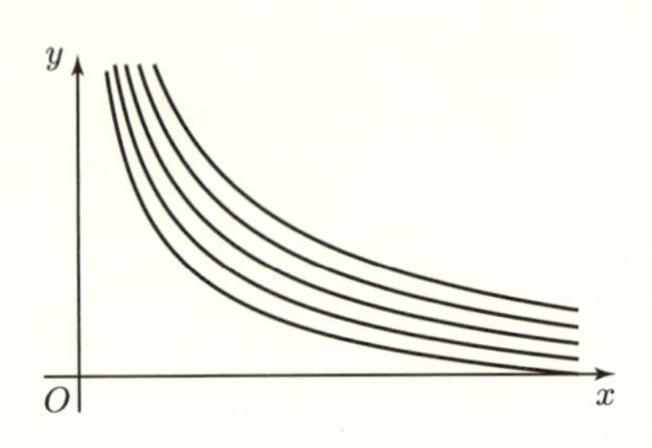

解答 (i) $\gamma = U(x,y) = x^{1/3}y^{2/3}$ を y について解くと，$y = \left(\dfrac{\gamma}{x^{1/3}}\right)^{3/2}$ (右図の，下から $\gamma = 0.1, \cdots, 0.5$ としたときの 無差別曲線 = 等高線).

(ii)

$$U_x(a,b) = \frac{\partial U}{\partial x}(a,b) = \frac{b^{2/3}}{3a^{2/3}}, \qquad U_y(a,b) = \frac{\partial U}{\partial y}(a,b) = \frac{2a^{1/3}}{3b^{1/3}}.$$

すると命題 14.2.1 より

$$MRS(a,b) = \left|\frac{dy}{dx}\right| = \frac{U_x(a,b)}{U_y(a,b)} = \frac{b}{2a}. \quad \square$$

$\underline{MRS(a,b)}$ **の意味**. この例題 14.2.2 で，消費量 $(0.1, 0.1)$ を選択している消費者を考える．このとき，

$$x \text{ の限界効用} = \frac{\partial U}{\partial x}(0.1, 0.1) = \frac{1}{3},$$
$$y \text{ の限界効用} = \frac{\partial U}{\partial y}(0.1, 0.1) = \frac{2}{3}.$$

つまり，消費量の増加が同じ微小量 $\Delta x = \Delta y$ であるとき，生産物 y を選んだほうが満足度が 2 倍になる．一方，消費量 $(0.1, 0.1)$ での限界代替率は

$$MRS(0.1, 0.1) = \frac{U_x(0.1, 0.1)}{U_y(0.1, 0.1)} = \frac{1/3}{2/3} = \frac{1}{2}$$

となり，生産物 x の効用は生産物 y の 1/2 であることを示している． ◇

限界代替率

♦ **解説**：無差別曲線の傾きは，“財 x に対する消費者による満足度” と “財 y に対する消費者による満足度” の比で，その比の絶対値が MRS である．

♦ **注意 14.2.3.** いままでの “消費者の効用関数 $U(x,y)$” と同様の用語が，生産関数 $F(K,L)$ に対しても使われる．

- 等産出曲線 ($= F(K,L)$ の等高線),
- 技術的限界代替率 $MRS(K,L) = \dfrac{F_K(K,L)}{F_L(K,L)}$. ◇

15
座標変換

極座標系，斜交座標系など，特定の関数の表示に大変都合のよい座標系がある．そうした座標系での計算結果を，標準の**直交座標系**[1]にいい換えるためのツールが，座標変換である．

15.1　座標変換の公式

変数 x, y が，それぞれ別の変数 u, v の関数

$$x = X(u,v), \qquad y = Y(u,v) \tag{15.1.1}$$

と表されているとき，**座標変換**という．このとき (x,y) の関数 $f(x,y)$ は

$$g(x,y) = f\bigl(X(u,v), Y(u,v)\bigr) \tag{15.1.2}$$

と (u,v) の関数となる．f と g の偏微分のあいだにある関係式を求める．

命題 15.1.1 (偏微分の座標変換)**.** (15.1.1) によって，$(x,y) \to (u,v)$ という座標変換を行う．変数 (u,v) の関数 X, Y と変数 (x,y) の関数 f がそれぞれ全微分可能なとき，合成関数

$$z = g(x,y) = f(X(u,v), Y(u,v))$$

の偏微分について，次が成立する (右辺の x, y には (15.1.1) を代入する)．

$$\begin{aligned} g_u(u,v) &= \frac{\partial z}{\partial u} = f_x(x,y)\,X_u(u,v) + f_y(x,y)\,Y_u(u,v), \\ g_v(u,v) &= \frac{\partial z}{\partial v} = f_x(x,y)\,X_v(u,v) + f_y(x,y)\,Y_v(u,v). \quad \diamond \end{aligned} \tag{15.1.3}$$

1)　直交する x 軸と y 軸を基準とする通常の座標系のこと．**デカルト座標系**ともよばれる．

♦ **展望 15.1.2** (線形代数の利用). (i) 2×2 行列

$$\frac{\partial(x,y)}{\partial(u,v)} \equiv \begin{pmatrix} X_u(u,v) & Y_u(u,v) \\ X_v(u,v) & Y_v(u,v) \end{pmatrix} \tag{15.1.4}$$

を考える．すると，(15.1.3) は "2×2 行列"×"2 次元ベクトル" の記法を使って，次で表すことができる：

$$\begin{pmatrix} g_u(u,v) \\ g_v(u,v) \end{pmatrix} = \frac{\partial(x,y)}{\partial(u,v)} \begin{pmatrix} f_x(x,y) \\ f_y(x,y) \end{pmatrix}.$$

(ii) (15.1.4) の行列を**ヤコビ行列**という[2]．なお，3 変数でのヤコビ行列は，次で定義される：変数 $\boldsymbol{u} = (u_1, u_2, u_3)$ から変数 $\boldsymbol{x} = (x_1, x_2, x_3)$ への座標変換の式が

$$x_j = X^{(j)}(\boldsymbol{u}), \quad j = 1, 2, 3$$

であるとき，

$$\frac{\partial(x_1,x_2,x_3)}{\partial(u_1,u_2,u_3)} = \begin{pmatrix} J_{11}(\boldsymbol{u}) & J_{12}(\boldsymbol{u}) & J_{13}(\boldsymbol{u}) \\ J_{21}(\boldsymbol{u}) & J_{22}(\boldsymbol{u}) & J_{23}(\boldsymbol{u}) \\ J_{31}(\boldsymbol{u}) & J_{32}(\boldsymbol{u}) & J_{33}(\boldsymbol{u}) \end{pmatrix}, \qquad J_{jk}(\boldsymbol{u}) = \frac{\partial X^{(j)}}{\partial u_k}(\boldsymbol{u}), \quad 1 \le j, k \le 3. \quad \diamond$$

命題 15.1.1 の証明　解説 13.1.4 (増分) の考え方を適用する．

<u>*Step 1.*</u> 関数 X, Y は全微分可能だから，

$$\Delta x = X(u + \Delta u, v + \Delta v) - X(u,v) = X_u(u,v)\,\Delta u + X_v(u,v)\,\Delta v + R_X,$$

$$\Delta y = Y(u + \Delta u, v + \Delta v) - Y(u,v) = Y_u(u,v)\,\Delta u + Y_v(u,v)\,\Delta v + R_Y.$$

ここで

$$\lim_{(\Delta u,\Delta v)\to(0,0)} \frac{R_X}{\sqrt{(\Delta u)^2 + (\Delta v)^2}} = 0, \qquad \lim_{(\Delta u,\Delta v)\to(0,0)} \frac{R_Y}{\sqrt{(\Delta u)^2 + (\Delta v)^2}} = 0.$$

<u>*Step 2.*</u> 一方，f も全微分可能だから，

$$\Delta z = f(x + \Delta x, y + \Delta y) - f(x,y) = f_x(x,y)\,\Delta x + f_y(x,y)\,\Delta y + R_f,$$

$$\lim_{(\Delta x,\Delta y)\to(0,0)} \frac{R_f}{\sqrt{(\Delta x)^2 + (\Delta y)^2}} = 0.$$

ここで，後の計算上の都合 (0/0 を避けるため) から

$$Q_f \equiv \begin{cases} R_f/\sqrt{(\Delta x)^2 + (\Delta y)^2}, & |\Delta x| + |\Delta y| \neq 0, \\ 0, & |\Delta x| + |\Delta y| = 0 \end{cases}$$

2)　ヤコビ行列の行列式は**ヤコビ行列式** (**ヤコビアン**) とよばれ，多変数関数の積分での変数変換 (定理 21.4.4) でも重要な役割を果たしている．

と，R_f の代わりとなる新しい関数を導入する．すると

$$\lim_{(\Delta x,\Delta y)\to(0,0)} Q_f = 0.$$

さて，Δz の右辺の Δx, Δy に *Step 1* での計算結果を代入すると，

$$\begin{aligned}\Delta z &= \Big\{ f_x(x,y)\{ X_u(u,v)\,\Delta u + X_v(u,v)\,\Delta v + R_X \} \\ &\qquad + f_y(x,y)\{Y_u(u,v+\Delta v)\,\Delta u + Y_v(u,v)\,\Delta v + R_Y\}\Big\} + R_f \\ &= \Big\{ \cdots \Big\} + Q_f\sqrt{(\Delta x)^2+(\Delta y)^2}.\end{aligned}$$

Step 3. $\dfrac{\partial f}{\partial u}$ は，“$\Delta v = 0$ として，$\displaystyle\lim_{\Delta u\to 0}\frac{\Delta z}{\Delta u}$ を計算したもの” だから，$\Delta v = 0$ とした *Step 1* から

$$\left|\frac{\Delta x}{\Delta u}\right| = \left| X_u(u,v) + \frac{R_X}{\Delta u}\right|, \qquad \left|\frac{\Delta y}{\Delta u}\right| = \left|Y_u(u,v) + \frac{R_Y}{\Delta u}\right|$$

となり，これらは有界である．また，$\Delta v = 0$ とした *Step 2* から，

$$\begin{aligned}\frac{\Delta z}{\Delta u} &= \Big(f_x(x,y)\,X_u(u,v) + f_y(x,y)\,Y_u(u,v)\Big) \\ &\qquad + f_x(x,y)\frac{R_X}{\Delta u} + f_y(x,y)\frac{R_Y}{\Delta u} + Q_f\frac{\sqrt{(\Delta x)^2+(\Delta y)^2}}{\Delta u} \\ &= \Big(\quad \cdots \quad \Big) + f_x(x,y)\frac{R_X}{\Delta u} + f_y(x,y)\frac{R_Y}{\Delta u} \\ &\qquad \pm Q_f\sqrt{\Big(X_u(u,v) + \frac{R_X}{\Delta u}\Big)^2 + \Big(Y_u(u,v) + \frac{R_Y}{\Delta u}\Big)^2}.\end{aligned}$$

(最後の複号は，$\Delta u > 0$ なら $+$，$\Delta u < 0$ なら $-$ である．)

$\Delta v = 0$ だから，$\Delta u \to 0$ のとき $|\Delta x| + |\Delta y| \to 0$ となることも考慮すると，

$$\frac{R_X}{\Delta u},\quad \frac{R_Y}{\Delta u},\quad Q_f$$

はいずれも 0 に収束する．結局，$\Big(\quad \cdots \quad \Big)$ だけが残り，

$$g_u(u,v) = \frac{\partial f}{\partial u} = f_x(x,y)\,X_u(u,v) + f_y(x,y)\,Y_u(u,v).$$

さらに $\dfrac{\partial f}{\partial v}$ は，“$\Delta u = 0$ として，$\displaystyle\lim_{\Delta v\to 0}\frac{\Delta z}{\Delta v}$ を計算したもの” だから，同じ議論により

$$g_v(u,v) = \frac{\partial f}{\partial v} = f_x(x,y)\,X_v(u,v) + f_y(x,y)\,Y_v(u,v)$$

となり，命題が示された． □

◇ **例題 15.1.3.** (x, y) から斜交座標 (u, v) への座標変換は

$$\text{斜交座標系}\quad x = u + v, \qquad y = u - v \tag{15.1.5}$$

である．この変数変換のヤコビ行列を求めよ．

解答　(15.1.5) より $\dfrac{\partial x}{\partial u} = 1,\quad \dfrac{\partial y}{\partial u} = 1,\quad \dfrac{\partial x}{\partial v} = 1,\quad \dfrac{\partial y}{\partial v} = -1$ だから，

$$\frac{\partial(x, y)}{\partial(u, v)} = \begin{pmatrix} 1 & 1 \\ 1 & -1 \end{pmatrix}. \quad \square$$

15.2 極 座 標 系

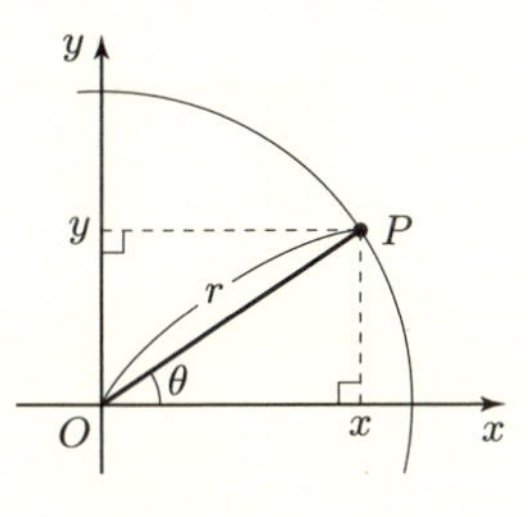

xy 平面上の点 $P = (x, y)$ に対し，

原点 O から P までの距離を $r > 0$,

直線 $\overline{OP}$ と x 軸とのなす角 (反時計回りにラジアンで計る) を θ,

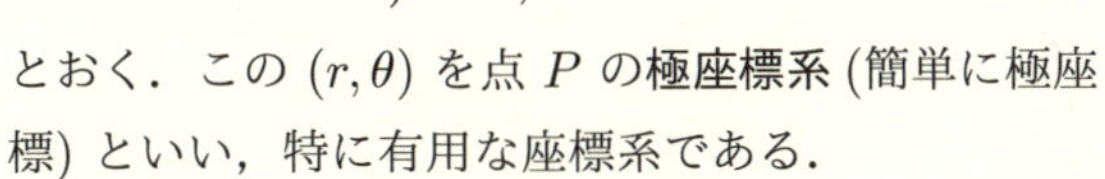

とおく．この (r, θ) を点 P の**極座標系** (簡単に極座標) といい，特に有用な座標系である．

極座標系 (r, θ) と通常の直交座標系 (x, y) の関係は，上図からすぐわかるように

$$x = r\cos\theta, \qquad y = r\sin\theta, \tag{15.2.1}$$

もしくは，

$$r = \sqrt{x^2 + y^2}, \qquad \tan\theta = \frac{y}{x}$$

である．

♦ **注 15.2.1.** 原点 $(0, 0)$ の極座標は "$r = 0$, θ は不定" である．　◇

いくつかの図形は，極座標系で簡明に表示できる．

◇ **例題 15.2.2.** 極座標系 (r, θ) で表示された次の関数の概形を描け．

(i)　$r = 1$,　(ii)　$r^2(1 + \sin^2\theta) = 1$,　(iii)　$r = 1 + \cos\theta$,

(iv)　$r = 1 + 2\cos\theta$,　(v)　$r = \theta$.　◇

解答　(i), (ii) は次の図 15.2.1.

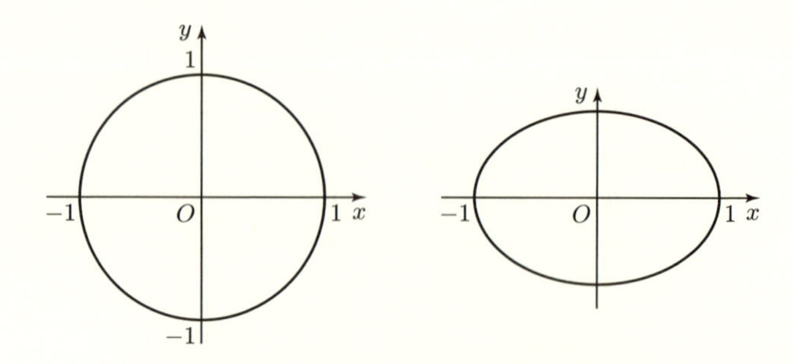

図 15.2.1 左より，(i) 円，(ii) 楕円

(iii) $2\pi/3 < \theta < 4\pi/3$ のとき $r = 1 + 2\cos\theta < 0$ となり，“極座標では $r \geq 0$” の規約に反する．そこで，次の約束を導入する：

$$\text{約束：}\quad r > 0 \text{ に対し，} (-r, \theta) \equiv (r, \theta + \pi).$$

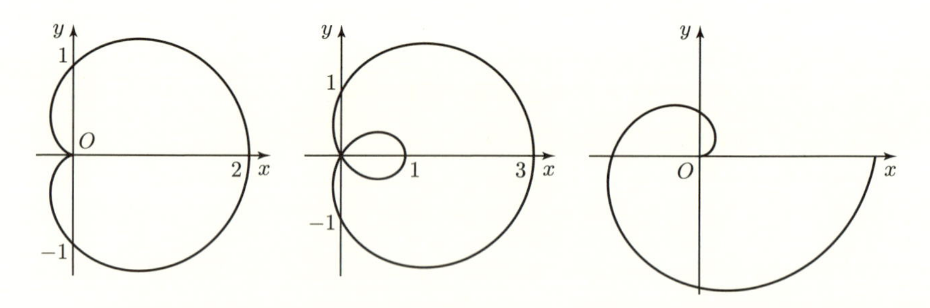

図 15.2.2 左より，(iii) カーディオイド (心臓形)，(iv) カーディオイド，(v) 螺旋

◇ **例題 15.2.3.** 直交座標 (x, y) から極座標 (r, θ) の座標変換は (15.2.1) である．この変換のヤコビ行列を求めよ．

解答 まず

$$\frac{\partial x}{\partial r} = \cos\theta, \quad \frac{\partial y}{\partial r} = \sin\theta, \quad \frac{\partial x}{\partial \theta} = -r\sin\theta, \quad \frac{\partial y}{\partial \theta} = r\cos\theta$$

だから，(15.1.4) より

$$\frac{\partial(x, y)}{\partial(r, \theta)} = \begin{pmatrix} \cos\theta & \sin\theta \\ -r\sin\theta & r\cos\theta \end{pmatrix}. \quad \square$$

16
極　　値

16.1　極大と極小

1 変数関数の極値を §9.2 で述べたが，本章では 2 変数関数の極値を扱う．

定義 16.1.1 (極値と極値点)．$f(x,y)$ を 2 変数関数とする．

(i) 点 $P=(a,b)$ が f の**極大点**とは，ある開球[1] $B_\varepsilon(P)$ があり，

$$\text{すべての } Q \in B_\varepsilon(P) \text{ に対して} \quad f(P) \geq f(Q)$$

となることであり，$f(P)$ を**極大値**という．

(ii) 点 $P=(a,b)$ が f の**極小点**とは，ある開球 $B_\varepsilon(P)$ があり，

$$\text{すべての } Q \in B_\varepsilon(P) \text{ に対して} \quad f(P) \leq f(Q)$$

となることであり，$f(P)$ を**極小値**という．

(iii) 極大点と極小点をあわせて**極値点**という．また極大値と極小値をあわせて**極値**という．なお，極値は最大値や最小値とは必ずしも一致しない．　◇

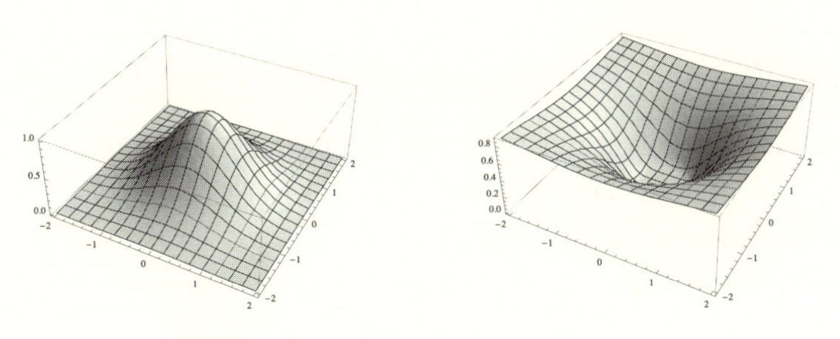

図 16.1.1　2 変数関数の極大 (左) と極小 (右)

---

1)　$B_\varepsilon(P)=\{S\in\mathbb{R}^2 : \rho(P,S)<\varepsilon\}$．(12.1.2) 参照のこと．

応用上は，極値と極値点を調べることが重要だから，“どうやって極値点をみつけるのか”を考える．

<u>*Step 1.*</u> <u>1 変数関数なら</u>：f の微分 $f'(x)$ は接線の傾きで，“極大点や極小点 P では $f'(P) = 0$”，つまり，接線 $f'(P)$ は x 軸と平行になる．

<u>*Step 2.*</u> 2 変数関数 $f(x, y)$ の場合も，これと同様に考える．すなわち，$z = f(x, y)$ の値が極大や極小となる点 P での接平面は xy 平面に平行になる．つまり，

$$f_x(P) = 0, \quad f_y(P) = 0. \tag{16.1.1}$$

◇ **例題 16.1.2.** $f(x, y) = e^{-(x^2+(x+y)^2+x)}$ の極値点を求めよ．

解答 右図より極大点が存在する．(16.1.1) に従って，

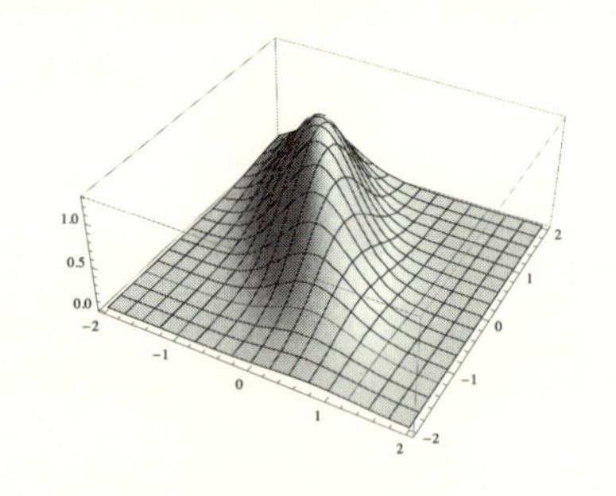

$$0 = f_x(x, y)$$
$$= e^{-(x^2+(x+y)^2+x)}(-1 - 2x - 2(x + y)).$$

これより $x = -(1 + 2y)/4$. また，

$$0 = f_y(x, y)$$
$$= -2\,e^{-(x^2+(x+y)^2+x)}(x + y).$$

これから $y = -x$. この連立方程式を解き，$P = \left(-\dfrac{1}{2}, \dfrac{1}{2}\right)$ が極大点である．

□

後ほど，より詳しい定理 16.3.1 を導入するが，以上をまとめる：

♦ **注 16.1.3.** 領域 D で定義された関数 $f(x, y)$ は連続な偏導関数をもつ．

(i) 点 $P = (a, b) \in D$ が f の極値点なら (16.1.1) を満たす．

(ii) 逆に，点 $P = (a, b)$ が (16.1.1) を満たしている[2)]とき，P は f の極値点となる可能性があるが，必ずしも極値点とは限らない． ◇

---

2) 条件 (16.1.1) を満たす点 P を，“f の臨界点”という．

16.2　2 変数関数のテイラー展開

2 変数関数の極値点候補をみつける方法は，注 16.1.3 として与えた．だが，その極値点は極大点/極小点のどちらだろうか?

1 変数関数 f の場合は，その 2 階微分 f'' の極値点での正負を調べることで，極大と極小の判定ができた (命題 10.2.1)．そして，この命題が成立する原理は，f のテイラー展開 (10.2.1) にあった．

そこで，“2 変数関数のテイラー展開” を用意する．

定理 16.2.1 (テイラー)**.** 2 変数関数 f は $n+1$ 階までの連続な偏導関数をもつとする．このとき，

$$
\begin{aligned}
f(x+h, y+k) = f(x,y) &+ \Big(h f_x(x,y) + k f_y(x,y)\Big) \\
&+ \frac{1}{2!}\Big(h^2 f_{xx}(x,y) + 2h\,k\,f_{xy}(x,y) + k^2 f_{yy}(x,y)\Big) \\
&+ \cdots + \frac{1}{n!}\left(h\frac{\partial}{\partial x} + k\frac{\partial}{\partial y}\right)^n f(a,b) + R_{n+1}.
\end{aligned}
$$

ここで 2 項係数 (注 2.1.2) ${}_k\mathrm{C}_\ell$ に対し，

$$
\left(h\frac{\partial}{\partial x} + k\frac{\partial}{\partial y}\right)^n f(x,y) = \sum_{\ell=0}^{n} {}_k\mathrm{C}_\ell\ h^{n-\ell}\,k^\ell \frac{\partial^n f}{\partial x^{n-\ell}\,\partial y^\ell}(x,y). \tag{16.2.1}
$$

また R_{n+1} は**剰余項**とよばれ，

$$
R_{n+1} \equiv \frac{1}{(n+1)!}\left(h\frac{\partial}{\partial x} + k\frac{\partial}{\partial y}\right)^{n+1} f(x+\theta h, y+\theta k), \quad 0<\theta<1. \quad \diamond
$$

証明　*Step 1.*　t の 1 変数関数 $F(t) \equiv f(x+h\,t, y+k\,t)$ を考える．これは $n+1$ 階の連続な導関数をもつので，1 変数関数に対する “テイラーの定理 10.1.2” が適用でき，

$$
\begin{aligned}
F(t) &= F(0) + F'(0)\,t + F''(0)\,\frac{t^2}{2} \\
&\quad + \cdots + F^{(n)}(0)\,\frac{t^n}{n!} + F^{(n+1)}(\theta\,t)\,\frac{t^{n+1}}{(n+1)!}, \quad 0<\theta<1.
\end{aligned} \tag{16.2.2}
$$

まず，右辺の 1 階微分の項を計算する．$F(t) = f(x+h\,t, y+k\,t)$ だから，合成関数の偏微分公式 (命題 13.1.9) から

$$
\begin{aligned}
F'(t) &= \frac{\partial f}{\partial x}(x+h\,t, y+k\,t)\,h + \frac{\partial f}{\partial y}(x+h\,t, y+k\,t)\,k \\
&= \left(h\frac{\partial}{\partial x} + k\frac{\partial}{\partial y}\right) f(x+h\,t, y+k\,t).
\end{aligned}
$$

Step 2. 自然数 n に対し

$$F^{(n)}(t) = \left(h\frac{\partial}{\partial x} + k\frac{\partial}{\partial y}\right)^n f(x+ht, y+kt) \tag{16.2.3}$$

となることを，数学的帰納法で示す．ただし (16.2.3) の右辺は (16.2.1) を意味する．$n=1$ のときは *Step 1* ですでに示した．

$n=j$ に対し，(16.2.3) が成立すると仮定し，

$$\begin{aligned}
F^{(j+1)}(t) &= \frac{d}{dt}F^{(j)}(t) = \frac{d}{dt}\left\{\left(h\frac{\partial}{\partial x} + k\frac{\partial}{\partial y}\right)^j f(x+ht, y+kt)\right\} \\
&= \frac{d}{dt}\left\{\sum_{\ell=0}^{j} {}_j\mathrm{C}_\ell\, h^{j-\ell}k^\ell \frac{\partial^j f}{\partial x^{j-\ell}\,\partial y^\ell}(x+ht, y+kt)\right\} \\
&= \sum_{\ell=0}^{j} {}_j\mathrm{C}_\ell\, h^{j-\ell}k^\ell \frac{\partial^j}{\partial x^{j-\ell}\,\partial y^\ell}\frac{d}{dt} f(x+ht, y+kt) \\
&= \sum_{\ell=0}^{j} {}_j\mathrm{C}_\ell\, h^{j-\ell}k^\ell \frac{\partial^j}{\partial x^{j-\ell}\,\partial y^\ell}\left\{f_x(x+ht, y+kt)\,h + f_y(x+ht, y+kt)\,k\right\} \\
&= h^{j+1}\frac{\partial^{j+1} f}{\partial x^{j+1}} + \left({}_j\mathrm{C}_0 + {}_j\mathrm{C}_1\right)h^j k\,\frac{\partial^{j+1} f}{\partial x^j\,\partial y} \\
&\qquad + \cdots + \left({}_j\mathrm{C}_{j-1} + {}_j\mathrm{C}_j\right)hk^j\,\frac{\partial^{j+1} f}{\partial x\,\partial y^j} + k^{j+1}\frac{\partial^{j+1} f}{\partial y^{j+1}}.
\end{aligned}$$

ここで，(2.1.5) を使うと，最後の項は "$n=j+1$ とした (16.2.3) の右辺" になる．数学的帰納法が完成し，(16.2.3) が示された．そこで "$t=0$ もしくは $t=\theta t$ とした (16.2.3)" を適宜，(16.2.2) に代入すればよい． □

16.3 2 変数関数の極値点判定

2 階までの連続な偏導関数をもつ 2 変数関数 f が，ある点 $P=(a,b)$ で

$$f_x(a,b)=0, \quad f_y(a,b)=0 \tag{16.3.1}$$

を満たしている (臨界点)．このとき，P は極値点の候補だが，"P は本当に極値点か"，あるいは "極大点，極小点のどちらか" を次で判定する．

定理 16.3.1 (極大/極小の判定)．f は連続な 2 階偏導関数をもち，点 $P=(a,b)$ は (16.3.1) を満たす (臨界点) とする．

$$\mathrm{Det}\, H(x,y) \equiv f_{xx}(x,y)\ f_{yy}(x,y) - \Big(f_{xy}(x,y)\Big)^2 \tag{16.3.2}$$

と定めると，次の判定条件が成立する：

(i)　$\mathrm{Det}\, H(a,b) > 0,\ f_{xx}(a,b) > 0 \quad \Rightarrow \quad$ 点 P は f の極小点.

(ii)　$\mathrm{Det}\, H(a,b) > 0,\ f_{xx}(a,b) < 0 \quad \Rightarrow \quad$ 点 P は f の極大点.

(iii)　$\mathrm{Det}\, H(a,b) < 0 \quad \Rightarrow \quad$ 点 P は f の極値点ではない[3].

(iv)　$\mathrm{Det}\, H(a,b) = 0 \quad \Rightarrow \quad$ これだけでは P が極値点かどうか判定できない.

なお，(i) と (ii) では，$f_{xx}(a,b)$ を $f_{yy}(a,b)$ で代用してもよい．　◇

♦ **展望 16.3.2.** $\mathrm{Det}\, H(x,y)$ (16.3.2) は，行列 $H(x,y)$ (**ヘッセ行列**という) から定まる行列式で，**ヘッセ行列式 (ヘッシアン)** とよばれる．一般の n 変数でのヘッセ行列 H は，次で定義される．$\boldsymbol{x} = (x_1, x_2, \cdots, x_n) \in \mathbb{R}^n$ に対し，

$$H(\boldsymbol{x}) = \begin{pmatrix} f_{11}(\boldsymbol{x}) & f_{12}(\boldsymbol{x}) & \cdots & f_{1n}(\boldsymbol{x}) \\ f_{21}(\boldsymbol{x}) & f_{22}(\boldsymbol{x}) & \cdots & f_{2n}(\boldsymbol{x}) \\ \vdots & \vdots & \vdots & \vdots \\ f_{n1}(\boldsymbol{x}) & f_{n2}(\boldsymbol{x}) & \cdots & f_{nn}(\boldsymbol{x}) \end{pmatrix}, \quad \begin{array}{c} f_{jk}(\boldsymbol{x}) = \dfrac{\partial^2 f}{\partial x_j\, \partial x_k}(\boldsymbol{x}), \\ 1 \le j, k \le n. \end{array}$$

また，n 変数の場合，臨界点 $\boldsymbol{a} = (a_1, a_2, \cdots, a_n)$ の判定については，

- (i) は，“$H(\boldsymbol{a})$ の固有値がすべて非負” (このとき，**正定行列**という),
- (ii) は，“$H(\boldsymbol{a})$ の固有値がすべて非正” (このとき，**負定行列**という),

といい換えて成立する．　◇

定理の証明に先だち，補題を用意する．

補題 16.3.3.　定数 A, B, C を係数とする 2 次式

$$g(s,t) \equiv As^2 + 2B\,s\,t + C\,t^2, \quad (s,t) \in \mathbb{R}^2$$

の挙動は，次のように分類できる：

(i)　$A > 0,\ AC - B^2 > 0 \ \Rightarrow$ すべての $(s,t) \neq (0,0)$ で $g(s,t) > 0$.

(ii)　$A < 0,\ AC - B^2 > 0 \ \Rightarrow$ すべての $(s,t) \neq (0,0)$ で $g(s,t) < 0$.

(iii)　$AC - B^2 < 0 \ \Rightarrow \ g(s,t)$ は正負両方の値をとる．　◇

証明　<u>*Step 1.*</u>　$A \neq 0$ とする．

$$g(s,t) = A\,s^2 + 2\,B\,s\,t + C\,t^2 = A\left(s + \frac{B}{A}\,t\right)^2 + \frac{AC - B^2}{A}\,t^2.$$

これより (i), (ii) は明らか．

<u>*Step 2.*</u>　(iii) を示す．$AC - B^2 < 0$ だから，$A > 0$ なら，

---

3)　(iii) を満たす臨界点 P を “f の鞍(あん)点” という．P を中心とする任意の開球が，$f(Q_1) < f(P) < f(Q_2)$ となる 2 点 Q_1, Q_2 を含む．例題 16.3.4 (iii) を参照のこと．

$$g(1,0)=A>0,\quad g\left(-\frac{B}{A},1\right)=\frac{AC-B^2}{A}<0$$

と正負の値をとる．一方，$A<0$ なら，

$$g(1,0)=A<0,\quad g\left(-\frac{B}{A},1\right)=\frac{AC-B^2}{A}>0$$

と，やはり正負の値をとる．

$A=0$ のとき，$AC-B^2<0$ だから，$B\neq 0$. もし $C\neq 0$ なら

$$g(0,C)=C^2>0,\quad g\left(-\frac{C^2}{B},C\right)=-2C^2+C^2=-C^2<0.$$

最後に，もし $A=0=C$ なら，$g(1,1)=2B$, $g(-1,1)=-2B$ となり，g は正負両方の値をとる． □

定理 16.3.1 の証明 2 変数関数の“テイラーの定理 16.2.1”を使うと，

$$f(a+h,b+k)-f(a,b)=\left\{h\,f_x(a,b)+k\,f_y(a,b)\right\}$$
$$+\frac{1}{2!}\left\{h^2f_{xx}(a,b)+2hk\,f_{xy}(a,b)+k^2f_{yy}(a,b)\right\}+R_3 \qquad (16.3.3)$$

の等式が，任意の h,k に対して成立している．ここで

$$\lim_{|h|+|k|\to 0}\frac{R_3}{|h|^2+|k|^2}=0. \qquad (16.3.4)$$

Step 1. (i) を示す．点 $P=(a,b)$ を極小点とすると，(16.3.1) を満たしている．さらに，(16.3.3) から，

$$0\leq f(a+h,b+k)-f(a,b)$$
$$=\frac{1}{2!}\left\{h^2f_{xx}(a,b)+2hk\,f_{xy}(a,b)+k^2f_{yy}(a,b)\right\}+R_3$$

となる．(16.3.4) を考慮すると，これが任意の微小な (R_3 を無視できるほど小さい) h, k に対して成立するためには，

$$0<\frac{1}{2!}\left\{A\,h^2+2B\,h\,k+C^2\,k^2\right\}, \qquad (16.3.5)$$

ただし，$A=f_{xx}(a,b)$,　$B=f_{xy}(a,b)$,　$C=f_{yy}(a,b)$

が“任意の微小な $h\neq 0$, $k\neq 0$ に対して，成立”すればよい．

(16.3.5) が成立するための十分条件は，補題 16.3.3 より，“$A>0$, $AC-B^2>0$”だから，それを書き直した

$$f_{xx}(a,b)>0,\qquad \mathrm{Det}\,H(a,b)\equiv f_{xx}(a,b)\cdot f_{yy}(a,b)-\left(f_{xy}(a,b)\right)^2>0$$

と (16.3.1) が，“$P=(a,b)$ が極小点” となるための十分条件となり (i) が示された．

<u>*Step 2.*</u> (ii) を示す．$P=(a,b)$ が f の極大点なら，P は $-f$ の極小点である．よって “(i) の f を $-f$ と書き直した” (ii) が，極大点となるための十分条件である．

<u>*Step 3.*</u> (iii) を示す．(16.3.3) と (16.3.4) より

$$A=f_{xx}(a,b),\quad B=f_{xy}(a,b),\quad C=f_{yy}(a,b)$$

とおくと，微小な h, k に対しては，g の正負と $f(a+h,b+k)-f(a,b)$ の正負は同期する．

ところが補題 16.3.3 (iii) より，$\operatorname{Det} H(a,b)<0$ のとき，h, k の値により g は正および負になるので，P は極値点ではない．

<u>*Step 4.*</u> (iv) を示す．2 変数関数の “テイラーの定理 16.2.1” を使う．

Case 1. $f_{xx}(a,b)\neq 0$ のとき： (16.3.1) と $\operatorname{Det} H(a,b)=0$ を考慮して

$$\begin{aligned}f(a+h,b+k)-f(a,b)&=\left\{hf_x(a,b)+kf_y(a,b)\right\}\\&\quad+\frac{1}{2!}\left\{h^2f_{xx}(a,b)+2hk\,f_{xy}(a,b)+k^2f_{yy}(a,b)\right\}+R_3\\&=\frac{f_{xx}(a,b)}{2}k^2\left\{\frac{h}{k}+\frac{f_{xy}(a,b)}{f_{xx}(a,b)}\right\}^2+R_3.\end{aligned}$$

ここで，$h/k=-f_{xy}(a,b)/f_{xx}(a,b)$ とすると，$f(a+h,b+k)-f(a,b)=R_3$ となり，R_3 の正負が不明な状態では，$P=(a,b)$ が極値点かどうか判定できない．

Case 2. $f_{xx}(a,b)=0$ のとき： $\operatorname{Det} H(a,b)=0$ だから $f_{xy}(a,b)=0$ となり，

$$f(a+h,b+k)-f(a,b)=\frac{k^2}{2}f_{yy}(a,b)+R_3.$$

ここで $k=0$ とすると，R_3 の正負が不明な状態では，$P=(a,b)$ が極値点かどうか判定できない．よって (iv) が示された．　□

◇ **例題 16.3.4.** 次の関数の極値点を求め，極大と極小の判定を行え．

(i) $f(x,y)=x^3-3x^2+y^2$,　　(ii) $f(x,y)=(x+y)^2+x^4+y^4$,

(iii) $f(x,y)=x^2-y^4+2xy$.　◇

解答 (i) *Step 1.* 連立方程式

$$0 = f_x(x,y) = 3x^2 - 6x = 0, \quad 0 = f_y(x,y) = 2y = 0$$

を解き，$P = (0,0)$ と $P = (2,0)$ が極値点の候補となる．

Step 2. $f_{xx}(x,y) = 6x - 6$, $\mathrm{Det}\, H(x,y) = 12\,(x-1)$. すると

P の座標	$f_{xx}(a,b)$	$\mathrm{Det}\, H(a,b)$
$(0,0)$	-6	-12
$(2,0)$	6	12

これより $P = (0,0)$ は極値点ではなく (鞍点)，$P = (2,0)$ が極小点となる．

(ii) *Step 1.* 偏微分を計算し，

$$0 = f_x(x,y) = 2(x+y) + 4x^3, \quad 0 = f_y(x,y) = 2(x+y) + 4y^3.$$

第 1 式から第 2 式を引いて

$$0 = 4(x^3 - y^3) = 4(x-y)(x^2 + xy + y^2)$$
$$= 4(x-y)\left\{\left(x + \frac{y}{2}\right)^2 + \frac{3}{4}y^2\right\}.$$

これの解は $x = y$ もしくは $x = 0 = y$.

Case 1. $x = y$ を $f_x(x,y) = 0$ に代入して，

$$0 = f_x(x,x) = 4x + 4x^3 = 4x(1 + x^2) \Rightarrow x = 0,\ y = 0.$$

Case 2. $x = 0,\ y = 0$ なら $f_x(0,0) = 0,\ f_y(0,0) = 0$.

よって，極点の候補は $P = (0,0)$.

Step 2. ヘッセ行列式は $\mathrm{Det}\, H(0,0) = 2^2 - 2 \cdot 2 = 0$ となり，これだけでは判定できない．ところが，$x \neq 0$ もしくは $y \neq 0$ なら，

$$f(0,0) = 0 < f(x,y) = (x+y)^2 + x^4 + y^4 \Rightarrow P = (0,0) \text{ は極小点.}$$

(iii) 偏微分を計算する：

$$0 = f_x(x,y) = 2x + 2y, \quad 0 = f_y(x,y) = -4y^3 + 2x.$$

第 1 式から $x = -y$ となるので，これを第 2 式に代入して，

$$0 = -4y^3 + 2x = -2y\,(2y^2 + 1) \Rightarrow y = 0 = x.$$

つまり，$P = (0,0)$ が極値の候補となる．

一方，f の 2 階偏微分を計算して

$$f_{xx}(x,y) = 2, \quad \mathrm{Det}\, H(x,y) = -24y^2 - 2^2 < 0.$$

定理 16.3.1 (iv) より，$P = (0,0)$ は極点ではなく，鞍点となる (下図 16.3.1 を参照のこと).　□

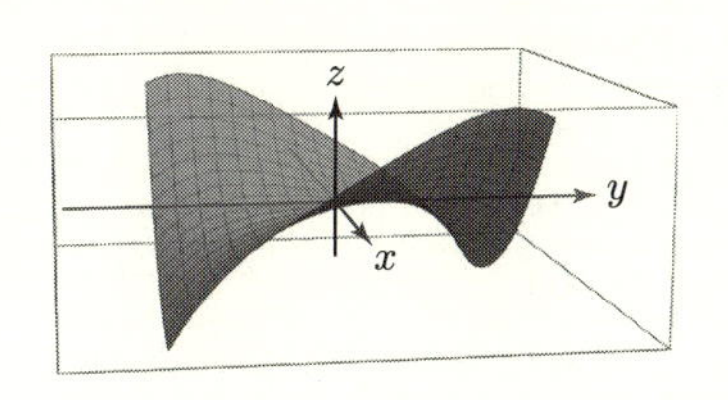

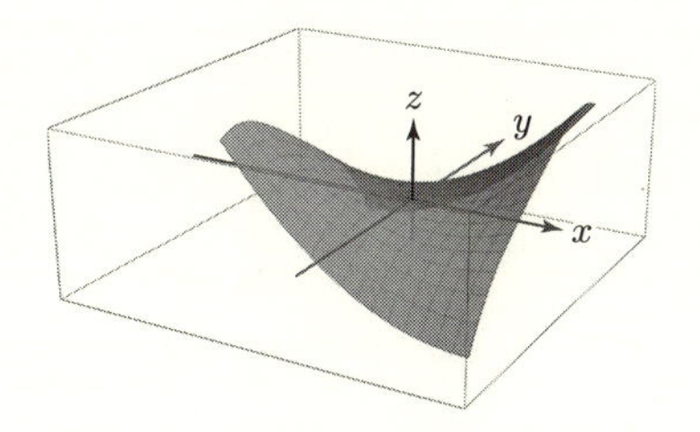

図 16.3.1　点 $P = (0,0)$ は典型的な鞍点

◇ **例題 16.3.5** (09 年度国家公務員一種，理工 2). $\mathbb{R}^2$ 上で定義された 2 変数実数値関数

$$f(x,y) = x^4 + y^4 + 2x^2y^2 - \frac{8}{3}x^3 + 2x^2 - 2y^2$$

の極大点および極小点の個数を求めよ.　◇

解答. f の偏微分を求める：

$$f_x = 4x(1 - 2x + x^2 + y^2), \quad f_y = 4y(-1 + x^2 + y^2), \quad f_{xy} = 8xy,$$
$$f_{xx} = 4\big((x-1)(3x-1) + y^2\big), \quad f_{yy} = 4\big((x-1)(x+1) + 3y^2\big).$$

Step 1. まず極値点の候補を探す. $f_x = 0 = f_y$ を満たす (x,y) を求める：

$$0 = f_y = 4y\big(-1 + x^2 + y^2\big) \Rightarrow y = 0 \text{ または } -1 + x^2 + y^2 = 0.$$

Case 1. $y = 0$ とする.

$$0 = f_x(x,0) = 4x(x-1)^2 \Rightarrow x = 0 \text{ または } x = 1.$$

Case 2. $-1 + x^2 + y^2 = 0$ とする. これを $0 = f_x$ の右辺に代入して

$$0 = 4x(1 - 2x + 1) = 8x(1-x) \Rightarrow x = 0 \text{ または } x = 1.$$

ここで，$x = 0$ なら，$-1 + y^2 = 0$, つまり $y = \pm 1$ となる. また，$x = 1$ なら，$-1 + 1 + y^2 = 0$, つまり $y = 0$ である.

以上より，$P = (0,0)$, $(0,\pm 1)$, $(1,0)$ が極値点の候補となる.

Step 2. 極値点の候補を判定する.

$$\operatorname{Det} H(x,y) = 16\left(\left\{(x-1)(3x-1)+y^2\right\}(x^2+3y^2-1)-4x^2y^2\right),$$

$$f_{xx}(x,y) = (x-1)(3x-1)+y^2$$

となるので，

P の座標	$f_{xx}(a,b)$	$\operatorname{Det} H(a,b)$
$(0,0)$	4	-16
$(1,0)$	0	0
$(0,1)$	8	64
$(0,-1)$	8	64

これより

$$(0,0) = \text{極値ではなく鞍点}, \quad (0,1),\ (0,-1) = \text{極小点}, \quad (1,0) = \text{不明}.$$

Step 3. 不明の $P=(1,0)$ が極値か否かを調べる．

$f_{xxx}(1,0) = 8 \neq 0$ となるので，$P=(1,0)$ は極値ではない．実際，

$$f_x(1,0) = f_y(1,0) = f_{xx}(1,0) = f_{yy}(1,0) = f_{xy}(1,0) = 0$$

だから，2 変数関数の“テイラーの定理 16.2.1”より，

$$\begin{aligned} &f(1+h,0+k)-f(1,0) \\ &\quad = \frac{1}{3!}\left\{8h^3+3f_{xxy}(1,0)\,h^2k+3f_{xyy}(0,1)\,hk^2+f_{yyy}(1,0)\,k^3\right\}+R_4. \end{aligned}$$

ここで，$k=0$ とすると

$$f(1+h,0)-f(1,0) = \frac{8h^3}{3!}+R_4.$$

$h \to 0$ のとき $\dfrac{R_4}{h^3} \to 0$ だから，微小な h に対し，

$$f(1+h,0)\begin{cases} > f(1,0), & h>0, \\ < f(1,0), & h<0. \end{cases}$$

よって，$P=(1,0)$ は極点ではなく，鞍点である．　□

17

等式条件付き最適値問題

次の問題が，“等式条件付き最適値問題”とよばれるものである．

問題 17.0.1 (等式条件付き最適値問題)． 2 つの全微分可能な関数

$$f(x,y) : \mathbb{R}^2 \to \mathbb{R}^1, \quad g(x,y) : \mathbb{R}^2 \to \mathbb{R}^1 \tag{17.0.1}$$

と実数 b が与えられている．このとき $g(x,y) = b$ を満たす (x,y) に対し，$f(x,y)$ の最大値を求めよ． $\diamond$

今後，問題 17.0.1 は，次の簡易な方法で記述する．

等式条件付き最適値問題 (簡単な記法)

問題 17.0.1 を以下で記述する：

$$\max_{(x,y)} f(x,y) \quad \text{subject to} \quad g(x,y) = b. \tag{17.0.2}$$

17.1 ラグランジュ関数

(17.0.2) で f を**利得関数**，最大値を実現する (x^*, y^*) を**最適解**とよぶ．最適解の候補をみつけるために，ラグランジュ関数を導入する．

定義 17.1.1 (ラグランジュ関数)． (17.0.2) に対する**ラグランジュ関数** L を次で定める．λ は実数とし，

$$L(x,y,\lambda) \equiv f(x,y) + \lambda \left\{ b - g(x,y) \right\}. \quad \diamond \tag{17.1.1}$$

ラグランジュ関数を利用すると，最適解の候補を探すことができる．

定理 17.1.2. 等式条件付き最適値問題 (17.0.2) の最適解 (x^*, y^*) は

$$\bigl|\, g_x(x^*, y^*) \,\bigr| + \bigl|\, g_y(x^*, y^*) \,\bigr| \neq 0 \tag{17.1.2}$$

を満たしている．このとき，ある実数 λ^* に対し，次の等式が成立する：

$$\begin{aligned} L_x(x^*, y^*, \lambda^*) &= f_x(x^*, y^*) - \lambda^* g_x(x^*, y^*) = 0, \\ L_y(x^*, y^*, \lambda^*) &= f_y(x^*, y^*) - \lambda^* g_y(x^*, y^*) = 0, \\ L_\lambda(x^*, y^*, \lambda^*) &= b - g(x^*, y^*) = 0. \quad \diamond \end{aligned} \tag{17.1.3}$$

証明　一般性を失うことなく，(17.1.2) は $g_x(x^*, y^*) \neq 0$ とする．f の極大点を (x^*, y^*) とし，微小な変動 $(\Delta x, \Delta y)$ を考える．2 変数関数の "テイラーの定理 16.2.1" より

$$\begin{aligned} 0 &\geq f(x^* + \Delta x, y^* + \Delta y) - f(x^*, y^*) \\ &= f_x(x^*, y^*)\,\Delta x + f_y(x^*, y^*)\,\Delta y + R_2. \end{aligned} \tag{17.1.4}$$

ここで R_2 は $|\Delta x|^2 + |\Delta y|^2$ の微小量である．

また，"$(x^* + \Delta x, y^* + \Delta y)$ も制約条件を満たす" とすると，

$$g(x^*, y^*) = b = g(x^* + \Delta x, y^* + \Delta y).$$

これもテイラー展開し，

$$\begin{aligned} 0 &= g(x^* + \Delta x, y^* + \Delta y) - g(x^*, y^*) \\ &= g_x(x^*, y^*)\,\Delta x + g_y(x^*, y^*)\,\Delta y + Q_2. \end{aligned}$$

この Q_2 は $|\Delta x|^2 + |\Delta y|^2$ の微小量である．いま $g_x(x^*, y^*) \neq 0$ だから

$$\Delta x = -\frac{g_y(x^*, y^*)}{g_x(x^*, y^*)}\,\Delta y + \frac{Q_2}{g_x(x^*, y^*)}. \tag{17.1.5}$$

この (17.1.5) を (17.1.4) に代入して，

$$\begin{aligned} 0 &\geq f_x(x^*, y^*)\left(-\frac{g_y(x^*, y^*)}{g_x(x^*, y^*)}\Delta y + \frac{Q_2}{g_x(x^*, y^*)} \right) + f_y(x^*, y^*)\,\Delta y + R_2 \\ &= \left\{ -f_x(x^*, y^*)\,\frac{g_y(x^*, y^*)}{g_x(x^*, y^*)} + f_y(x^*, y^*) \right\} \Delta y + \frac{f_x(x^*, y^*)}{g_x(x^*, y^*)} Q_2 + R_2. \end{aligned}$$

$\lim_{\Delta y \to 0} Q_2 / \Delta y = 0 = \lim_{\Delta y \to 0} R_2 / \Delta y$ だから，Δy が微小なとき，右辺第 1 項が右辺全体の正負を決める．ところが，Δy は正にも負にもなるので，"$\{\quad\} = 0$" が，上の不等式が成り立つための必要条件となる：

$$\left\{\quad\right\}=0 \;\Leftrightarrow\; \frac{f_x(x^*,y^*)}{g_x(x^*,y^*)}=\frac{f_y(x^*,y^*)}{g_y(x^*,y^*)}. \tag{17.1.6}$$

$\lambda^* \equiv f_x(x^*,y^*)/g_x(x^*,y^*)$ $(=(\mathrm{a}))$ とおいて，(17.1.6) を書き直すと

$$\lambda^*=\frac{f_y(x^*,y^*)}{g_y(x^*,y^*)}=(\mathrm{b}).$$

また，制約条件から $0=b-g(x^*,y^*)$ $(=(\mathrm{c}))$ であるが，(a), (b), (c) の 3 つの等式は (17.1.3) そのものである． □

17.2 最適解の求め方

定理 17.1.2 から，(17.0.2) の解 (x^*,y^*) が，次の手順で求められることがわかった：

最適解の求め方

♦ **解説 17.2.1.** *Step 1.* (17.1.3) を満たす (x^*,y^*,λ^*) をすべてみつける．定理 17.1.2 より，その (x^*,y^*) が最適解の候補である．

Step 2. *Step 1* で求めた (x^*,y^*) を実際に $f(x,y)$ に代入し，候補のなかで，どれが真の最適解かを調べる． ◇

◇ **例題 17.2.2.** 次の等式条件付きの最適値問題を解け：

$$\max\left\{x\,y\right\} \quad \text{subject to} \quad 2x^2+y^2=3. \quad \diamond \tag{17.2.1}$$

解答 (17.2.1) のラグランジュ関数は

$$L(x,y,\lambda)=x\,y+\lambda\big(3-2x^2-y^2\big)$$

である．(17.1.3) より

$$\begin{aligned}0&=L_x(x,y,\lambda)=y-4\lambda\,x,\\0&=L_y(x,y,\lambda)=x-2\lambda\,y,\\0&=L_\lambda(x,y,\lambda)=3-2x^2-y^2.\end{aligned} \tag{17.2.2}$$

最初の 2 式から，

$$y=2\lambda\,x, \quad x=2\lambda y=2\lambda\cdot 4\lambda\,x=8\lambda^2\,x. \tag{17.2.3}$$

Case 1. $x=0$ とする．このとき (17.2.3) より $y=0$ となる． これを

(17.2.2) の最後の等式に代入すると

$$0 = L_\lambda(0,0,\lambda) = 3 \;\Rightarrow\; \text{解がない}.$$

Case 2. $x \neq 0$ とする．(17.2.3) より，$1 = 8\lambda^2$. つまり $\lambda = \dfrac{\pm 1}{2\sqrt{2}}$. すると，$y = \pm\sqrt{2}\,x$ だが，これを (17.2.2) の最後の等式に代入して

$$0 = 3 - 2x^2 - 2x^2 = 3 - 4x^2 \;\Rightarrow\; x = \frac{\pm\sqrt{3}}{2}.$$

結局，最適解の候補は

$$(x,y) = \left(\frac{\sqrt{3}}{2}, \frac{\pm\sqrt{6}}{2}\right), \quad \left(\frac{-\sqrt{3}}{2}, \frac{\pm\sqrt{6}}{2}\right) \quad (\text{複号同順})$$

だが，これを $f(x,y) = x\,y$ に代入して真の最適を確かめると，

$$\text{最適解} = \left(\frac{\pm\sqrt{3}}{2}, \frac{\pm\sqrt{6}}{2}\right), \quad \text{最適値} = \frac{3\sqrt{2}}{4}. \quad (\text{複号同順}) \quad \square$$

◇ **例題 17.2.3** (07 年度国家公務員一種，理工 2)．点 $P = (x,y)$ が楕円 $2x^2 + 2xy + 3y^2 = 1$ 上を動くとき，$x^2 + 4xy$ の最小値を求めよ． ◇

解答 *Step 1.* 最小値を求めるので，ラグランジュ関数は，

$$L(x,y,\lambda) = -x^2 - 4xy + \lambda\big(1 - \{2x^2 + 2xy + 3y^2\}\big)$$

となる．すると

$$0 = L_x = -(2+4\lambda)\,x - (4+2\lambda)\,y, \tag{17.2.4}$$

$$0 = L_y = -(4+2\lambda)\,x - 6\lambda\,y, \tag{17.2.5}$$

$$0 = L_\lambda = 1 - (2x^2 + 2xy + 3y^2). \tag{17.2.6}$$

Case 1-1. $\lambda = 0$ とする．(17.2.4), (17.2.5) から

$$0 = 2x + 4y, \quad 0 = 4x \quad \Rightarrow \quad x = 0,\; y = 0.$$

$(x,y) = (0,0)$ は (17.2.6) を満たさないから，不適．

Case 1-2. $\lambda \neq 0$ とする．(17.2.5) より

$$y = -\frac{2+\lambda}{3\lambda}x. \tag{17.2.7}$$

これを (17.2.4) に代入し

$$0 = -(2+4\lambda)\,x + (4+2\lambda)\,\frac{2+\lambda}{3\lambda}x.$$

ここで $x=0$ なら $y=0$ となるが，$(x,y)=(0,0)$ は不適だから $x \neq 0$．すると

$$0=-(2+4\lambda)+(4+2\lambda)\frac{2+\lambda}{3\lambda} \ \Rightarrow\ \lambda=1,\ -\frac{4}{5}.$$

Case 2-1. $\lambda=1$ とする．(17.2.7) より $y=-x$ となるので，(17.2.6) から

$$0=1-3x^2 \ \Rightarrow\ (x,y)=\Big(\pm\frac{1}{\sqrt{3}},\mp\frac{1}{\sqrt{3}}\Big)\quad (\text{複号同順}).$$

Case 2-2. $\lambda=-4/5$ とする．(17.2.7) より $y=x/2$ となるので，(17.2.6) から

$$0=1-\frac{15}{4}x^2 \ \Rightarrow\ (x,y)=\Big(\pm\frac{2}{\sqrt{15}},\pm\frac{1}{\sqrt{15}}\Big)\quad (\text{複号同順}).$$

これらの候補を利得関数 $f(x,y)\equiv x^2+4xy$ に代入し

$$f\Big(\pm\frac{1}{\sqrt{3}},\mp\frac{1}{\sqrt{3}}\Big)=-1,\quad f\Big(\pm\frac{2}{\sqrt{15}},\pm\frac{1}{\sqrt{15}}\Big)=\frac{4}{5}.$$

結局，最適解は *Case 2-1* で，f の最小値は -1 である．　□

18

不等式条件付き最適値問題

“不等式の制約条件” が付いた最適値問題を考える．この問題は前章で述べた “等式条件付き最適値問題 17.0.1” で，等式の条件を，不等式に置き換えたものだが，格段に複雑になる．

問題 18.0.1 (不等式条件付きの最適値問題)**.** 2 つの全微分可能な関数

$$f(x,y): \mathbb{R}^2 \to \mathbb{R}^1, \quad g(x,y): \mathbb{R}^2 \to \mathbb{R}^1$$

と実数 b が与えられている．このとき $g(x,y) \leq b$ を満たす (x,y) に対し，$f(x,y)$ の最大値を求めよ． ◇

今後，問題 18.0.1 も，次の簡易な書式で記述する．

不等式条件付き最適値問題 (簡単な記法)

問題 18.0.1 を以下で記述する：

$$\max_{(x,y)} f(x,y) \quad \text{subject to} \quad g(x,y) \leq b. \tag{18.0.1}$$

18.1 クーン・タッカーの定理

前章と同様に，(18.0.1) で f を**利得関数**，最大値を実現する (x^*, y^*) を**最適解**とよぶ．

“不等式条件付き最適値問題” でも，最適解 (x^*, y^*) の満たす十分条件を調べ，最適解の候補を探す方法で解決できる．ただ一般に，等式条件の場合より “候補の数” が多くなる．

18.1.1 ラグランジュ関数とクーン・タッカーの定理

定義 18.1.1 (ラグランジュ関数). (18.0.1) に対応するラグランジュ関数を次で定める．実数 λ に対し，

$$L(x,y,\lambda) \equiv f(x,y) + \lambda\big(b - g(x,y)\big). \quad \diamond \tag{18.1.1}$$

♦ **注 18.1.2.** 不等式条件付き最適値問題 (18.0.1) で，制約条件が逆の不等式 $g(x,y) \geq b$ なら，ラグランジュ関数は (18.1.1) と別の

$$L(x,y,\lambda) \equiv f(x,y) + \lambda\big(-b - g(x,y)\big)$$

となる．ここが，“等式条件の最適値問題 17.0.1” と異なる点である． ◇

最適解の候補を探すために，次の定理を利用する．

定理 18.1.3 (クーン・タッカー). 不等式条件付き最適値問題 (18.0.1) の最適解 (x^*, y^*) が

$$|\,g_x(x^*,y^*)\,| + |\,g_y(x^*,y^*)\,| \neq 0 \tag{18.1.2}$$

を満たしている．このとき，ある実数 λ^* に対し，次が成立する：

$$\begin{aligned}
&L_x(x^*,y^*,\lambda^*) = f_x(x^*,y^*) - \lambda^*\, g_x(x^*,y^*) = 0,\\
&L_y(x^*,y^*,\lambda^*) = f_y(x^*,y^*) - \lambda^*\, g_y(x^*,y^*) = 0,\\
&L_\lambda(x^*,y^*,\lambda^*) = b - g(x^*,y^*) \geq 0, \quad \lambda^* \geq 0,\\
&\lambda^*\, L_\lambda(x^*,y^*,\lambda^*) = \lambda^*\big(b - g(x^*,y^*)\big) = 0. \quad \diamond
\end{aligned} \tag{18.1.3}$$

♦ **解説**：“等式条件の最適値問題 (17.0.2)” の場合と比べると，(18.1.3) の第 3 式が加わり，第 4 式は異なる． ◇

18.1.2 定理 18.1.3 の証明

<u>*Step 1.*</u> 最初に，“不等式条件付き最適値問題” (18.0.1) に，

新しい変数 $s \equiv b - g(x,y)$ (**スラック変数**とよばれる)

を導入する．

すると (18.0.1) の不等式条件は，次の “等式条件と簡単な不等式” となる．

(18.0.1) と同値の最適値問題

$$\max_{(x,y)} f(x,y) \quad \text{subject to} \quad g(x,y) + s = b \ \text{ and } \ s \geq 0. \tag{18.1.4}$$

この同値の“最適値問題 (18.1.4)”を調べる．なお，一般性を失うことなく，(18.1.2) は $g_x(x^*, y^*) \neq 0$ とする．

Step 2. (18.1.4) の最適解を x^*, y^*, s^* とする．制約条件を満たしたまま，

$$x^* \to x^* + \Delta x, \quad y^* \to y^* + \Delta y, \quad s^* \to s^* + \Delta s \tag{18.1.5}$$

という微小な変動を考える．f は点 (x^*, y^*) で最大値をとるので，2 変数関数の“テイラーの定理 16.2.1”から

$$\begin{aligned} 0 &\geq f(x^* + \Delta x, y^* + \Delta y) - f(x^*, y^*) \\ &= f_x(x^*, y^*)\,\Delta x + f_y(x^*, y^*)\,\Delta y + R_2. \end{aligned} \tag{18.1.6}$$

ここで R_2 は $|\Delta x|^2 + |\Delta y|^2$ の微小量である．一方 (18.1.5) の微小な変動は，(18.1.4) の制約条件“$g(x, s) + s = b$”を満たしているので

$$\begin{aligned} 0 &= b - b \\ &= \{g(x^* + \Delta x, y^* + \Delta y) + s^* + \Delta s\} - \{g(x^*, y^*) + s^*\} \\ &= g_x(x^*, y^*)\,\Delta x + g_y(x^*, y^*)\,\Delta y + \Delta s + Q_2. \end{aligned}$$

Q_2 は $|\Delta x|^2 + |\Delta y|^2$ の微小量である．$g_x(x^*, y^*) \neq 0$ を仮定しているから，

$$\Delta x = -\frac{g_y(x^*, y^*)}{g_x(x^*, y^*)}\,\Delta y - \frac{\Delta s}{g_x(x^*, y^*)} + \frac{Q_2}{g_x(x^*, y^*)}.$$

これを (18.1.6) に代入して

$$\begin{aligned} 0 \geq \Big\{ &-\frac{g_y(x^*, y^*)}{g_x(x^*, y^*)}\,f_x(x^*, y^*) + f_y(x^*, y^*)\Big\}\Delta y \\ &- \frac{f_x(x^*, y^*)}{g_x(x^*, y^*)}\,\Delta s + \frac{f_x(x^*, y^*)}{g_x(x^*, y^*)}\,Q_2 + R_2. \end{aligned} \tag{18.1.7}$$

ここで $\displaystyle\lim_{\Delta y \to 0} Q_2/\Delta y = 0 = \lim_{\Delta y \to 0} R_2/\Delta y$ だから，Δy が微小なとき，“右辺第 1 項 と第 2 項”が右辺全体の正負を決める．

次に，(18.1.7) の不等号が成立するための必要条件を求める．

Step 3. 不等式 (18.1.7) で $\Delta s = 0$ とする．Δy は正にも負にもなるので，不等式 (18.1.7) が成立する必要条件は，右辺 $\{\cdots\} = 0$ である．つまり

$$\lambda^* \equiv \frac{f_x(x^*, y^*)}{g_x(x^*, y^*)} \quad \big((18.1.3) \text{ の第 1 式}\big) \tag{18.1.8}$$

とおくと，(18.1.3) の第 2 式が次で得られる：

$$\Big\{ \cdots \Big\} = 0 \ \Leftrightarrow \ -\lambda^* g_y(x^*, y^*) + f_y(x^*, y^*) = 0. \tag{18.1.9}$$

<u>*Step 4.*</u> 不等式 (18.1.7) で $\Delta y = 0$ とする.

Case 1. $s^* = 0$ のとき，(18.1.4) の制約条件から $s^* + \Delta s \geq 0$ となるので，$\Delta s \geq 0$. つまり，不等式 (18.1.7) が成立する必要条件は，

$$0 \leq \frac{f_x(x^*, y^*)}{g_x(x^*, y^*)} = \lambda^*.$$

Case 2. $s^* > 0$ のとき，Δs は正にも負にもなるので，不等式 (18.1.7) が成立する必要条件は

$$0 = \frac{f_x(x^*, y^*)}{g_x(x^*, y^*)} = \lambda^*.$$

以上で得られた必要条件をまとめて書くと

$$\lambda^* \geq 0, \quad s^* \geq 0, \quad \lambda^* s^* = 0. \tag{18.1.10}$$

スラック変数の定義式 $s^* = b - g(x^*, y^*)$ に注意すると，(18.1.10) から (18.1.3) の第 3 式と第 4 式が得られた． □

18.1.3 最適解の求め方

このクーン・タッカーの定理 18.1.3 を利用して，不等式条件付き最適値問題 18.0.1 の最適解 (x^*, y^*) は，解説 17.2.1 と同じ手順で得ることができる.

不等式条件付き最適解の求め方

★**要点 18.1.4.** <u>*Step 1.*</u> (18.1.3) を満たす (x^*, y^*, λ^*) をすべてみつける．定理 18.1.3 より，その (x^*, y^*) が最適解の候補である.

<u>*Step 2.*</u> *Step 1* で求めた (x^*, y^*) を実際に $f(x, y)$ に代入し，どれが真の最適解かを調べる． ◇

◇ **例題 18.1.5.** 不等式条件付きの最適値問題

$$\max \Big\{ x^2 + y \Big\} \quad \text{subject to} \quad g(x, y) = x^2 + y^2 \leq 1$$

の最適値と最適解を求めよ.

解答 <u>*Step 1.*</u> この問題のラグランジュ関数は

$$L(x, y, \lambda) = x^2 + y + \lambda\big(1 - x^2 - y^2\big) \tag{18.1.11}$$

となる．

(18.1.3) より最適解の候補を求めよう．

$$0 = L_x(x, y, \lambda) = 2x - 2\lambda x, \tag{18.1.12}$$

$$0 = L_y(x, y, \lambda) = 1 - 2\lambda y, \tag{18.1.13}$$

$$0 \leq L_\lambda(x, y, \lambda) = 1 - x^2 - y^2, \quad \lambda \geq 0, \tag{18.1.14}$$

$$0 = \lambda L_\lambda(x, y, \lambda) = \lambda\bigl(1 - x^2 - y^2\bigr). \tag{18.1.15}$$

(18.1.12) より，“$x \neq 0,\ \lambda = 1$” もしくは “$x = 0$” となる．また，(18.1.13) より，“$\lambda \neq 0,\ y = \dfrac{1}{2\lambda}$” がわかる．

<u>*Step 2.*</u> 場合分けして考える．

Case 1. $x = 0$ の場合：　$\lambda \neq 0,\ y = \dfrac{1}{2\lambda}$ だから (18.1.15) より

$$0 = \lambda\left(1 - \left(\frac{1}{2\lambda}\right)^2\right) \ \Rightarrow\ \lambda = \pm\frac{1}{2}.$$

(18.1.14), (18.1.13) も考慮すると，$(x, y, \lambda) = (0, 1, 1/2)$.

Case 2. $x \neq 0,\ \lambda = 1$ の場合：　(18.1.13) より $y = 1/2$. ついで (18.1.15) より

$$0 = 1 \cdot \left(1 - x^2 - \left(\frac{1}{2}\right)^2\right) = \frac{3}{4} - x^2 \ \Rightarrow\ x = \pm\frac{\sqrt{3}}{2}.$$

これは (18.1.14), (18.1.15) を満たしているから $(x, y, \lambda) = \left(\pm\dfrac{\sqrt{3}}{2}, \dfrac{1}{2}, 1\right)$.

以上が最適解の候補となる．

<u>*Step 3.*</u> この候補を実際に $f(x, y)$ に代入して，$(x^*, y^*) = \left(\pm\dfrac{\sqrt{3}}{2}, \dfrac{1}{2}\right)$ が最適解 (2 つある)，最適値は 5/4 である．　□

18.1.4　拡張されたクーン・タッカーの定理

問題 18.1.6 (2 つの不等式条件付き最適値問題)．全微分可能な関数

$$f(x, y) : \mathbb{R}^2 \to \mathbb{R}^1, \quad g(x, y) : \mathbb{R}^2 \to \mathbb{R}^1, \quad h(x, y) : \mathbb{R}^2 \to \mathbb{R}^1$$

と実数 b, c が与えられている．このとき，

$$\max_{(x,y)} f(x, y) \quad \text{subject to } g(x, y) \leq b \text{ and } h(x, y) \leq c \tag{18.1.16}$$

の値と最適解 (x^*, y^*) を求めよ．　◇

この問題も，最適解 (x^*, y^*) の満たす必要条件を調べて，最適解の候補を探す方法で解決できる．ただ一般に，一つの不等式条件の場合より "連立する方程式の数" が多くなる．

前と同様に (18.1.16) に対応するラグランジュ関数は，実数 λ, μ に対し

$$L(x,y,\lambda) \equiv f(x,y) + \lambda\left\{b - g(x,y)\right\} + \mu\left\{c - h(x,y)\right\} \qquad (18.1.17)$$

となり，定理 18.1.3 と同様な定理が成り立つ (証明略).

定理 18.1.7 (クーン・タッカー 2). 不等式条件付き最適値問題 18.1.16 の最適解 (x^*, y^*) が

$$|\,g_x(x^*,y^*)\,| + |\,g_y(x^*,y^*)\,| \neq 0, \quad |\,h_x(x^*,y^*)\,| + |\,h_y(x^*,y^*)\,| \neq 0$$

を満たしている．このとき，ある実数 λ^*, μ^* に対し，次が成立する：

$$\begin{aligned}
&L_x(x^*,y^*,\lambda^*,\mu^*) = 0,\\
&L_y(x^*,y^*,\lambda^*,\mu^*) = 0,\\
&L_\lambda(x^*,y^*,\lambda^*,\mu^*) = b - g(x^*,y^*) \geq 0, \quad \lambda^* \geq 0,\\
&\lambda^*\, L_\lambda(x^*,y^*,\lambda^*,\mu^*) = \lambda^*\big(b - g(x^*,y^*)\big) = 0,\\
&L_\mu(x^*,y^*,\lambda^*,\mu^*) = c - h(x^*,y^*) \geq 0, \quad \mu^* \geq 0,\\
&\mu^*\, L_\mu(x^*,y^*,\lambda^*,\mu^*) = \mu^*\big(c - h(x^*,y^*)\big) = 0. \quad \diamond
\end{aligned} \qquad (18.1.18)$$

18.1.5 例題と解答

次の不等式条件付き最適値問題を解け．

(i) $\max\left\{x^2+y^2\right\}$ subject to $2x^2+y^2 \leq 4$.

(ii) $\max\left\{2(x-y)^2 - x^4 - y^4\right\}$ subject to $x^2+y^2 \leq 5$.

(iii) $\max\left\{x^2+y^2\right\}$ subject to $x^2+2y^2 \leq 4$ and $x \leq 1$.
(ヒント：ラグランジュ関数は
$L(x,y,\lambda,\mu) = x^2+y^2+\lambda(4-x^2-2y^2)+\mu(1-x)$.)

(iv) $\max\left\{xy\right\}$ subject to $2x+y^2 \leq 3$ and $x \geq 0$. $\diamond$

解答 クーン・タッカーの定理 18.1.7 を適用し，最適解を求める．

(i) ラグランジュ関数は

$$L(x,y,\lambda) = x^2+y^2+\lambda(4-2x^2-y^2)$$

となり，(18.1.3) から，次の 4 式を得る：

$$\begin{aligned}
&(\text{a})\ \ 0 = L_x(x,y,\lambda) = 2x - 4\lambda x,\\
&(\text{b})\ \ 0 = L_y(x,y,\lambda) = 2y - 2\lambda y,\\
&(\text{c})\ \ 0 \le L_\lambda(x,y,\lambda) = 4 - 2x^2 - y^2, \quad \lambda \ge 0,\\
&(\text{d})\ \ 0 = \lambda\, L_\lambda(x,y,\lambda) = \lambda\,(4 - 2x^2 - y^2).
\end{aligned}$$

(a) より，$x(1-2\lambda)=0$ だから，$x=0$ もしくは $\lambda=1/2$.

Case 1. $x=0$ のとき： これを (d) に代入すると $\lambda\,(4-y^2)=0$. すなわち $\lambda=0$ または $y=\pm 2$ である．$\lambda=0$ のとき，(b) より $y=0$. また，$y=\pm 2$ のとき，(b) より $\lambda=1$.

Case 2. $\lambda=1/2$ のとき： これを (b) に代入すると $y=0$. さらに $(y,\lambda)=(0,1/2)$ を (d) に代入すると $x=\pm\sqrt{2}$ を得る．

したがって，$(x,y,\lambda)=(0,0,0)$, $(0,\pm 2,1)$, $\left(\pm\sqrt{2},0,\dfrac{1}{2}\right)$ が最適解の候補で，(c) も満たしている．

これを実際に $f(x,y)$ に代入し，最適解は $(x^*,y^*)=(0,\pm 2)$，最適値は 4 となる．

(ii) ラグランジュ関数

$$L(x,y,\lambda) = 2(x-y)^2 - (x^4+y^4) + \lambda\,(5 - x^2 - y^2)$$

と (18.1.3) から，次の 4 式を得る：

$$\begin{aligned}
&(\text{a})\ \ L_x(x,y,\lambda) = 4(x-y) - 4x^3 - 2\lambda x = 0,\\
&(\text{b})\ \ L_y(x,y,\lambda) = -4(x-y) - 4y^3 - 2\lambda y = 0,\\
&(\text{c})\ \ L_\lambda(x,y,\lambda) = 5 - x^2 - y^2 \ge 0, \quad \lambda \ge 0,\\
&(\text{d})\ \ \lambda\,(5 - x^2 - y^2) = 0.
\end{aligned}$$

まず (d) より，$\lambda=0$ もしくは $5-x^2-y^2=0$.

Step 1. $\lambda=0$ のとき： (a) と (b) から $x^3=x-y$, $y^3=y-x$ となるので，

$$0 = x^3 + y^3 = (x+y)(x^2 - xy + y^2) = (x+y)\left\{\left(x - \frac{y}{2}\right)^2 + \frac{3y^2}{4}\right\}.$$

これより $y=-x$ または $x=0=y$. 前者を (a) に代入し，

$$0 = 4\cdot 2x - 4x^3 \ \Rightarrow\ x = 0,\ \pm\sqrt{2}.$$

つまり，最適解の候補として

$$(x, y, \lambda) = (0, 0, 0),\ (\pm\sqrt{2}, \mp\sqrt{2}, 0) \qquad (18.1.19)$$

が得られたが，これらはいずれも (c) を満たしている．

<u>*Step 2.*</u> 次に $5 - x^2 - y^2 = 0$ のとき： まず λ を消去するため，

$$\begin{aligned} 0 &= (\mathrm{a}) \times y - (\mathrm{b}) \times x \\ &= 4\big\{\big(2y(x-y) - 2x^3 y\big) - \big(-2x(x-y) - 2xy^3\big)\big\} \\ &= -4(x-y)(x+y)(1-xy). \end{aligned}$$

すなわち，解 $x = y$, $x = -y$, $1 = xy$ が得られた．これで分類して考える．

Case 1. $x = y$ とする．$x^2 + y^2 = 5$ とあわせると，

$$2x^2 = 5 \ \Rightarrow\ (x, y) = (\pm\sqrt{5/2}, \pm\sqrt{5/2}). \qquad (18.1.20)$$

一方，(a) + (b) より

$$\lambda(x+y) = -2x^3 - 2y^3 = -2(x+y)(x^2 - xy + y^2).$$

ここで (18.1.20) に対しては，$x + y \neq 0$ だから

$$\lambda = -2\,(x^2 - x\,y + y^2).$$

これに (18.1.20) を代入すると，$\lambda = -5$ となる．(c) に反するから，(18.1.20) は最適解の候補ではない．

Case 2. $x = -y$ とする．(18.1.20) と同様の計算で

$$(x, y) = (\pm\sqrt{5/2}, \mp\sqrt{5/2}). \qquad (18.1.21)$$

一方，(a) − (b) より

$$\lambda(x-y) = 4(x-y) - 2(x^3 - y^3) = 2(x-y)\big(2 - (x^2 + xy + y^2)\big).$$

ここで (18.1.21) に対しては，$x - y \neq 0$ だから，

$$\lambda = 2\big\{2 - (x^2 + xy + y^2)\big\}. \qquad (18.1.22)$$

ところがこの式に (18.1.21) を代入すると，$\lambda = -1$ となり，(c) に反する．よって (18.1.21) は最適解の候補ではない．

Case 3. $xy = 1$ とする．

$$\begin{aligned} 0 &= (\mathrm{a}) \times y + (\mathrm{b}) \times x \\ &= 8xy - 4(x^2 + y^2) - 4xy(x^2 + y^2) - 4\lambda xy \end{aligned}$$

ここに $xy = 1$, $x^2 + y^2 = 5$ を代入して，

$$0 = 8 - 4 \cdot 5 - 4 \cdot 5 - 4\lambda \ \Rightarrow \ \lambda = -8.$$

これは (c) に反するので，*Case 3* に最適解の候補はない．

Step 3. 結局，(18.1.19) の組合せだけが，最適解の候補として残った．効用関数

$$f(x, y) \equiv 2(x - y)^2 - x^4 - y^4$$

に (18.1.19) を代入し，

$$f(0, 0) = 0, \quad f(\sqrt{2}, -\sqrt{2}) = f(-\sqrt{2}, \sqrt{2}) = 8.$$

これにより最適解は $(x^*, y^*) = (\pm\sqrt{2}, \mp\sqrt{2})$，最適値は 8 である．

(iii) ラグランジュ関数は

$$L(x, y, \lambda, \mu) = x^2 + y^2 + \lambda\,(4 - x^2 - 2y^2) + \mu\,(1 - x)$$

だから，次の 6 式を得る：

$$\begin{aligned}
&\text{(a)}\ \ 0 = L_x(x, y, \lambda, \mu) = 2x - 4\lambda\,x - \mu,\\
&\text{(b)}\ \ 0 = L_y(x, y, \lambda, \mu) = 2y - 4\lambda\,y,\\
&\text{(c)}\ \ 0 \le L_\lambda(x, y, \lambda, \mu) = 4 - x^2 - 2y^2, \quad \lambda \ge 0,\\
&\text{(d)}\ \ 0 = \lambda\ L_\lambda(x, y, \lambda, \mu) = \lambda(4 - x^2 - 2y^2),\\
&\text{(e)}\ \ 0 \le L_\mu(x, y, \lambda, \mu) = 1 - x, \quad \mu \ge 0,\\
&\text{(f)}\ \ 0 = \mu\ L_\mu(x, y, \lambda, \mu) = \mu(1 - x).
\end{aligned}$$

まず，(e) より $x \le 1$ となり，(f) から $\mu = 0$ もしくは $x = 1$ である．これで分類して考える．

Step 1. $\mu = 0$ のとき：(a) より $x(1 - \lambda) = 0$ なので，$x = 0$ または $\lambda = 1$ である．

Case 1-1. $x = 0$ とする．(d) より，$\lambda(2 - y^2) = 0$ だから $\lambda = 0$ または $y = \pm\sqrt{2}$.

- $\lambda = 0$ なら，(b) より $y = 0$.
- $y = \pm\sqrt{2}$ なら，(b) より $\lambda = 1/2$.

Case 1-2. $\lambda = 1$ とする．(b) より $y = 0$. (d) に λ, y の値を代入して，$x = \pm 2$. ところが $x \le 1$ の条件があるので $x = -2$.

Step 2. $x = 1$ のとき：(d) より $\lambda(3 - 2y^2) = 0$. これより $\lambda = 0$ または $y = \pm\sqrt{3/2}$ である．

Case 2-1. $\lambda=0$ とする．(a) より $\mu=2$，(b) より $y=0$．

Case 2-2. $y=\pm\sqrt{3/2}$ のとき，(b) より $\lambda=1/2$，(a) より $\mu=1$．

以上より，

$$(x,y,\lambda,\mu)=(0,0,0,0,0),\quad \left(0,\pm\sqrt{2},\frac{1}{2},0\right),\quad (-2,0,1,0),$$
$$(1,0,0,2),\quad \left(1,\pm\sqrt{\frac{3}{2}},\frac{1}{2},1\right)$$

が最適解の候補である．これを実際に $f(x,y)$ に代入し，次を得る：

$$\text{最適解 } (x^*,y^*)=(\pm 2,0),\quad \text{最適値 } 4.$$

(iv) ラグランジュ関数

$$L(x,y,\lambda)=xy+\lambda(3-2x-y^2)$$

から，次の 4 式を得る：

$$\begin{aligned}
&\text{(a)}\quad 0=L_x(x,y,\lambda)=y-2\lambda,\\
&\text{(b)}\quad 0=L_y(x,y,\lambda)=x-2\lambda y,\\
&\text{(c)}\quad 0\le L_\lambda(x,y,\lambda)=3-2x-y^2,\quad \lambda\ge 0,\\
&\text{(d)}\quad 0=\lambda L_\lambda(x,y,\lambda)=\lambda(3-2x-y^2).
\end{aligned}$$

さらに $x\ge 0$ であることに注意する．(a) より $y=2\lambda$．これを (b) に代入し，$x=4\lambda^2$．これらを (d) に代入すると，λ だけの式になる．

$$\lambda(3-2\,(4\lambda^2)-4\lambda^2)=0\ \Rightarrow\ \lambda(1-2\lambda)\,(1+2\lambda)=0.$$

$\lambda\ge 0$ を考慮すると，$\lambda=0$ または $\lambda=1/2$ である．これで分類して考える．

Case 1. $\lambda=0$ のとき： (a), (b) より $x=0$, $y=0$．

Case 2. $\lambda=1/2$ のとき： (a) より $y=1$．次に λ, y の値を (b) に代入して，$x=1$．

いずれの場合も $x\ge 0$ を満たす．したがって，

$$(x,y,\lambda)=(0,0,0),\ (1,1,1/2)$$

が最適解の候補である．これを実際に $f(x,y)=xy$ に代入し，次が得られた：

$$\text{最適解 } (x^*,y^*)=(1,1),\quad \text{最適値 } 1.\quad \square$$

18.2 経済への応用

企業および消費者の行動を最適値問題の立場から説明する.

18.2.1 消費者の行動

消費者が商品 X を x 単位, 別の商品 Y を y 単位消費する. 彼は

「予算制約の下で, 自己の満足 (=効用) が最大になる」

ように行動するが, 満足の度合いは, ある効用関数 $u(x, y)$ で表現できている. なお, 効用関数は "消費が多ければ, 満足が大きい" ので,

$$u(x, y) \text{ は } x, y \text{ の増加関数} \iff u_x(x, y) \geq 0,\ u_y(x, y) \geq 0$$

を満たしている.

◇ **例題 18.2.1** (消費者の行動). 消費者の予算は m, 効用関数は $u(x, y) = x^2 y$ である[1]. 商品 X の価格を P_1, 商品 Y の価格を P_2 とすると, 消費者の行動は, 次の "不等式条件付き最適値問題" の最適解であるが, その最適解を求めよ:

$$\max_{x \geq 0,\, y \geq 0} u(x, y) \quad \text{subject to} \quad P_1 x + P_2 y \leq m. \quad \diamond$$

解答 この問題に対応するラグランジュ関数は,

$$L(x, y, \lambda) = x^2 y + \lambda\big(m - P_1 x - P_2 y\big)$$

である. 最適解の候補を求める. クーン・タッカーの定理 18.1.3 から

$$\begin{aligned}
&\text{(a)} \quad 0 = L_x(x, y, \lambda) = 2x y - \lambda P_1, \\
&\text{(b)} \quad 0 = L_y(x, y, \lambda) = x^2 - \lambda P_2, \\
&\text{(c)} \quad 0 \leq L_\lambda(x, y, \lambda) = m - P_1 x - P_2 y, \quad \lambda \geq 0, \\
&\text{(d)} \quad 0 = \lambda L_\lambda(x, y, \lambda) = \lambda\big(m - P_1 x - P_2 y\big).
\end{aligned}$$

効用関数 $u(0, y) = 0$ だから $x \neq 0$. よって (a) と (b) から

$$\frac{2x y}{P_1} = \lambda = \frac{x^2}{P_2} \ \Rightarrow\ x = \frac{2P_2}{P_1} y, \quad \lambda \neq 0.$$

(d) から

$$0 = m - P_1 \frac{2P_2}{P_1} y - P_2 y \ \Rightarrow\ y = \frac{m}{3P_2},\ x = \frac{2m}{3P_1}$$

---

1) この効用関数 u はコブ・ダグラス型関数. 例 14.1.1 を参照せよ.

となり，$(x^*, y^*) = \left(\dfrac{2m}{3P_1}, \dfrac{m}{3P_2}\right)$ が最適解である．　□

18.2.2　企業の行動

企業は，資本 K と労働 L を使って，ある製品を q 単位生産する．ここで企業は

「資本と労働量の制約を受けながら，利潤が最大になる」

ように行動する．

◇ **例題 18.2.2** (企業の行動)．その“商品の生産量，q 単位”は，

$$q = 6\,K^{1/3}\,L^{1/2} \quad \text{(生産関数)}$$

で表される．また，生産物の 1 単位当たりの価格 p，資本の価格[2] r，労働の価格[3] w とする．この企業の利潤 $\pi(K, L)$ は次のとおりである：

$$\pi(K, L) = p\,q - r\,K - w\,L = 6\,p\,K^{1/3}\,L^{1/2} - r\,K - w\,L.$$

このとき，制約条件 $K \geq 0$, $L \geq 0$ の下で，利潤 $\pi(K, L)$ を最大にする最適解を求めよ．　◇

解答　この問題は，クーン・タッカーの定理 18.1.7 によらずに，最適解を求めることができる．

Step 1. まず極値は次式を満たしている：

$$0 = \frac{\partial \pi}{\partial K}(K, L) = 2\,p\,K^{-2/3}\,L^{1/2} - r,$$
$$0 = \frac{\partial \pi}{\partial L}(K, L) = 3\,p\,K^{1/3}\,L^{-1/2} - w.$$

この連立方程式を解いて，

$$(K^*, L^*) = \left(\frac{6^3\,p^6}{r^3\,w^3}, \frac{18^2\,p^6}{r^2\,w^4}\right) \tag{18.2.1}$$

が最適解の候補である．

Step 2. 定理 (極大/極小の判定) 16.3.1 を適用して，この (K^*, L^*) が極大点かどうかを調べる．

$$\frac{\partial^2 \pi}{\partial K^2}(K, L) = -\frac{4}{3}\,p\,K^{-5/3}\,L^{1/2} \;\Rightarrow\; \frac{\partial^2 \pi}{\partial K^2}(K^*, L^*) < 0,$$

---
2)　資本を借りるための賃貸率．
3)　賃金率．

$$\frac{\partial^2 \pi}{\partial L^2}(K,L) = -\frac{3}{2}\, p\, K^{1/3}\, L^{-3/2} \;\Rightarrow\; \frac{\partial^2 \pi}{\partial L^2}(K^*,L^*) < 0,$$

$$\frac{\partial^2 \pi}{\partial L\,\partial K}(K,L) = p\, K^{-2/3}\; L^{-1/2}$$

だから，

$$\begin{aligned}\mathrm{Det}\, H(K,L) &\equiv \frac{\partial^2 \pi}{\partial K^2}(K,L) \times \frac{\partial^2 \pi}{\partial L^2}(K,L) - \left\{\frac{\partial^2 \pi}{\partial L\,\partial K}(K,L)\right\}^2 \\ &= \frac{p^2}{K^{4/3}\, L} \Rightarrow \mathrm{Det}\, H(K^*,L^*) > 0.\end{aligned}$$

すなわち，(18.2.1) が極大値となることが示された． □

Part V

積　　分

19
不定積分

19.1　不定積分の定義と公式

I. 不定積分は微分の逆である．

定義 19.1.1. 連続関数 $f(x)$ に対して

$$F'(x) = f(x) \tag{19.1.1}$$

を満たす微分可能な関数 $F(x)$ を $f(x)$ の**原始関数**とよぶ．　◇

♦ **解説**：当然の疑問が，“どんな連続関数に対しても，原始関数はあるのか?” 後述の定理 20.2.2 より，この疑問への解答は肯定的である．　◇

一般に，原始関数は多数ある．しかし，微積分の基本定理 9.2.7 より，原始関数どうしの差は定数であることがわかる．

定義 19.1.2. 連続関数 f の原始関数の一つを F とすると，原始関数の全体は

$$\int f(x)\,dx = F(x) + C, \quad C\ \text{は任意の定数} \tag{19.1.2}$$

と表される．(19.1.2) の左辺を “関数 f の**不定積分**”，f を**被積分関数**，右辺の C を**積分定数**という．　◇

♦ **注 19.1.3** (積分記号での注意). 積分記号は (19.1.2) であるが，被積分関数 f の記述式が長い場合，数式全体の見やすさを重視し，

$$\int dx\ f(x) \tag{19.1.3}$$

と，被積分関数を最後にもってくる記法を採用する場合もある．　◇

不定積分は “微分して f となる関数 F を求める” ことだから，次が成り立つ．

命題 19.1.4 (不定積分の公式 1)．C を積分定数とする．

関数 $f(x)$		不定積分 $F(x) = \int f(x)\,dx$
べき乗	$x^a,\ x > 0,\ a \neq -1$	$\dfrac{x^{a+1}}{a+1} + C$
指数関数	e^x	$e^x + C$
対数関数	$\dfrac{1}{x},\ x \neq 0$	$\log\lvert x\rvert + C$
正　弦	$\sin x$	$-\cos x + C$
余　弦	$\cos x$	$\sin x + C$
$\dfrac{1}{\cos^2 x}$		$\tan x + C$

◇

証明 表の右の不定積分 F を微分して，対応する左の関数 f になることを確かめればよい．§8.3 の表より，最初の行は

$$F(x) = \frac{x^a}{a+1} + C \ \Rightarrow\ F'(x) = \frac{1}{a+1}(a+1)x^a = x^a = f(x).$$

他も同様．　□

表 8.3 の公式も，不定積分でいい換えることができる．

命題 19.1.5 (不定積分の公式 2)．a, b を定数とする．また f, g は連続な関数とする．

(i) $\displaystyle\int \bigl\{a\,f(x) + b\,g(x)\bigr\}\,dx = a\int f(x)\,dx + b\int g(x)\,dx.$

(ii) **(置換積分)** $g(t)$ が連続な導関数をもつとき，$x \equiv g(t)$ とおくと：

$$\int f(x)\,dx = \int f\bigl(g(t)\bigr)\,g'(t)\,dt.$$

(iii) **(部分積分)** f', g が連続な導関数をもつとき，

$$\int f'(x)\,g(x)\,dx = f(x)\,g(x) - \int f(x)\,g'(x)\,dx. \quad \diamond$$

証明 (i) は自明．(ii) を示す．f の原始関数を F とする．$x = g(t)$ とおくと，命題 (微分公式) 8.2.1 (iii) から

$$\frac{dF\bigl(g(t)\bigr)}{dt} = F'\bigl(g(t)\bigr)\,g'(t) = f\bigl(g(t)\bigr)\,g'(t).$$

定義 19.1.1 から $f\bigl(g(t)\bigr)\,g'(t)$ の原始関数は $F\bigl(g(t)\bigr)$ となり，定義 19.1.2

から

$$\int f\big(g(t)\big)\,g'(t)\,dt = F\big(g(t)\big) = F(x) = \int f(x)\,dx.$$

(iii) を示す．命題 (微分公式) 8.2.1 (ii) から

$$\frac{d}{dx}\,f(x)\,g(x) = f'(x)\,g(x) + f(x)\,g'(x).$$

つまり，$f'(x)\,g(x) + f(x)\,g'(x)$ の原始関数は $f(x)\,g(x)$ となるので，

$$\begin{aligned} f(x)\,g(x) &= \int \big\{\, f'(x)\,g(x) + f(x)\,g'(x) \,\big\}\,dx \\ &= \int f'(x)\,g(x)\,dx + \int f(x)\,g'(x)\,dx. \end{aligned}$$

この等式で，最後の項を左辺に移項して，部分積分の公式が得られる． □

◊ **例題 19.1.6.** a, b を 0 でない定数，c を正の定数とする．次の不定積分を計算せよ．

(a) $\displaystyle\int e^{a\,x}\,dx$,　(b) $\displaystyle\int \frac{a}{x-b}\,dx$,　(c) $\displaystyle\int c^{a\,x}\,dx$.　◊

解答　変数変換でも計算できるが，例題 8.2.5 より，(a)〜(c) の被積分関数の原始関数がわかっている．すると

(a) $\displaystyle\int e^{a\,x}\,dx = \frac{1}{a}\,e^{a\,x} + C$,　(b) $\displaystyle\int \frac{a}{x-b}\,dx = \log|x-b|^a + C$,

(c) $\displaystyle\int c^{a\,x}\,dx = \frac{1}{a\,\log c}\,c^{a\,x} + C$.　□

II. 一般に，積分は微分より難しい．不定積分の公式 (命題 19.1.5) を駆使して解く努力が必要になる．また，どうやっても解くことのできない積分にも，しばしば遭遇する．積分計算に慣れるための例題を提示する．

◊ **例題 19.1.7.** 次の不定積分を求めよ．

(a1) $\displaystyle\int \frac{\log x}{x}\,dx$,　(a2) $\displaystyle\int \frac{(\log x)^3}{x}\,dx$,　(a3) $\displaystyle\int x\sqrt{x+1}\,dx$.

(b1) $\displaystyle\int x\,e^x\,dx$,　(b2) $\displaystyle\int \log x\,dx$,　(b3) $\displaystyle\int x\log x\,dx$.

(c1) $\displaystyle\int (3x+1)^{100}\,dx$,　(c2) $\displaystyle\int x^2\,e^x\,dx$,　(c3) $\displaystyle\int x^3\,e^{x^2}\,dx$.　◊

解答 (a1)〜(a3) は，すべて置換積分を使う．

(a1) $x = g(t) \equiv e^t$ とおく．$t = \log x,\ g'(t) = e^t$ だから

$$\int \frac{\log x}{x}\,dx = \int \frac{\log e^t}{e^t}\,e^t\,dt = \int t\,dt = \frac{t^2}{2} + C = \frac{(\log x)^2}{2} + C.$$

(a2) 前と同様に $x = g(t) \equiv e^t$ とおく．

$$\int \frac{(\log x)^3}{x}\,dx = \int \frac{(\log e^t)^3}{e^t}\,e^t\,dt = \int t^3\,dt = \frac{t^4}{4} + C = \frac{(\log x)^4}{4} + C.$$

(a3) $\sqrt{x+1} \equiv t$ とおく．すると $x = g(t) = t^2 - 1,\ g'(t) = 2t$ だから

$$\int x\sqrt{x+1}\,dx = \int (t^2-1)\cdot t\cdot 2t\,dt = \int (2t^4 - 2t^2)\,dt$$
$$= \frac{2t^5}{5} - \frac{2t^3}{3} + C = \frac{2}{5}(x+1)^{5/2} - \frac{2}{3}(x+1)^{3/2} + C.$$

(b1)〜(b3) は，すべて部分積分を使う．

(b1) $f(x) \equiv e^x,\ g(x) \equiv x$ とおく．$f'(x) = e^x$ だから

$$\int x\,e^x\,dx = \int g(x)\,f'(x)\,dx = g(x)\,f(x) - \int g'(x)\,f(x)\,dx$$
$$= x\,e^x - \int e^x\,dx = x\,e^x - e^x + C.$$

(b2) $f(x) \equiv x,\ g(x) \equiv \log x$ とおく．$f'(x) = 1,\ g'(x) = 1/x$ だから

$$\int \log x\,dx = \int f'(x)\,g(x)\,dx = x\,\log x - \int x\,\frac{1}{x}\,dx$$
$$= x\,\log x - \int dx = x\,\log x - x + C.$$

(b3) $f(x) \equiv \dfrac{x^2}{2},\ g(x) \equiv \log x$ とおく．$f'(x) = x,\ g'(x) = \dfrac{1}{x}$ だから

$$\int x\,\log x\,dx = \int f'(x)\,g(x)\,dx = \frac{x^2}{2}\log x - \int \frac{x^2}{2}\,\frac{1}{x}\,dx$$
$$= \frac{x^2\,\log x}{2} - \int \frac{x}{2}\,dx = \frac{x^2\,\log x}{2} - \frac{x^2}{4} + C.$$

(c1) 置換積分を行う．$x = \dfrac{t-1}{3} \equiv g(t)$ とおくと，$t = 3x+1$ となり，

$$\int (3x+1)^{100}\,dx = \int t^{100}\ g'(t)\,dt = \int t^{100}\ \frac{1}{3}\,dt$$
$$= \frac{1}{303}t^{101} + C = \frac{1}{303}(3x+1)^{101} + C.$$

(c2)　$(e^x)' = e^x$ を使った部分積分を行う．

$$\begin{aligned}\int x^2\,e^x\,dx &= \int x^2\,(e^x)'\,dx = x^2\,e^x - \int 2x\,e^x\,dx\\ &= x^2\,e^x - \int 2x\,(e^x)'\,dx = x^2\,e^x - 2x\,e^x + \int 2\,e^x\,dx\\ &= x^2\,e^x - 2x\,e^x + 2\,e^x + C.\end{aligned}$$

(c3)　$\left(e^{x^2}\right)' = 2x\,e^{x^2}$ を使った部分積分を行う．

$$\begin{aligned}\int x^3\,e^{x^2}dx &= \int \frac{x^2}{2}\,2x\,e^{x^2}dx = \int \frac{x^2}{2}\,\left(e^{x^2}\right)'dx\\ &= \frac{x^2}{2}\,e^{x^2} - \int x\,e^{x^2}dx = \frac{x^2}{2}\,e^{x^2} - \int \frac{1}{2}\left(e^{x^2}\right)'dx\\ &= \frac{x^2}{2}\,e^{x^2} - \frac{1}{2}\,e^{x^2} + C. \quad \square\end{aligned}$$

19.2　特別な技術を使う積分

19.2.1　部分分数分解

◇ **例題 19.2.1.**　$a, b\ (a \neq b)$ を実数とする．次の不定積分を求めよ：

$$\int \frac{1}{(x-a)\,(x-b)}\,dx. \quad \diamond$$

解答　*Step 1.* 被積分関数を部分分数に分解する：

$$\frac{1}{(x-a)(x-b)} = \frac{1}{a-b}\left(\frac{1}{x-a} - \frac{1}{x-b}\right).$$

(♦ **注：部分分数分解**　“分母が因数分解されている分数式”を，いくつかの“分数式の和”に変換することを部分分数分解という．上の式で，右辺と通分すると等号を確かめることができる．　◇)

Step 2. 例題 19.1.6 を使って，不定積分を求める：

$$\begin{aligned}\int \frac{1}{(x-a)\,(x-b)}\,dx &= \frac{1}{a-b}\int \left(\frac{1}{x-a} - \frac{1}{x-b}\right)dx\\ &= \frac{1}{a-b}\Big(\log(x-a) - \log(x-b)\Big)\\ &= \frac{1}{a-b}\,\log\frac{x-a}{x-b} + C. \quad \square\end{aligned}$$

◇ **例題 19.2.2.** $a,\ b,\ c\ (a \neq b,\ a \neq c,\ b \neq c)$ を実数とする．次の不定積分を求めよ：

$$(*) = \int \frac{1}{(x-a)(x-b)(x-c)}\,dx. \quad \diamond$$

解答 <u>*Step 1.*</u> 二度に分け，被積分関数を部分分数に分解する：

$$\frac{1}{(x-b)(x-c)} = \frac{1}{b-c}\left(\frac{1}{x-b} - \frac{1}{x-c}\right)$$

だから

$$\begin{aligned}
\frac{1}{(x-a)(x-b)(x-c)} &= \frac{1}{b-c}\left(\frac{1}{(x-a)(x-b)} - \frac{1}{(x-a)(x-c)}\right) \\
&= \frac{1}{x-a}\left(\frac{1}{a-b}\cdot\frac{1}{b-c} + \frac{1}{b-c}\cdot\frac{1}{c-a}\right) \\
&\quad - \frac{1}{(a-b)(b-c)}\cdot\frac{1}{x-b} - \frac{1}{(b-c)(c-a)}\cdot\frac{1}{x-c} \\
&= -\frac{1}{(a-b)(c-a)(x-a)} - \frac{1}{(a-b)(b-c)(x-b)} \\
&\quad - \frac{1}{(b-c)(c-a)(x-c)}.
\end{aligned}$$

<u>*Step 2.*</u> 例題 19.1.6 を使って，不定積分を求める．

$$\begin{aligned}
(*) &= -\frac{1}{(a-b)(c-a)}\log|x-a| \\
&\quad - \frac{1}{(a-b)(b-c)}\log|x-b| - \frac{1}{(b-c)(c-a)}\log|x-c| + C. \quad \square
\end{aligned}$$

19.2.2 無理式や分数式を含む関数

“多項式の n 乗根” を**無理式**という (§6.3.1 を参照のこと)．“三角関数や他の無理式” を利用した置換積分を行うと，比較的簡単な積分に帰着できることがある．以下の例題を参考にせよ．

◇ **例題 19.2.3.** 正定数 a に対し，$\displaystyle\int \sqrt{a^2 - x^2}\,dx$ を求めよ． ◇

解答 <u>*Step 1.*</u> $x = a\sin t$ の置換積分を行う．

$$\sqrt{a^2-x^2} = \sqrt{a^2(1-\sin^2 t)} = \sqrt{a^2\cos^2 t} = a\cos t,$$

$$\frac{dx}{dt} = \Big(a\sin t\Big)' = a\cos t$$

の準備のもとで，倍角の公式 (補題 6.3.5 で $\alpha=\beta$ とする) も使って，

$$\int \sqrt{a^2-x^2}\,dx = a^2 \int \cos^2 t\,dt$$
$$= a^2 \int \frac{\cos 2t+1}{2}\,dt = a^2\Big(\frac{\sin 2t}{4}+\frac{t}{2}\Big)+C.$$

Step 2. 上の計算結果を x で表す．例 6.4.7 で扱った逆正弦関数 $\arcsin x$ は $\sin x$ の逆関数だから，

$$x=a\,\sin t,\ -\frac{\pi}{2}\le t\le\frac{\pi}{2}\ \Rightarrow\ t=\arcsin\frac{x}{a},\ -1\le\frac{x}{a}\le 1.$$

次に，$a\,\cos t=\sqrt{a^2-a^2\,\sin t}=\sqrt{a^2-x^2}$ だから

$$a^2\sin 2t = 2(a\,\sin t)(a\,\cos t)=2x\sqrt{a^2-x^2}.$$

結局，これらより

$$\int \sqrt{a^2-x^2}\,dx=\frac{x}{2}\sqrt{a^2-x^2}+\frac{a^2}{2}\arcsin\frac{x}{a}+C. \quad \square$$

◇ **例題 19.2.4.** 正定数 a に対し，次の不定積分を求めよ．

(i) $\displaystyle\int \frac{1}{\sqrt{a^2-x^2}}\,dx$, (ii) $\displaystyle\int \frac{1}{(a^2-x^2)^{3/2}}\,dx$, (iii) $\displaystyle\int \frac{1}{\sqrt{a^2+x^2}}\,dx$. ◇

解答 (i) $x=a\,\sin t$ の置換積分でも簡単に計算できるが，ここでは，それと異なる方法をとる．

(♦ 注 : 2 階偏微分が可能な 2 変数関数 $F(x,a)$ に対し，命題 13.2.2 より，F_{xa} が連続なら，

$$f(x,a)=F_x(x,a)\ \Rightarrow\ \frac{\partial f}{\partial a}(x,a)=\frac{\partial F_x}{\partial a}(x,a)=\frac{\partial F_a}{\partial x}(x,a).$$

a を固定すると，不定積分の定義から，これは，次と同値である :

$$\int f(x,a)\,dx=F(x,a)\ \Rightarrow\ \int\frac{\partial f}{\partial a}(x,a)\,dx=F_a(x,a)=\frac{\partial F}{\partial a}(x,a). \quad \diamond)$$

この注に従う．逆正弦関数の微分は例 8.2.11 で扱ったので，例題 19.2.3 から

$$\int \frac{1}{\sqrt{a^2-x^2}}\,dx=\frac{1}{a}\int\frac{\partial}{\partial a}\sqrt{a^2-x^2}\,dx+C$$
$$=\frac{1}{a}\ \frac{\partial}{\partial a}\Big\{\frac{x}{2}\sqrt{a^2-x^2}+\frac{a^2}{2}\arcsin\frac{x}{a}\Big\}+C$$
$$=\frac{x}{2\sqrt{a^2-x^2}}-\frac{x}{2\sqrt{a^2-x^2}}+\arcsin\frac{x}{a}+C=\arcsin\frac{x}{a}+C.$$

(ii) 前問 (i) と同じ方針で計算する．今度は (i) を参照し，

$$\int \frac{1}{(a^2-x^2)^{3/2}}\,dx = -\frac{1}{a}\int \frac{\partial}{\partial a}\frac{1}{\sqrt{a^2-x^2}}\,dx + C$$
$$= -\frac{1}{a}\,\frac{\partial}{\partial a}\Big\{\arcsin\frac{x}{a}\Big\} + C = \frac{x}{a^2\sqrt{a^2-x^2}} + C.$$

(iii) $at = \sqrt{x^2+a^2} - x$ の変数変換を行う．$a^2t^2 + 2atx = a^2$ だから，両辺を t で微分して

$$2a^2t + 2ax + 2at\frac{dx}{dt} = 0 \;\Rightarrow\; \frac{dx}{dt} = -\frac{x+at}{t}.$$

以上をもとに，

$$\int \frac{1}{\sqrt{x^2+a^2}}\,dx = \int \frac{1}{x+at}\Big(-\frac{x+at}{t}\Big)\,dt = -\int \frac{1}{t}\,dt$$
$$= -\log|t| + C = -\log\frac{\sqrt{x^2+a^2}-x}{a} + C. \quad \square$$

◊ **例題 19.2.5.** 正定数 a に対し，$\displaystyle\int \frac{1}{a^2+x^2}\,dx$ を求めよ． ◊

解答 $\arctan x$ の微分 (例題 8.2.11) からすぐに計算できるが，ここでは，$x = a\tan t$ の置換積分を行う．準備として

$$a^2+x^2 = a^2(1+\tan^2 t) = a^2\cdot\frac{\sin^2 t+\cos^2 t}{\cos^2 t} = \frac{a^2}{\cos^2 t},$$
$$\frac{dx}{dt} = a\Big(\tan t\Big)' = \frac{a}{\cos^2 t}.$$

以上より

$$(\#) \equiv \int \frac{1}{a^2+x^2}\,dx = \int \frac{\cos^2 t}{a^2}\,\frac{a}{\cos^2 t}\,dt = \int \frac{1}{a}\,dt = \frac{t}{a} + C.$$

右辺を x で表す．例 6.4.7 で定義した逆正接関数 $\arctan x$ は $\tan x$ の逆関数だから

$$x = a\tan t,\ -\frac{\pi}{2} < t < \frac{\pi}{2} \;\Rightarrow\; t = \arctan\frac{x}{a},\ -\infty < x < \infty$$

となり，$(\#) = \dfrac{1}{a}\arctan\dfrac{x}{a} + C.$ $\square$

19.2.3　三角関数の有理式

2 つの多項式 $P(x), Q(x)$ の割り算 $\dfrac{P(x)}{Q(x)}$ と表せる関数を**有理式**という．

定番の置換： $R(x,y)$ を 2 変数 x,y の有理式としたとき，次の不定積分

$$\int R(\sin x, \cos x)\, dx$$

を計算するために，$t = \tan(x/2)$ の置換を行うと計算できることがある．

Step 1. この置換を行うためには，準備が必要である．

$$1 + t^2 = 1 + \tan^2 \frac{x}{2} = 1 + \frac{\sin^2\big(x/2\big)}{\cos^2\big(x/2\big)}$$
$$= \frac{\cos^2\big(x/2\big) + \sin^2\big(x/2\big)}{\cos^2\big(x/2\big)} = \frac{1}{\cos^2\big(x/2\big)} \quad\Rightarrow\quad \cos^2\frac{x}{2} = \frac{1}{1+t^2}.$$

Step 2. 倍角の公式 (補題 6.3.5 で $\alpha = \beta$ とする) も使って，

$$\sin x = 2\sin\frac{x}{2}\cos\frac{x}{2} = 2\,\frac{\sin\big(x/2\big)}{\cos\big(x/2\big)}\cos^2\frac{x}{2} = \frac{2t}{1+t^2},$$

$$\cos x = \cos^2\frac{x}{2} - \sin^2\frac{x}{2} = 2\,\cos^2\frac{x}{2} - 1 = \frac{2}{1+t^2} - 1 = \frac{1-t^2}{1+t^2},$$

$$\frac{dt}{dx} = \left(\tan\frac{x}{2}\right)' = \frac{1}{2}\,\frac{1}{\cos^2\big(x/2\big)} = \frac{1+t^2}{2} \qquad\Rightarrow\qquad \frac{dx}{dt} = \frac{2}{1+t^2}.$$

以上の準備から，次の命題が得られた．

命題 19.2.6. $R(x,y)$ を 2 変数 x,y の有理式とする．$t = \tan\dfrac{x}{2}$ の置換を行うと，

$$\int R(\sin x, \cos x)\, dx = \int R\Big(\frac{2t}{1+t^2}, \frac{1-t^2}{1+t^2}\Big)\frac{2}{1+t^2}\, dt. \quad \diamond$$

◇ **例題 19.2.7.** 次の不定積分を求めよ．

$$\text{(i)} \int \frac{1}{\sin x}\, dx, \qquad \text{(ii)} \int \frac{\cos x}{1 + \sin x + \cos x}\, dx. \quad \diamond$$

解答 (i) 定番の置換 $t = \tan\dfrac{x}{2}$ を行う．命題 19.2.6 より

$$\int \frac{1}{\sin x}\, dx = \int \frac{1+t^2}{2t}\,\frac{2}{1+t^2}\, dt$$

$$= \int \frac{1}{t}\,dt = \log|t| + C = \log\left|\tan\frac{x}{2}\right| + C.$$

(ii) 定番の置換 $t = \tan\dfrac{x}{2}$ を行う．命題 19.2.6 より

$$\begin{aligned}
&\int \frac{\cos x}{1+\sin x+\cos x}\,dx \\
&= \int \frac{1-t^2}{1+t^2}\frac{1}{1+2t/(1+t^2)+(1-t^2)/(1+t^2)}\frac{2}{1+t^2}\,dt \\
&= \int \frac{1-t^2}{(1+t^2)(1+t)}\,dt = \int \frac{1-t}{1+t^2}\,dt \\
&= \int \frac{1}{1+t^2}\,dt - \int \frac{t}{1+t^2}\,dt.
\end{aligned}$$

ここで第 1 項の不定積分は例題 19.2.5 でわかっている．

残った第 2 項の不定積分に対し，置換積分 $s = 1+t^2$ を行う．

$$\frac{ds}{dt} = \left(1+t^2\right)' = 2t$$

だから

$$\begin{aligned}
\int \frac{t}{1+t^2}\,dt &= \int \frac{t}{s}\,\frac{1}{2t}\,ds = \frac{1}{2}\int \frac{1}{s}\,ds \\
&= \frac{1}{2}\,\log|s| + C = \frac{1}{2}\,\log(1+t^2) + C.
\end{aligned}$$

つまり，定番の置換 $t = \tan\dfrac{x}{2}$ を行うと，

$$\begin{aligned}
\int \frac{\cos x}{1+\sin x+\cos x}\,dt &= \tan^{-1} t - \frac{1}{2}\,\log(1+t^2) + C \\
&= \arctan\left(\tan\frac{x}{2}\right) - \frac{1}{2}\,\log\frac{1}{\cos^2\left(x/2\right)} + C \\
&= \frac{x}{2} + \log\left|\cos\frac{x}{2}\right| + C. \quad \square
\end{aligned}$$

20
定積分

前章では，微分の逆として不定積分を定義した．本章では，それとは別の積分，定積分を考える．

20.1　定積分の定義

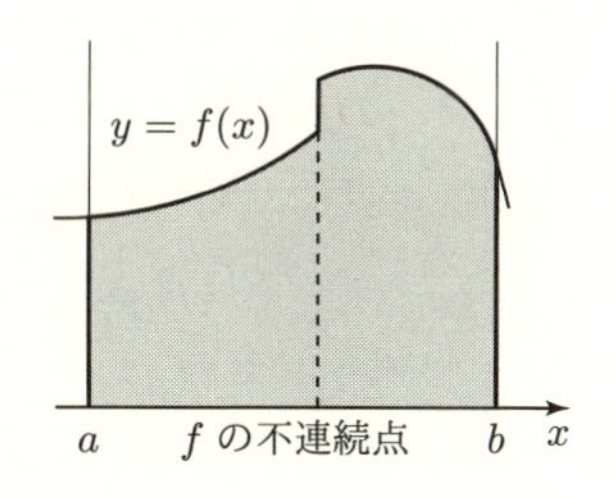

区間 $[a,b]$ で有界な関数 f が与えられている．$y = f(x)$, x 軸，$x = a$, $x = b$ の 4 つで囲まれる領域の面積を S とする．S が確定するとき，

$$S = \int_a^b f(x)\,dx$$

と書き，右辺を定積分という (厳密な定義は，定義 20.1.3)．

不定積分の場合 f は連続であったが，右上の図をみると，不連続な f に対しても面積 S は決まるように思える．

Step 1. そこで，“どのような f に対し，S の値が確定するか” が問題になる．

分割： 単調増加数列 Δ が

$$\Delta \equiv \{x_k, k = 0, \cdots, N\}, \quad a = x_0 < x_1 < \cdots < x_N = b \quad (20.1.1)$$

であるとき，区間 $[a,b]$ の**分割** Δ という．分割 Δ に対し，分点間の最大の巾を

$$|\Delta| \equiv \max\{x_k - x_{k-1} : k = 1, 2, \cdots, N\}$$

と記述する．

有界な関数 f と分割 Δ で生じる半開の部分区間 $[x_{k-1}, x_k)$ に対し，各区間での f の上限および下限をそれぞれ

$$f_k^* \equiv \sup\{f(x) : x_{k-1} \leq x < x_k\}, \quad k = 1, 2, \cdots, N \qquad (20.1.2)$$

$$f_k^{\dagger} \equiv \inf\{f(x) : x_{k-1} \leq x < x_k\}, \quad k = 1, 2, \cdots, N \tag{20.1.3}$$

とおき，次に，

$$\textbf{ダルブーの過剰和} \quad S^*(f;\Delta) \equiv \sum_{k=1}^{n} f_k^* \cdot (x_k - x_{k-1}), \tag{20.1.4}$$

$$\textbf{ダルブーの不足和} \quad S^{\dagger}(f;\Delta) \equiv \sum_{k=1}^{n} f_k^{\dagger} \cdot (x_k - x_{k-1}) \tag{20.1.5}$$

を定める．右図で，各長方形の上までの面積を足し合わせたものがダルブーの過剰和，各長方形の下の部分だけの面積を足し合わせたものがダルブーの不足和，である．

<u>*Step 2.*</u> 2 つの分割 Δ と Δ' があるとき，両者の分点をすべて採用した分割を $\Delta^{\bigstar}$ とする．ダルブーの過剰和，不足和の定義から分割 Δ をさらに細かくした $\Delta^{\bigstar}$ では，下図のように，過剰和は小さく，不足和は大きくなる性質をもっている：

$$S^{\dagger}(f;\Delta) \leq S^{\dagger}(f;\Delta^{\bigstar}) \leq S^*(f;\Delta^{\bigstar}) \leq S^*(f;\Delta). \tag{20.1.6}$$

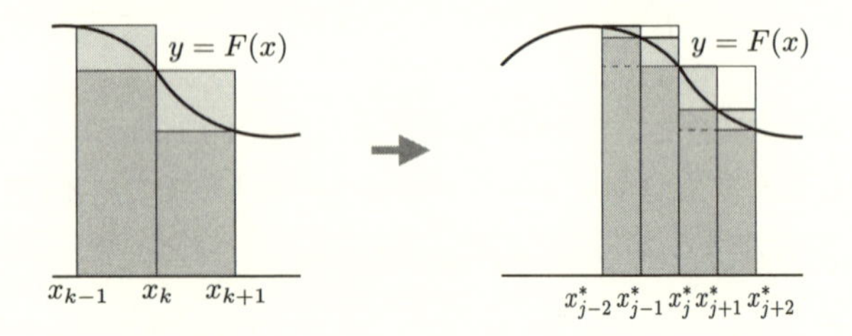

また，区間 $[a,b]$ での f の最大値を f^*，最小値を $f^{\dagger}$ とすれば

$$f^{\dagger} \cdot (b-a) \leq S^{\dagger}(f;\Delta) \leq S^*(f;\Delta) \leq f^* \cdot (b-a)$$

となるので，Δ がすべての分割を動くときも $\{ S^*(f;\Delta) \}$ および $\{ S^{\dagger}(f;\Delta) \}$ は有界な集合となる．すると，ワイエルシュトラスの定理 3.2.7 より，上限と下限が存在するので，次のように表記する：

$$\inf_{\Delta} S^*(f;\Delta) \equiv \int_a^b f^*(x)\,dx \quad \text{と表記},$$

$$\sup_{\Delta} S^{\dagger}(f;\Delta) \equiv \int_a^b f^{\dagger}(x)\,dx \quad \text{と表記}.$$

前者を**過剰積分**，後者を**不足積分**という．

下限と極限

★要点 20.1.1. いろいろな計算では，下限や上限よりも，むしろ $|\Delta| \to 0$ という極限のほうが扱いやすい．そこで，次の命題は有用である． $\diamond$

命題 20.1.2 (ダルブー)**.** $\displaystyle\lim_{k\to\infty}|\Delta_k| = 0$ である任意の分割列 $\{\Delta_k\}$ に対し，次が成り立つ：

$$\lim_{k\to\infty} S^\dagger(f;\Delta_k) = \int_a^b f^\dagger(x)\,dx, \quad \lim_{k\to\infty} S^*(f;\Delta_k) = \int_a^b f^*(x)\,dx. \quad \diamond$$

証明 *Step 1.* 上限の定義より，任意の $\varepsilon > 0$ に対し，ある分割 Δ_0 で

$$\int_a^b f^\dagger(x)\,dx - S^\dagger(f;\Delta_0) < \frac{\varepsilon}{3} \tag{20.1.7}$$

となるものがある．この Δ_0 を利用して，(20.1.1) の分割 Δ が，次を満たすことを示す："$|\Delta| < |\Delta_0|$ かつ $|\Delta|$ が十分小さい" ときに，

$$\left| \int_a^b f^\dagger\,dx - S^\dagger(f\,;\,\Delta) \right| < \varepsilon.$$

($\varepsilon > 0$ は任意だから，この不等式から不足和の収束が証明される．)

Step 2. Δ と Δ_0 の分点をすべて採用した分割 $\Delta^\bigstar$ を考える．すると，(20.1.6)，上限の定義，(20.1.7) から，次を得る：

$$0 \le S^\dagger(f;\Delta^\bigstar) - S^\dagger(f;\Delta_0) \le \int_a^b f^\dagger(x)\,dx - S^\dagger(f;\Delta_0) < \frac{\varepsilon}{3}. \tag{20.1.8}$$

また，$\Delta^\bigstar$ の分点 $\{x_k^\bigstar\}$ として Δ に新たに追加された分点は，Δ_0 の分点である．ところが，$|\Delta| < |\Delta_0|$ だから，

"Δ の分点 x_j と x_{j+1}" の間にある "Δ_0 の分点 $x_k^\bigstar$" は高々 1 個

である．つまり，$x_j = x_{k-1}^\bigstar < x_k^\bigstar < x_{k+1}^\bigstar = x_{j+1}$ とすると，

$$\begin{aligned} 0 &\le \left\{ {f^\bigstar}_k^\dagger \cdot \left(x_k^\bigstar - x_j\right) + {f^\bigstar}_{k+1}^\dagger \cdot \left(x_{j+1} - x_k^\bigstar\right) \right\} - f_j^\dagger \cdot (x_{j+1} - x_j) \\ &\le (|f|^* - f_j^\dagger)(x_{j+1} - x_j) \le 2|f|^*(x_{j+1} - x_j) \le 2|f|^*|\Delta|. \end{aligned}$$

ここで，${f^\bigstar}_k^\dagger = \min\{f(x) :\ x_{k-1}^\bigstar \le x < x_k^\bigstar\}$，$|f|^* = \displaystyle\sup_{a\le x\le b} |f(x)|$ とした．

また，Δ_0 の分点の数を N_0 とすれば，Δ に新たに追加される分点の個数は高々 N_0 個だから，結局，以下の不等式が示された：

$$0 \le S^\dagger(f\,;\,\Delta^\bigstar) - S^\dagger(f\,;\,\Delta) \le 2N_0|f|^*|\Delta|. \tag{20.1.9}$$

Step 3. (20.1.7)，(20.1.8)，(20.1.9) から

$$\left| \int_a^b f^\dagger(x)\,dx - S^\dagger(f\,;\,\Delta) \right| \le \left| \int_a^b f^\dagger(x)\,dx - S^\dagger(f\,;\,\Delta_0) \right| + \left| S^\dagger(f\,;\,\Delta_0) - S^\dagger(f\,;\,\Delta^\star) \right| + \left| S^\dagger(f\,;\,\Delta^\star) - S^\dagger(f\,;\,\Delta) \right| < \frac{\varepsilon}{3} + \frac{\varepsilon}{3} + 2N_0\,|f^*|\,|\Delta|.$$

いま，$|\Delta| \to 0$ とするので，$|\Delta|$ はいくらでも小さくできる.

そこで，$|\Delta| < \varepsilon/(6N_0\,|f^*|)$ とすれば，*Step 1* で述べた目標の不等式に到着する．さらに，同じ議論で，過剰和の収束も示すことができる. □

定義 20.1.3. (i) 不足積分と過剰積分が一致するとき，関数 f は区間 $[a,b]$ で**積分可能**という．すなわち，“$y = f(x)$, x 軸，$x = a$, $x = b$” で囲まれる領域の面積 S が確定し，次のように表記する：

$$\int_a^b f(x)\,dx = S = \int_a^b f^\dagger(x)\,dx = \int_a^b f^*(x)\,dx. \tag{20.1.10}$$

(ii) (20.1.10) の左辺は，“f の**定積分**” または**リーマン積分**とよばれる. ◇

命題 20.1.4. 関数 f が区間 $[a,b]$ で積分可能となるための必要十分条件は，任意の $\varepsilon > 0$ に対し $S^*(f;\Delta) - S^\dagger(f;\Delta) < \varepsilon$ となる分割 Δ が存在することである. ◇

証明 まず $\Leftarrow$ を示す．任意の $\varepsilon > 0$ に対し，命題の条件を満たす分割 Δ があるなら，上限と下限の定義より

$$0 \le \int_a^b f^*(x)\,dx - \int_a^b f^\dagger(x)\,dx \le S^*(f;\Delta) - S^\dagger(f;\Delta) < \varepsilon.$$

ε は任意だから，例題 1.2.6 より上限と下限は一致し，f は積分可能.

次に $\Rightarrow$ を示す．f は積分可能だから，(20.1.10) が成り立つ．下限と上限の定義より分割 Δ, Δ' があり，

$$0 \le \int_a^b f^\dagger(x)\,dx - S^\dagger(f;\Delta) < \frac{\varepsilon}{2}, \quad 0 \le S^*(f;\Delta') - \int_a^b f^*(x)\,dx < \frac{\varepsilon}{2}.$$

Δ, Δ' をあわせた分割を Δ'' とすると $S^*(f;\Delta'') - S^\dagger(f;\Delta'') < \varepsilon$. □

定積分の定義 20.1.3 とこの命題から，次の 2 つの命題を容易に導くことができる.

命題 20.1.5. $a < c < b$ とする. (i) 関数 f が区間 $[a,b]$ で積分可能なら，区間 $[a,c]$ および $[c,b]$ でも積分可能.

(ii) 関数 f が区間 $[a,c]$ および $[c,b]$ でも積分可能なら，$[a,b]$ で積分可能で

$$\int_a^c f(x)\,dx + \int_c^b f(x)\,dx = \int_a^b f(x)\,dx. \quad \diamond$$

命題 20.1.6. 関数 f, g は区間 $[a,b]$ で積分可能とする.

(i) すべての $x \in (a,b)$ で $f(x) \geq g(x)$ なら，$\displaystyle\int_a^b f(x)\,dx \geq \int_a^b g(x)\,dx.$

(ii) $f \cdot g$ は区間 $[a,b]$ で積分可能である．　$\diamond$

20.2　連続関数の定積分

どの関数が積分可能かを，毎回，定義 20.1.3 にもどって確かめることは面倒である．そこで，代表的な関数である連続関数の積分可能性を調べてみよう.

定理 20.2.1. 区間 $[a,b]$ で連続な関数 f は積分可能である．　$\diamond$

証明　ハイネの定理 7.3.11 より，f は区間 $[a,b]$ で一様連続．すなわち，任意の $\varepsilon > 0$ に対し，

$$|x - x'| < \delta \;\Rightarrow\; |f(x) - f(x')| < \frac{\varepsilon}{b-a}$$

が，すべての $x, x' \in [a,b]$ で成立するような $\delta > 0$ が存在する.

区間 $[a,b]$ の分割 Δ (20.1.1) を考え，分割の最大幅 $|\Delta| < \delta$ とする．f は連続だから，最大値原理 7.3.8 より

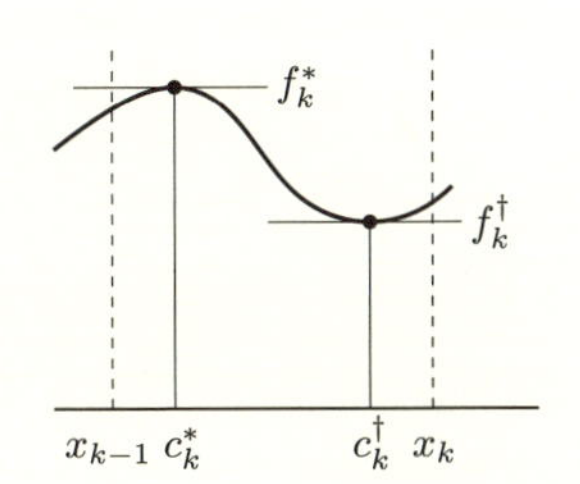

(a) ある点 $c_k^* \in [x_{k-1}, x_k]$ で

$$f(c_k^*) = \max\{f(x) : x \in [x_{k-1}, x_k]\} = f_k^*,$$

(b) ある点 $c_k^\dagger \in [x_{k-1}, x_k]$ で

$$f(c_k^\dagger) = \min\{f(x) : x \in [x_{k-1}, x_k]\} = f_k^\dagger,$$

となる．$|\Delta| < \delta$ だから $|c_k^\dagger - c_k^*| \leq x_k - x_{k-1} \leq \delta$ となり，

$$f_k^* - f_k^\dagger = f(c_k^*) - f(c_k^\dagger) < \frac{\varepsilon}{b-a}, \quad k = 1, 2, \cdots, n.$$

すなわち $|\Delta| < \delta$ なら，

$$0 \leq S^*(f;\Delta) - S^\dagger(f;\Delta) = \sum_{k=1}^n \left(f_k^* - f_k^\dagger\right)(x_k - x_{k-1})$$

$$\leq \frac{\varepsilon}{b-a}\sum_{k=1}^{n}(x_k - x_{k-1}) = \varepsilon.$$

したがって，命題 20.1.4 より，f は積分可能である．　□

別々に定義された不定積分と定積分を結びつける．

定理 20.2.2 (微積分の基本定理). (i)　区間 $[a,b]$ で連続な関数 $f(x)$ に対し，その定積分を

$$F(t) \equiv \int_a^t f(x)\,dx, \quad a < t < b \tag{20.2.1}$$

とおく．この関数 F は微分可能で，$F'(t) = f(t)$ $(a < t < b)$ となる．つまり，F は f の原始関数である．

(ii) G が f の原始関数であるとき，次が成り立つ：

$$\int_a^b f(x)\,dx = G(b) - G(a) \left(= \big[\, G(x) \,\big]_{x=a}^{b} \text{ とも表示する} \right). \quad \diamond$$

証明　(i) $a < t < b$ とする．f は連続だから，任意の $\varepsilon > 0$ に対して，ある $\delta > 0$ があり，

$$|x - t| < \delta \ \Rightarrow \ |f(x) - f(t)| < \varepsilon \quad \big(\Leftrightarrow \ -\varepsilon < f(x) - f(t) < \varepsilon \ \big).$$

一方，(20.2.1) より

$$\frac{1}{\delta}\big\{ F(t+\delta) - F(t) \big\} - f(t) = \frac{1}{\delta}\left\{ \int_t^{t+\delta} f(x)\,dx - f(t)\,\delta \right\}$$

$$= \frac{1}{\delta}\int_t^{t+\delta} \big\{ f(x) - f(t) \big\}\,dx \equiv (\#)$$

だから，前述の不等式を被積分関数に適用し

$$-\varepsilon = \frac{1}{\delta}\int_t^{t+\delta} (-\varepsilon)\,dx < (\#) < \frac{1}{\delta}\int_t^{t+\delta} \varepsilon\ dx = \varepsilon.$$

これより，任意の $\varepsilon > 0$ に対し，次の不等式が成り立った：

$$\left| \lim_{\delta\to 0} \frac{F(t+\delta) - F(t)}{\delta} - f(t) \right| \leq \varepsilon.$$

ε 論法の基盤 (例 1.2.6) と微分の定義から，F は f の原始関数となる．

(ii) 区間 $[a,b]$ の分割 (20.1.1) を考える．また，G を f の原始関数とする．平均値の定理 9.1.2 を使うと

$$\begin{aligned} G(x_k) - G(x_{k-1}) &= G'(c_k)(x_k - x_{k-1}) \\ &= f(c_k)(x_k - x_{k-1}), \quad x_{k-1} < c_k < x_k \end{aligned}$$

となるので，

$$G(b) - G(a) = \sum_{k=1}^{n} \left\{ G(x_k) - G(x_{k-1}) \right\} = \sum_{k=1}^{n} \left\{ f(c_k)(x_k - x_{k-1}) \right\} \equiv (\ddagger).$$

すると，過剰和と不足和の定義から

$$S^{\dagger}(f; \Delta) \le G(b) - G(a) = (\ddagger) \le S^{*}(f; \Delta).$$

ここで $|\Delta| \to 0$ とし，ダルブーの定理 20.1.2 を適用する．定理 20.2.1 より，連続関数 f は積分可能で，(20.1.10) が成立し，(ii) の結論に至った．　□

命題 20.2.3 (積分の平均値の定理).　f, g は区間 $[a,b]$ で有界な関数であり，ともに積分可能とする．すべての $a \le x \le b$ に対し，$g(x) \ge 0$ である．

$$f^{*} \equiv \sup\{f(x) :\ a \le x \le b\}, \quad f^{\dagger} \equiv \inf\{f(x) :\ a \le x \le b\}$$

とおくとき，次を満たす定数 γ が存在する：

$$\int_a^b f(x)\ g(x)\,dx = \gamma \int_a^b g(x)\,dx, \quad f^{\dagger} \le \gamma \le f^{*}.$$

もし，f が連続なときは，ある $c \in [a,b]$ があり，$\gamma = f(c)$ となる．　◇

証明　$A \equiv \displaystyle\int_a^b g(x)\,dx$ とおく．$s \in [f^{\dagger}, f^{*}]$ で定義された連続関数 $v(s) \equiv As$ を考える．

一方，すべての $x \in [a,b]$ で，$f^{\dagger} \cdot g(x) \le f(x)\ g(x) \le f^{*} \cdot g(x)$ だから，

$$v\left(f^{\dagger}\right) = A\,f^{\dagger} \le \int_a^b f(x)\ g(x)\,dx \le A\,f^{*} = v\left(f^{*}\right) \qquad (20.2.2)$$

となる．中間値の定理 7.3.7 を v に適用すると，ある $\gamma \in (f^{\dagger}, f^{*})$ があり

$$v(\gamma) = A\,\gamma = \int_a^b f(x)\ g(x)\,dx, \quad f^{\dagger} \le \gamma \le f^{*}.$$

一方，f が連続なとき，$u(s) \equiv A\,f(s)$ $(a \le s \le b)$ は連続な関数で，

$$\min\{u(s) :\ a \le s \le b\} = A\,f^{\dagger}, \quad \max\{u(s) :\ a \le s \le b\} = A\,f^{*}$$

を満たしている．(20.2.2) を考慮すると，u への中間値の定理 7.3.7 より，ある $c \in (a,b)$ があり，$A\,f(c) = u(c) = \displaystyle\int_a^b f(x)\ g(x)\,dx$ となる．　◇

◇ **例題 20.2.4.** 次の定積分を求めよ．なお，n は自然数である．

$$\text{(i)} \quad \int_0^{\pi/2} \cos^n\theta\, d\theta, \qquad \text{(ii)} \quad \int_0^1 \frac{\log(1+x)}{1+x^2}\, dx. \quad \diamond$$

解答 (i) 式変形が多いので，(19.1.3) の形式を採用する．$n \geq 2$ とし，部分積分を使うと

$$\begin{aligned} J_n \equiv \int_0^{\pi/2} d\theta\ \cos^n\theta &= \int_0^{\pi/2} d\theta\ \cos^{n-1}\theta\ \bigl(\sin\theta\bigr)' \\ &= \int_0^{\pi/2} d\theta\ (n-1)\cos^{n-2}\theta\ \sin\theta\ \sin\theta \\ &= (n-1)\int_0^{\pi/2} d\theta\ \cos^{n-2}\theta\ \bigl(1-\cos^2\theta\bigr) \\ &= (n-1)\int_0^{\pi/2} d\theta\ \cos^{n-2}\theta - (n-1)\int_0^{\pi/2} d\theta\ \cos^n\theta \\ &= (n-1)\,J_{n-2} - (n-1)\,J_n. \end{aligned}$$

J_n で整理し，

$$J_n = \int_0^{\pi/2} d\theta\ \cos^n\theta = \frac{n-1}{n}\ J_{n-2}.$$

$J_0 = \int_0^{\pi/2} d\theta = \pi/2$, $J_1 = \int_0^{\pi/2} d\theta\ \cos\theta = 1$ だから，n を順次小さくし，

(a) n が奇数：$J_n = (n-1)\,(n-3)\cdots 4\cdot 2/\bigl(n\,(n-2)\cdots 5\cdot 3\bigr)$.

(b) n が偶数：$J_n = \dfrac{\pi}{2}\cdot(n-1)\,(n-3)\cdots 3\cdot 1/\bigl(n\,(n-2)\cdots 4\cdot 2\bigr)$.

(ii) 実数 a に対し，$I(a) \equiv \displaystyle\int_0^1 \frac{\log(1+a\,x)}{1+x^2}\,dx$ とおく．$I(1)$ を求めればよい．すると，部分分数分解と例題 19.2.5 を使い，

$$\begin{aligned} I'(a) &= \int_0^1 \left\{\frac{x}{1+a\,x}\ \frac{1}{1+x^2}\right\} dx = \frac{1}{1+a^2}\ \int_0^1 \left\{\frac{-a}{1+a\,x} + \frac{a+x}{1+x^2}\right\} dx \\ &= \frac{1}{1+a^2}\ \left(-\log(1+a) + \left\{a\,\frac{\pi}{4} + \frac{\log 2}{2}\right\}\right). \end{aligned}$$

$I(0) = 0$ に注意して，両辺を $0 \leq a \leq 1$ で積分する．

$$I(1) = \int_0^1 da\ I'(a) = -\int_0^1 \frac{\log(1+a)}{1+a^2}\,da + \left\{\frac{\pi}{4}\ \frac{\log 2}{2} + \frac{\log 2}{2}\ \frac{\pi}{4}\right\}$$

$$= -I(1) + \frac{\pi}{4}\log 2. \quad \left(\blacklozenge\ 注: \int_0^1 \frac{a}{1+a^2}\,da = \frac{\log 2}{2},\ \int_0^1 \frac{1}{1+a^2}\,da = \frac{\pi}{4}. \quad \diamond\right)$$

$I(1)$ について整理し，$I(1) = \dfrac{\pi}{8}\log 2.$ □

20.3 有界変動関数

連続関数は積分可能だが，不連続な関数はどうだろうか．§ 20.1 冒頭の図が示すように，不連続な関数でも面積 S は確定しそうである．

そこで，定義 9.2.1 で導入した "単調な関数" を考える．例題 20.3.3 で示すように，単調な関数は不連続を許すが，不連続関数でも単調であれば，定積分が可能となる．

命題 20.3.1. 区間 $[a,b]$ で有界な単調関数 f は積分可能である． ◇

証明 f が単調増加で，$f(a) < f(b) < \infty$ として証明する．

$$\begin{aligned} S^*(f;\Delta) - S^\dagger(f;\Delta) &= \sum_{k=1}^{n} \{ f(x_k) - f(x_{k-1}) \}(x_k - x_{k-1}) \\ &\le |\Delta| \sum_{k=1}^{n} \{ f(x_k) - f(x_{k-1}) \} = |\Delta|\{ f(b) - f(a) \}. \end{aligned}$$

任意の $\varepsilon > 0$ に対し，分割の最大幅 $|\Delta| \le \varepsilon/(f(b) - f(a))$ とすれば，命題 20.1.4 より，f は積分可能となる．また，f が単調減少のときも同様に示される． □

定義 20.3.2. (i) 2 つの有界な単調関数 f_1 と f_2 の差で表される関数

$$f = f_1 - f_2$$

を有界変動関数という．

(ii) 有界変動関数の定積分を

$$\int_a^b f(x)\,dx \equiv \int_a^b f_1(x)\,dx + \int_a^b f_2(x)\,dx$$

と定義する．命題 20.3.1 より，有界変動関数は積分可能となる． ◇

◇ **例題 20.3.3.** $0 \le x \le N$ に対し，関数 f を次で定義する：

$$f(x) = \frac{1}{k+1}, \quad k \le x < k+1, \quad k = 0, 1, \cdots, N-1.$$

この f を利用し，$\sum_{k=1}^{\infty} 1/k = \infty$ となることを証明せよ． ◇

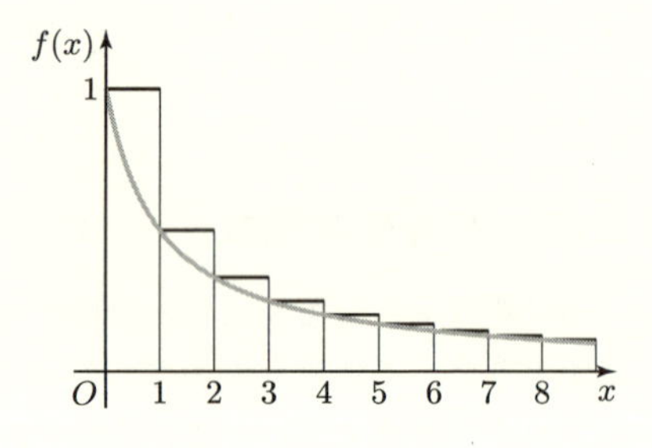

解答 f は単調減少で，有限区間 $[0, N]$ では有界 (右図，太線が f) である．

命題 20.3.1 から，区間 $[0, N]$ で f は積分可能だが，定積分は面積となるので，

$$\int_0^N f(x)\,dx = \sum_{k=1}^{N} \frac{1}{k}.$$

さらに $g(x) \equiv 1/(x+1)$ とおくと，

$$f(x) \geq g(x), \quad x \geq 0. \quad (\text{上図，アミ曲線が } g(x)).$$

連続関数 g の不定積分は $\log(x+1)$ だから，命題 20.1.6 より

$$\sum_{k=1}^{N} \frac{1}{k} = \int_0^N f(x)\,dx \geq \int_0^N g(x)\,dx = \log(N+1) - \log 1 = \log(N+1).$$

$N \to \infty$ のとき $\log(N+1) \to \infty$ だから，例題が示された． □

♦ **注意 20.3.4.** “単調増加 − 単調増加” は，単調とは限らない，つまり，有界変動関数は単調とは限らない．また，例 20.3.3 からわかるように，有界変動関数は不連続を許容する．

一方，連続関数は有界変動とは限らないので，有界変動関数と連続関数は包含関係にない． ◇

21
重 積 分

多変数関数の積分について述べる．しかし，一般の n 変数では記述も煩雑になり，図示することもできない．そこで，今後は主として $n=2$ の場合を扱う．

多変数関数の積分を，重積分という．1 変数関数の積分は，不定積分と定積分があったが，重積分と比較してみよう．

	不定積分	定積分	
1 変数関数	微分の逆	面積	連続関数なら両者は一致
2 変数関数	存在しない	体積	

つまり，多変数関数の積分はすべて，定積分である．

21.1 長方形領域での重積分

I. 長方形領域での重積分の定義： 多変数関数の定積分も，1 変数関数の定積分と同様に定義する．$\mathbb{R}^2$ の長方形領域

$$B \equiv \{(x,y) : a \leq x \leq b,\ c \leq y \leq d\} \tag{21.1.1}$$

がある．x 軸と y 軸を

$$x \text{ 軸上の分点 } a = x_0 < x_1 < x_2 < \cdots < x_{M-1} < x_M = b,$$

$$y \text{ 軸上の分点 } c = y_0 < y_1 < y_2 < \cdots < y_{N-1} < y_N = d$$

に対し，次の小長方形 $B_{j,k}$，$1 \leq j \leq M$，$1 \leq k \leq N$ を考える：

$$B_{j,k} = \{(x,y) : x_{j-1} \leq x < x_j,\ y_{k-1} \leq y < y_k\}. \tag{21.1.2}$$

すると，小長方形たち

$$\Delta \equiv \{B_{j,k} : 1 \leq j \leq M,\ 1 \leq k \leq N\} \tag{21.1.3}$$

は，長方形領域 B の分割となるが，それに対し $|\Delta|$ を次で定める：

$$|\Delta| \equiv \max\{|x_j - x_{j-1}| + |y_k - y_{k-1}| : 1 \leq j \leq M,\ 1 \leq k \leq N\}.$$

B 上の有界な関数 f と分割 Δ に対し，各小長方形 $B_{j,k}$ での f の上限および下限を次で表す：

$$f^*_{jk} \equiv \sup\{f(x,y) : (x,y) \in B_{j,k}\}, \tag{21.1.4}$$

$$f^\dagger_{jk} \equiv \inf\{f(x,y) : (x,y) \in B_{j,k}\}. \tag{21.1.5}$$

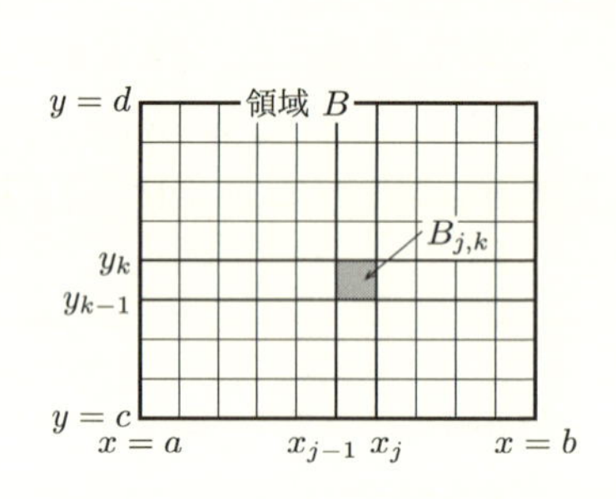

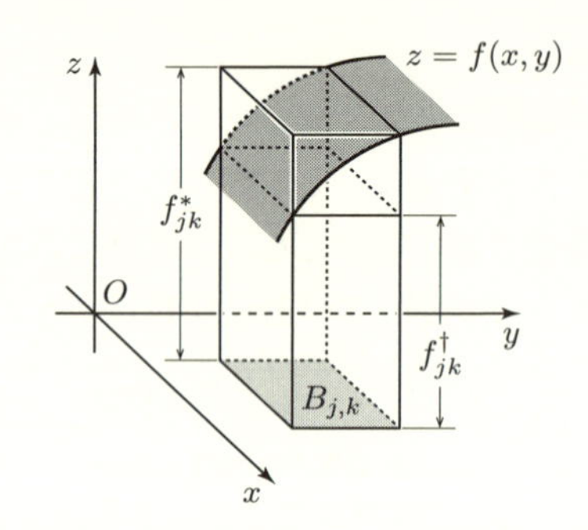

図 21.1.1　B の分割 Δ と f^*_{jk}, $f^\dagger_{jk}$

次に，小長方形 $B_{j,k}$ の面積を w_{jk}，すなわち

$$w_{jk} \equiv (x_j - x_{j-1}) \times (y_k - y_{k-1}), \quad 1 \leq j \leq M,\ 1 \leq k \leq N$$

とし，1 変数関数の (20.1.4), (20.1.5) と同様に，

$$\textbf{ダルブーの過剰和} \quad S^*(f;\Delta) \equiv \sum_{j=1}^{M} \sum_{k=1}^{N} f^*_{jk} w_{jk}, \tag{21.1.6}$$

$$\textbf{ダルブーの不足和} \quad S^\dagger(f;\Delta) \equiv \sum_{j=1}^{M} \sum_{k=1}^{N} f^\dagger_{jk} w_{jk} \tag{21.1.7}$$

を定める．過剰和は“底面が $B_{j,k}$，高さ f^*_{jk} の直方体”の体積の和であり，不足和は“底面が $B_{j,k}$，高さ $f^\dagger_{jk}$ の直方体”の体積の和である．

有限領域 B で，f は有界だから，その最大値を f^*，最小値を $f^\dagger$ とすると，

$$f^\dagger \cdot (b-a)(d-c) \leq S^\dagger(f;\Delta) \leq S^*(f;\Delta) \leq f^* \cdot (b-a)(d-c)$$

となり，$S^\dagger(f;\Delta)$, $S^*(f;\Delta)$ は有界である．すると，ワイエルシュトラスの定理 3.2.7 から，Δ がすべての分割を動くとき，$S^*(f;\Delta)$ の下限と $S^\dagger(f;\Delta)$ の上限が存在する．それらを

$$\text{過剰積分} \quad \inf_{\Delta} S^*(f;\Delta) \equiv \iint_B f^*(x,y)\,dx\,dy,$$

$$\text{不足積分}\quad \sup_{\Delta} S^{\dagger}(f;\Delta) \equiv \iint_B f^{\dagger}(x,y)\,dx\,dy$$

と表すことも 1 変数関数の場合と同じである．ここで要点 20.1.1 に答える．

♦ **注 21.1.1.** $|\Delta| \to 0$ とするとき，ダルブーの過剰和および不足和は，それぞれ過剰積分と不足積分に収束する．(この主張は，第 VI 部，§D, ダルブーの定理 D.1 に含まれる．) ◇

定義 21.1.2 (長方形上の**重積分**). 不足積分と過剰積分が一致するとき，関数 f は長方形 B 上で**積分可能**という．すなわち，“$z = f(x,y)$ を上面とし，底面が B である四角柱” の体積 V が確定し，次のように表記する：

$$\iint_B f(x,y)\,dx\,dy = V = \iint_B f^{\dagger}(x,y)\,dx\,dy \qquad (21.1.8)$$

$$\left(= \iint_B f^{*}(x,y)\,dx\,dy \right).$$

なお，これが**リーマン積分**ともよばれる点も，1 変数関数と同じである． ◇

II. 重積分の性質： 多変数連続関数に対しても，最大値原理やハイネの定理が成立するので，1 変数の場合と同様に以下が成り立つ．

定理 21.1.3. 長方形 B で有界かつ連続な関数は，積分可能である． ◇

多変数関数の定積分に関しては，命題 20.1.4，命題 20.1.5 に相当する命題が成立する．

命題 21.1.4. 関数 f が領域 B で積分可能となる必要十分条件は，任意の $\varepsilon > 0$ に対し，$S^{*}(f;\Delta) - S^{\dagger}(f;\Delta) < \varepsilon$ となる B の分割 Δ が存在することである．

◇

命題 21.1.5. f, g が B で積分可能とする．

(i) f が B で積分可能なら，B に含まれる任意の長方形で積分可能．

(ii) f の定数倍，および $f+g$ は積分可能．

(iii) すべての $(x,y) \in B$ で $f(x,y) \le g(x,y)$ なら，

$$\iint_B f(x,y)\,dx\,dy \le \iint_B g(x,y)\,dx\,dy. \quad \diamond$$

21.2 面積が確定する領域での重積分

一般に，“領域 D の面積” を求めることは自明ではない．

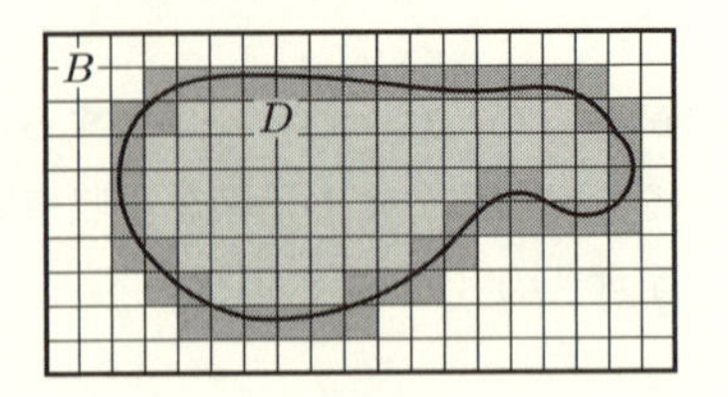

I. 面積が確定する領域： まず，長方形 B (21.1.1) の分割 Δ (21.1.3) から生じる小長方形 $\{B_{j,k}\}$ を D との関係で 2 つに分類する：

(a) D に完全に含まれる小長方形の全体を $\mathcal{A}_1$ (右図，薄色の小長方形)，

(b) D の点を 1 つでも含む小長方形の全体を $\mathcal{A}_2$ (もちろん $\mathcal{A}_2 \supset \mathcal{A}_1$，上図，薄色と濃色の小長方形の合併)．

定義 21.2.1 (ダンジョワ). 領域 $D \subset \mathbb{R}^2$ が**面積確定**とは，任意の $\varepsilon > 0$ に対し，次を満たす B の分割 Δ が存在することである：

$$\textstyle\sum_{\Delta}^{(2)} w_{jk} - \sum_{\Delta}^{(1)} w_{jk} < \varepsilon. \tag{21.2.1}$$

ここで，w_{jk} は小長方形 $B_{j,k}$ の面積，$\sum_{\Delta}^{(2)}$ は $\mathcal{A}_2$ に属する小長方形たち $B_{j,k}$ についての和，$\sum_{\Delta}^{(1)}$ は $\mathcal{A}_1$ に属する小長方形たち $B_{j,k}$ についての和である．

◇

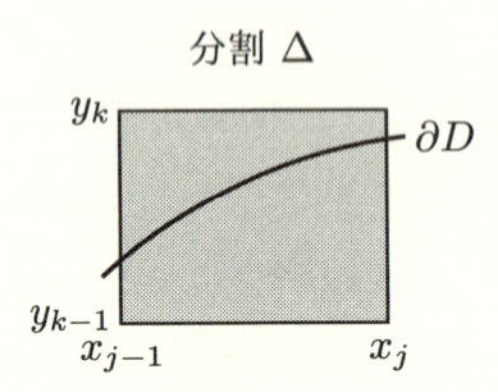

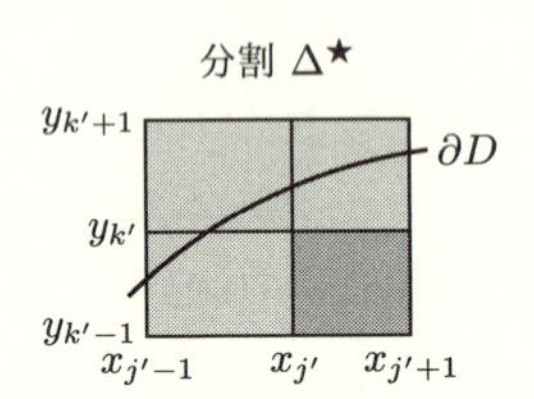

♦ **注 21.2.2.** (i) 分割 Δ をさらに細かく分割した $\Delta^\star$ に対しては，D に完全に含まれる小長方形が新しく生まれるから (上図)，

$$\textstyle\sum_{\Delta}^{(1)} w_{jk} \le \sum_{\Delta^\star}^{(1)} w_{jk}^\star \le \sum_{\Delta^\star}^{(2)} w_{jk}^\star \le \sum_{\Delta}^{(2)} w_{jk},$$

ここで，$w_{jk}^\star$ は分割 $\Delta^\star$ から生じる小長方形の面積である．

(ii) 領域 D の境界を ∂D とする．“$\mathcal{A}_1$ に属さず，$\mathcal{A}_2$ だけに属する小長方形たち $B_{j,k}$ の和集合” は ∂D を覆うが，(21.2.1) から，その面積はいくらでも小さくなる．これは例 1.2.6 (ε 論法の基礎) により，“境界 ∂D の面積が 0” と同値で，そのとき，D の面積が確定する． ◇

◊ **例題 21.2.3.** 次の領域 D は面積が確定することを示せ．

(i) $0 \leq t \leq 1$ で定義され，導関数が連続な関数 $X(t)$, $Y(t)$ がある．導関数 X' と Y' は同時に 0 にならず，$X(0) = X(1)$, $Y(0) = Y(1)$ である．このとき

$$\partial D = \{(x, y) : x = X(t),\, y = Y(t),\, 0 \leq t \leq 1\}$$

を境界とする領域 D.

(ii) 閉区間 $[a, b]$ で連続な関数 u, v $(u \geq v)$ があり，

$$D = \{(x, y) : a \leq x \leq b,\ v(x) \leq y \leq u(x)\}. \quad \diamond$$

解答 (i) *Step 1.* 平均値の定理 9.1.2 から，$(x, y), (x', y') \in \partial D$ に対し，

$$x - x' = X(t) - X(t') = X'(c_1)\,(t - t'), \quad t' < c_1 < t,$$
$$y - y' = Y(t) - Y(t') = Y'(c_2)\,(t - t'), \quad t' < c_2 < t.$$

導関数 X', Y' は連続関数だから，最大値原理 7.3.8 より，$|X'|$ および $|Y'|$ は最大値をもち，それらはある定数 $K > 0$ より小さい．

すると，$\delta \geq 0$ に対し，次の不等式が成り立つ：

$$|t - t'| < \delta \Rightarrow \begin{cases} |x - x'| \leq K\,\delta, \\ |y - y'| \leq K\,\delta. \end{cases}$$

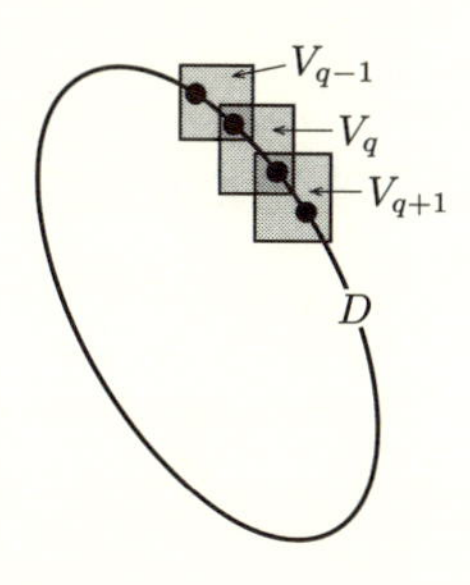

Step 2. 任意の $\varepsilon > 0$ に対し，$\dfrac{K^2}{\varepsilon}$ を超える最小の自然数を N とする．そして，t が動く区間 $[0, 1]$ を N 等分する：

$$0 = t_0 < t_1 = \frac{1}{N} < \cdots < t_q = \frac{q}{N} < \cdots < t_N = 1.$$

すると，*Step 1* の結果から，各 $[t_{q-1}, t_q]$ に対応する境界 ∂D 上の点 (x, y) は面積 $(K/N) \times (K/N)$ の正方形 V_q に含まれる．この正方形たち $\{V_q,\, q = 1, 2, \cdots, N\}$ すべてを含む B の分割 Δ を考える．定義 21.2.1 の記号を流用し，

$$\sum\nolimits^{(2)} w_{jk} - \sum\nolimits^{(1)} w_{jk} \leq \sum_{q=1}^{N} \text{“}V_q \text{ の面積”}.$$

ここで $\{V_q\}$ の個数は N 個だから，次の不等式が成立し，定義 21.2.1 の要件が満たされる：

$$\sum_{q=1}^{N} \text{“}V_q \text{ の面積”} \leq N \times \left(\frac{K}{N}\right)^2 = \frac{K^2}{N} \leq K^2 \cdot \frac{\varepsilon}{K^2} = \varepsilon.$$

(ii) この領域 D では，上下の境界を別々に考える．

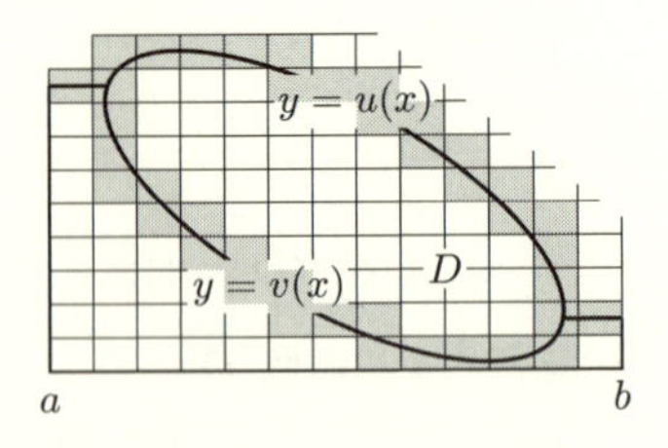

“関数 u を区間 $[a,b]$ で定積分” するときに，分割 Δ (20.1.1) に対し，ダルブーの過剰和 $S^*(u;\Delta)$ とダルブーの不足和 $S^\dagger(u;\Delta)$ を導入した．ところが，その定義式 (20.1.4) と (20.1.5) より

$$
\begin{aligned}
&S^*(u;\Delta) - S^\dagger(u;\Delta) \\
&\qquad \geq \text{“}y = u(x) \text{ による境界” を覆う小長方形たちの面積和}
\end{aligned}
$$

である．連続関数 u は区間 $[a,b]$ で積分可能だから，命題 20.1.4 より，“過剰和と不足和の差” は任意の $\varepsilon > 0$ より小さくなる．v についても同様で，注 21.2.2 (ii) より，D の面積は確定した． □

II. D での重積分 ： 面積が確定する有界な領域 D に対し，重積分

$$
\iint_D f(x,y)\,dx\,dy
$$

を定義しよう．まず，D の定義関数 I_D を

$$
I_D(P) = \begin{cases} 1, & P = (x,y) \in D, \\ 0, & P \notin D \end{cases} \tag{21.2.2}
$$

と定め，f から派生する新しい関数 $\widetilde{f}$ を

$$
\widetilde{f}(P) \equiv f(P) \cdot I_D(P), \quad P \in \mathbb{R}^2 \tag{21.2.3}
$$

とする．あとは f に替えて $\widetilde{f}$ とし，§21.1 と同じ議論を展開する．すなわち，長方形 B (21.1.1) の分割 Δ に対し，各小長方形 $B_{j,k}$ での $\widetilde{f}$ の上限および下限を

$$
\widetilde{f}^*_{jk} \equiv \sup\{\widetilde{f}(P) : \ P = (x,y) \in B_{j,k}\},
$$

$$
\widetilde{f}^\dagger_{jk} \equiv \inf\{\widetilde{f}(P) : \ P = (x,y) \in B_{j,k}\}
$$

とする．

次に，これらに対して，(21.1.6), (21.1.7) と同様に，ダルブーの過剰和 $S^\dagger(\widetilde{f};\Delta)$ および不足和 $S^\dagger(\widetilde{f};\Delta)$ を考える．前と同様に，Δ がすべての分割を動くとき，それぞれの上限と下限が存在するので，

$$
\begin{aligned}
&\text{過剰積分} \quad \inf_{\Delta} S^*(\widetilde{f};\Delta) \equiv \iint_D \widetilde{f}^*(x,y)\,dx\,dy, \\
&\text{不足積分} \quad \sup_{\Delta} S^\dagger(\widetilde{f};\Delta) \equiv \iint_D \widetilde{f}^\dagger(x,y)\,dx\,dy
\end{aligned}
\tag{21.2.4}
$$

と表記する．注 21.1.1 と同様に，要点 20.1.1 に答える．

♦ **注 21.2.4.** (i) $|\Delta| \to 0$ のとき，ダルブーの過剰和 $S^*(\widetilde{f};\Delta)$ および不足和 $S^\dagger(\widetilde{f};\Delta)$ は，それぞれ過剰積分と不足積分に収束する．(この主張は，第 VI 部，§D, ダルブーの定理 D.1 に含まれる．)

(ii) "境界 ∂D を覆う小長方形たちの面積和 (21.2.1)" は，$f=1$ としたダルブーの過剰和と不足和の差 $S^*(1;\Delta) - S^\dagger(1;\Delta)$ に等しい．　◇

定義 21.2.5 (D 上の積分)**.** (21.2.4) の不足積分と過剰積分が一致するとき，関数 f は領域 D で**積分可能**という．すなわち，"$z = f(x,y)$ を上面とし，底面が D である立体" の体積 V が確定し，次のように表記する：

$$
\begin{aligned}
V &= \iint_D f(x,y)\;dx\,dy \\
&= \iint_D \widetilde{f}^*(x,y)\;dx\,dy \left(= \iint_D \widetilde{f}^\dagger(x,y)\,dx\,dy \right).
\end{aligned}
$$

なお，この積分も，しばしば**リーマン積分**ともよばれる．　◇

1 変数関数に対する命題 20.1.4 の証明と同じ議論で，次を示すことができる．

命題 21.2.6. 関数 f が D で積分可能なための必要十分条件は，任意の $\varepsilon > 0$ に対し，$S^*(\widetilde{f};\Delta) - S^\dagger(\widetilde{f};\Delta) < \varepsilon$ となる分割 Δ が存在することである．　◇

ただし，f が積分可能か否かを，命題 21.2.6 にもどって確かめるのは面倒である．そのため，積分可能となる十分条件を与える．

定理 21.2.7. 面積確定な有界領域 D 上の連続関数は，積分可能である．　◇

証明　$B \supset D$ となる長方形 B (21.1.1) を考え，命題 21.2.6 を用いて証明する．

<u>*Step 1.*</u> D は有界だから，最大値原理 12.4.5 から，D での f の最大値 f^* と最小値 $f^\dagger$ が存在する：$f^* > f^\dagger$. また，D は面積確定だから，定義 21.2.1 および注意 21.2.2 から，任意の $\varepsilon_1 > 0$ に対し，境界 ∂D を覆い，(21.2.1)，すなわち

$$
\left(\sum\nolimits_{\Delta_1}^{(2)} - \sum\nolimits_{\Delta_1}^{(1)} \right) w_{jk} < \varepsilon_1 \tag{21.2.5}
$$

を満たす B の分割 Δ_1 が存在する．ここで $\left(\sum_{\Delta_1}^{(2)} - \sum_{\Delta_1}^{(1)}\right)$ は "$B_{j,k} \in \mathcal{A}_2 - \mathcal{A}_1$ である j,k についての和" を意味する．

<u>*Step 2.*</u> 有界領域 D 上で f は一様連続となるから，任意の $\varepsilon_2 > 0$ に対し，

$$|P - P'| < \delta \ \Rightarrow \ |f(P) - f(P')| < \varepsilon_2 \tag{21.2.6}$$

である．この $\delta > 0$ に対し，Δ_1 の細分割 $\Delta_2 \equiv \{B_{j,k}\}$ で，$|\Delta_2| < \delta$ となるものをとる．(定義 21.2.1 の直前で言及した) $\mathcal{A}_1$ に属する小長方形 $B_{j,k}$ を考えると，$B_{j,k}$ 上では $\widetilde{f} = f$ となるので，(21.2.6) が成立する．さらに，最大値原理 12.4.5 も成立しているので，

$$f_{jk}^* - f_{jk}^\dagger < \varepsilon_2, \quad B_{j,k} \in \mathcal{A}_1.$$

つまり

$$\textstyle\sum_{\Delta_2}^{(1)} (f_{jk}^* - f_{jk}^\dagger) w_{jk} \le \sum_{\Delta_2}^{(1)} \varepsilon_2 \, w_{jk} = L\,\varepsilon_2, \quad L \equiv D \text{ の面積}.$$

<u>*Step 3.*</u> 次に $\Delta_2 = \{B_{j,k}\}$ に対し，まず $\mathcal{A}_2 - \mathcal{A}_1$ (定義 21.2.1 を参照) に属する小長方形 $B_{j,k}$ を考えよう．この $B_{j,k}$ 上では $\widetilde{f}$ は不連続だが，ある定数 $K > 0$ があり，

$$\widetilde{f}_{jk}^* - \widetilde{f}_{jk}^\dagger \le K, \quad B_{j,k} \in \mathcal{A}_2 - \mathcal{A}_1.$$

ここで (21.2.5) を考えると，

$$\begin{aligned}\left(\textstyle\sum_{\Delta_2}^{(2)} - \sum_{\Delta_2}^{(1)}\right)(\widetilde{f}_{jk}^* - \widetilde{f}_{jk}^\dagger) w_{jk} &\le K\left(\textstyle\sum_{\Delta_2}^{(2)} - \sum_{\Delta_2}^{(1)}\right) w_{jk} \\ &< K\,\varepsilon_1.\end{aligned}$$

一方，$\mathcal{A}_2$ に属さない $B_{j,k}$ 上では，$\widetilde{f} = 0$ だから，$f_{jk}^* - f_{jk}^\dagger = 0$.

以上をあわせると，

$$\begin{aligned}S^*(\widetilde{f};\Delta_2) - S^\dagger(\widetilde{f};\Delta_2) &= \textstyle\sum_{\Delta_2}^{(2)} \big(\, \widetilde{f}_{jk}^* - \widetilde{f}_{jk}^\dagger \,\big) w_{jk} \\ &= \left(\textstyle\sum_{\Delta_2}^{(2)} - \sum_{\Delta_2}^{(1)}\right)(\widetilde{f}_{jk}^* - \widetilde{f}_{jk}^\dagger) w_{jk} + \textstyle\sum_{\Delta_1}^{(1)} \big(\, f_{jk}^* - f_{jk}^\dagger \,\big) w_{jk} \\ &\le K\varepsilon_1 + L\varepsilon_2.\end{aligned}$$

最後に，任意の $\varepsilon > 0$ に対し，$\varepsilon_1 \le \dfrac{\varepsilon}{2K}$, $\varepsilon_2 \le \dfrac{\varepsilon}{2L}$ とすればよい． □

21.3 逐 次 積 分

重積分では，定義 21.2.1 どおりに計算を実行することはきわめて困難である．実際の積分計算では，"重積分を 1 変数の積分の反復" として計算する**逐次積分**が有効となる[1]．

---

1) "**累次積分**" ともいう．不定積分の利用 (定理 20.2.2) など 1 次元積分に特有のツールが，重積分でも使える．

定理 21.3.1 (逐次積分). 閉区間 $[a,b]$ で連続な関数 u, v $(u \geq v)$ があり，領域 D を

$$D = \{(x,y) : a \leq x \leq b,\ v(x) \leq y \leq u(x)\}$$

と定める．関数 f が D 上で連続なら，次が成り立つ：

$$\iint_D f(x,y)\,dx\,dy = \int_a^b dx\left(\int_{v(x)}^{u(x)} dy\ f(x,y)\right). \quad \diamond$$

証明 D を含む長方形 R (21.1.1) を分割 Δ (21.1.3) で分割する．f から派生する $\widetilde{f}$ を (21.2.3) で定義すると，小長方形 $B_{j,k}$ と D との関係で，次のようになる．

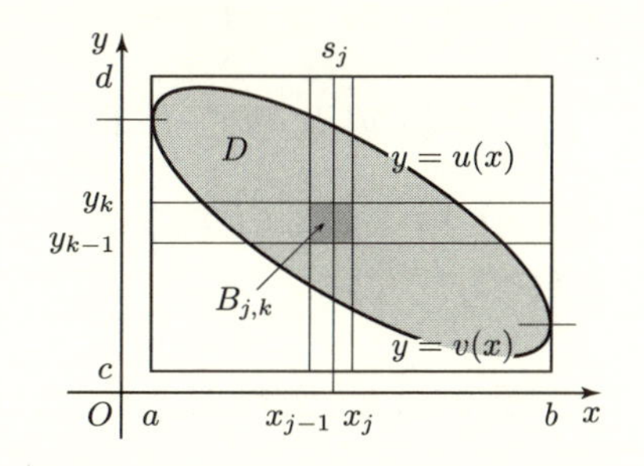

(a) $B_{j,k}$ が D に完全に含まれるとき：積分の平均値定理 20.2.3 から

$$\int_{y_{k-1}}^{y_k} \widetilde{f}(s_j,y)\,dy = \widetilde{f}(s_j,t_k)(y_k - y_{k-1}),$$

$$x_{j-1} \leq s_j \leq x_j, \quad y_{k-1} \leq t_k \leq y_k.$$

(b) $B_{j,k}$ が境界 ∂D を含むとき：$\widetilde{f}$ は不連続で，積分の平均値定理 20.2.3 より

$$\int_{y_{k-1}}^{y_k} \widetilde{f}(s_j,y)\,dy = \xi_{jk}(y_k - y_{k-1}), \quad \widetilde{f}^{\dagger}_{jk} \leq \xi_{jk} \leq \widetilde{f}^{*}_{jk}.$$

ここで，両者を一度に表現するため (定義 21.2.1 直前で述べた記号も流用)

$$f^{\blacktriangle}(s_j,t_k) \equiv \begin{cases} \widetilde{f}(s_j,t_k) = f(s_j,t_k), & B_{j,k} \in \mathcal{A}_1, \\ \xi_{jk}, & B_{j,k} \in \mathcal{A}_2 - \mathcal{A}_1 \end{cases}$$

とおき，k について和をとる：

$$\sum_{k=1}^{N} f^{\blacktriangle}(s_j,t_k)(y_k - y_{k-1}) = \int_c^d \widetilde{f}(s_j,y)\,dy = \int_{v(s_j)}^{u(s_j)} f(s_j,y)\,dy. \quad (21.3.1)$$

ここで，最後の等号は，“(21.2.3) から，D の外では $\widetilde{f} = 0$” を使った．

次に，(21.3.1) の両辺に $x_j - x_{j-1}$ をかけて，j について和をとる：

$$\sum_{j=1}^{M}\sum_{k=1}^{N} f^{\blacktriangle}(s_j,t_k)(y_k - y_{k-1}) \times (x_j - x_{j-1}) = \sum_{j=1}^{M}\sum_{k=1}^{N} f^{\blacktriangle}(s_j,t_k)\,w_{jk}$$

$$= \sum_{j=1}^{M}(x_j - x_{j-1}) \int_{v(s_j)}^{u(s_j)} f(s_j,y)\,dy, \quad x_{j-1} \leq s_j \leq x_j.$$

すると，$f^{\blacktriangle}(s_j,t_k)$ の定義から，$\widetilde{f}^{\dagger}_{jk} \le f^{\blacktriangle}(s_j,t_k) \le \widetilde{f}^{*}_{jk}$ だから

$$\sum_{j=1}^{M}\sum_{k=1}^{N} \widetilde{f}^{\dagger}_{jk} w_{jk} \le \sum_{j=1}^{M}(x_j - x_{j-1}) \int_{v(s_j)}^{u(s_j)} f(s_j,y)\,dy$$
$$\le \sum_{j=1}^{M}\sum_{k=1}^{N} \widetilde{f}^{*}_{jk} w_{jk}, \quad x_{j-1} \le s_j \le x_j.$$

ここで，$|\Delta| \to 0$ とする．D は面積確定に注意し[2]，命題 20.1.2，定義 20.1.3，定理 20.2.1，注 21.2.4 から

$$\iint_D \widetilde{f}^{\dagger}(x,y)\,dx\,dy \le \int_a^b \left(\int_{v(x)}^{u(x)} dy\ f(x,y) \right) dx \le \iint_D \widetilde{f}^{*}(x,y)\,dx\,dy.$$

定理 21.2.7 と定義 21.2.5 から，この不等式の最初と最後の項が一致し，証明を終える． □

◇ **例題 21.3.2.** 定理 21.3.1 と同じ設定のもとで，各 $x \in [a,b]$ ごとに，

$$G(x) = \int_{v(x)}^{u(x)} f(x,y)\,dy, \quad a \le x \le b$$

と定める．このとき "$G(x)$ $(a \le x \le b)$ は連続関数" を示せ． ◇

解答 $v \equiv 0$ とする．関数 u, f は一様連続だから，任意の $\varepsilon > 0$ に応じて，$\delta > 0$ を十分小さくとれば，

$$|x - x'| < \delta \Rightarrow |u(x) - u(x')| < \frac{\varepsilon}{2K}, \quad |f(x,y) - f(x',y)| < \frac{\varepsilon}{2K}$$

となる．なお，K は $|u| + |f|$ の D での最大値である．また，一様連続性より，この δ は x, y に無関係である．$|x - x'| < \delta$ のとき，

$$\left| G(x) - G(x') \right| = \left| \int_0^{u(x)} f(x,y)\,dy - \int_0^{u(x')} f(x',y)\,dy \right|$$
$$\le \left| \int_{u(x')}^{u(x)} f(x,y)\,dy \right| + \int_0^{u(x')} |f(x,y) - f(x',y)|\,dy$$
$$\le K\left| u(x) - u(x') \right| + |u(x')|\,\frac{\varepsilon}{2K} \le K\frac{\varepsilon}{2K} + K\frac{\varepsilon}{2K} = \varepsilon.$$

一般の場合は，$\displaystyle\int_{v(x)}^{u(x)} f(x,y)\,dy = \left(\int_0^{u(x)} - \int_0^{v(x)} \right) f(x,y)\,dy$ と分解して，考えればよい． □

2) 中央の項は 1 変数関数の定積分で，例題 21.3.2 から x の連続関数である．

21.4 変数変換

全微分可能な関数 X, Y による st 平面から xy 平面への変数変換

$$\Psi : (s,t) \to (x,y), \quad x = X(s,t), \quad y = Y(s,t) \tag{21.4.1}$$

を考える．この変換で，st 平面の 4 点

$$\begin{aligned} &P_{j-1,k-1} = (s_{j-1}, t_{k-1}), \quad P_{j,k-1} = (s_j, t_{k-1}), \\ &P_{j-1,k} = (s_{j-1}, t_k), \quad P_{j,k} = (s_j, t_k) \end{aligned} \tag{21.4.2}$$

は，xy 平面の次の 4 点に移る：

$$P^{\#}_{j-1,k-1} = \big(X(s_{j-1}, t_{k-1}), Y(s_{j-1}, t_{k-1})\big), \tag{21.4.3a}$$

$$P^{\#}_{j,k-1} = \big(X(s_j, t_{k-1}), Y(s_j, t_{k-1})\big), \tag{21.4.3b}$$

$$P^{\#}_{j-1,k} = \big(X(s_{j-1}, t_k), Y(s_{j-1}, t_k)\big), \tag{21.4.3c}$$

$$P^{\#}_{j,k} = \big(X(s_j, t_k), Y(s_j, t_k)\big). \tag{21.4.3d}$$

I. 面積の比較： “(21.4.2) を頂点とする st 平面上の長方形” と “(21.4.3a) ～(21.4.3d) を頂点とする xy 平面上の四角形” の面積を比較しよう．

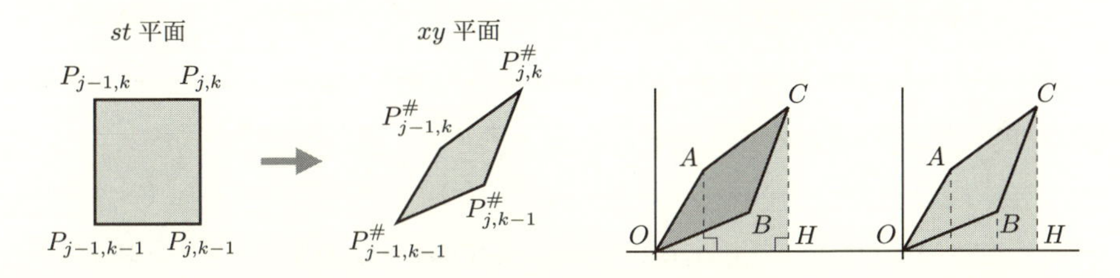

図 21.4.1

<u>*Step 1.*</u> 2 変数の場合，Δs の増加で X, Y の両方が変化し，Δt の場合も同様である．つまり，変数変換 (21.4.1) によって得られた xy 平面上の四角形 $B^{\#}_{j,k}$ は，もはや長方形ではない．

◇ **例題 21.4.1.** 図 21.4.1 の右図の “4 点 $O = (0,0)$，$A = (a_1, a_2)$，$B = (b_1, b_2)$，$C = (c_1, c_2)$ を頂点とする四角形” の面積は次であることを示せ：

$$\text{四角形 } OACB \text{ の面積} = \frac{1}{2} \left| c_1 (a_2 - b_2) - c_2 (a_1 - b_1) \right|$$

$$= \frac{1}{2}\left|a_2 b_1 - a_1 b_2 + (c_1 - a_1)(c_2 - b_2) - (c_2 - a_2)(c_1 - b_1)\right|. \quad \diamond \tag{21.4.4}$$

解答 求める面積は“四角形 $OACH$ の面積 − 四角形 $OBCH$ の面積”だから，図 21.4.1 右図から簡単に計算できる． □

Step 2. (21.4.2) の各点間の距離が小さいとき，(21.4.3a)〜(21.4.3d) 各点間の距離がどうなるかを調べる．そのため，

$$\Delta s \equiv s_j - s_{j-1}, \quad \Delta t \equiv t_k - t_{k-1}$$

とおく．まず，$P^{\#}_{j-1,k}$ と $P^{\#}_{j-1,k-1}$ の x および y 成分の差を

$$X(s_{j-1}, t_k) - X(s_{j-1}, t_{k-1}) = X_t(s_{j-1}, t_{k-1})\Delta t + Q_1\,\Delta t, \tag{21.4.5a}$$

$$Y(s_{j-1}, t_k) - Y(s_{j-1}, t_{k-1}) = Y_t(s_{j-1}, t_{k-1})\Delta t + Q_2\,\Delta t \tag{21.4.5b}$$

とすると，平均値の定理 9.1.2 より，

$$Q_1 = X_t(s_{j-1}, t_{k-1} + \theta\Delta t) - X_t(s_{j-1}, t_{k-1}), \quad 0 < \theta < 1$$

となる．偏導関数 X_t は有限領域で一様連続だから (ハイネの定理 12.4.6)，j, k に関して一様に $\lim_{|\Delta t|\to 0} Q_1 = 0$.

次に，$P^{\#}_{j,k-1}$ と $P^{\#}_{j-1,k-1}$ の x および y 成分の差は，

$$X(s_j, t_{k-1}) - X(s_{j-1}, t_{k-1}) = X_s(s_{j-1}, t_{k-1})\Delta s + Q_3\,\Delta s, \tag{21.4.5c}$$

$$Y(s_j, t_{k-1}) - Y(s_{j-1}, t_{k-1}) = Y_s(s_{j-1}, t_{k-1})\Delta s + Q_4\,\Delta s. \tag{21.4.5d}$$

最後に $P^{\#}_{j,k}$ と $P^{\#}_{j-1,k}$，$P^{\#}_{j,k}$ と $P^{\#}_{j,k-1}$ の x および y 成分の差はそれぞれ，

$$X(s_j, t_k) - X(s_{j-1}, t_k) = X_s(s_{j-1}, t_k)\Delta s + Q_5\,\Delta s, \tag{21.4.5e}$$

$$Y(s_j, t_k) - Y(s_{j-1}, t_k) = Y_s(s_{j-1}, t_k)\Delta s + Q_6\,\Delta s, \tag{21.4.5f}$$

$$X(s_j, t_k) - X(s_j, t_{k-1}) = X_t(s_j, t_{k-1})\Delta t + Q_7\,\Delta t, \tag{21.4.5g}$$

$$Y(s_j, t_k) - Y(s_j, t_{k-1}) = Y_t(s_j, t_{k-1})\Delta t + Q_8\,\Delta t \tag{21.4.5h}$$

となる．なお Q_1 と同様に

$$\lim_{|\Delta s|\to 0} Q_\ell = 0, \quad \ell = 3, 4, 5, 6, \qquad \lim_{|\Delta t|\to 0} Q_\ell = 0, \quad \ell = 1, 2, 7, 8 \tag{21.4.6}$$

となり，この収束は j, k に関して一様である．

命題 21.4.2. (21.4.1) の X, Y は全微分可能で，すべての偏導関数は連続とする．このとき，“(21.4.2) を頂点とする st 平面の長方形 $B_{j,k}$” と，“(21.4.3a)〜(21.4.3d) を頂点とする xy 平面上の四角形 $B^{\#}_{j,k}$” に対し，

$$\frac{\text{四角形 } B^{\#}_{j,k} \text{ の面積}}{\text{長方形 } B_{j,k} \text{ の面積}} = \left| \widehat{J}_{j,k} + U_{j,k}(s,t) \right|$$

である．ここで

$$\begin{aligned}\widehat{J}_{j,k} = &\frac{1}{2}\left\{ X_s(s_{j-1},t_{k-1})\, Y_t(s_{j-1},t_{k-1}) - X_t(s_{j-1},t_{k-1})\, Y_s(s_{j-1},t_{k-1}) \right\} \\ &+ \frac{1}{2}\left\{ X_s(s_{j-1},t_k)\, Y_t(s_j,t_{k-1}) - X_t(s_j,t_{k-1})\, Y_s(s_{j-1},t_k) \right\},\end{aligned}$$

$$\begin{aligned}U_{j,k}(s,t) = &\, Y_t(s_{j-1},t_{k-1})Q_3 - X_t(s_{j-1},t_{k-1})Q_4 \\ &- Y_s(s_{j-1},t_{k-1})Q_1 - X_s(s_{j-1},t_{k-1})Q_2 + Q_3\, Q_2 - Q_4\, Q_1 \\ &+ Y_s(s_{j-1},t_k)Q_7 + X_t(s_j,t_{k-1})Q_6 + Q_6\, Q_7 \\ &- Y_t(s_j,t_{k-1})Q_5 - X_s(s_{j-1},t_k)Q_8 - Q_5\, Q_8.\end{aligned}$$

さらに，

$$\lim_{(\Delta s,\Delta t)\to(0,0)} U_{j,k}(s,t) = 0 \quad \bigl(j,\, k \text{ について一様収束}\bigr). \quad \diamond$$

証明 例題 21.4.1 より，(21.4.3a)〜(21.4.3d) を頂点とする $B^{\#}_{j,k}$ の面積は，次を (21.4.4) に代入して得ることができる：

$$\begin{aligned}&a_1 = (21.4.5\text{a}), && a_2 = (21.4.5\text{b}), && b_1 = (21.4.5\text{c}), \\ &b_2 = (21.4.5\text{d}), && c_1 - a_1 = (21.4.5\text{e}), && c_2 - a_2 = (21.4.5\text{f}), \\ &c_1 - b_1 = (21.4.5\text{g}), && c_2 - b_2 = (21.4.5\text{h}).\end{aligned}$$

単純な計算だが面倒な計算を実行すると，次の等式に至る：

$$B^{\#}_{j,k} \text{ の面積} = \left| \widehat{J}_{j,k} + U_{j,k}(s,t) \right| \Delta s \cdot \Delta t.$$

$B_{j,k}$ の面積は $\Delta s \cdot \Delta t$ であり，(21.4.6) だから，証明は完了した． □

II. 変数変換の公式： G を st 平面上のある有界領域で，境界が連続とする．そして，st 平面から xy 平面への変換 Ψ (21.4.1) に以下の仮定をおく：

仮定 21.4.3. (i) (21.4.1) の変換 Ψ において，関数 X, Y は全微分可能で，すべての偏導関数が連続である．

(ii) D は連続な境界をもつ xy 平面の有界領域である．さらに，変換 Ψ により，st 平面上の領域 G と領域 D は $1:1$ に対応する．

(iii) ヤコビ行列式 $J(s,t)$ は[3]，G 上で連続であり，次を満たす：

$$\text{すべての } (s,t) \in G \text{ で，} J(s,t) \neq 0. \tag{21.4.7}$$

なお，$J(s,t) \equiv \left| \dfrac{\partial(x,y)}{\partial(s,t)} \right| = X_s(s,t) \cdot Y_t(s,t) - X_t(s,t) \cdot Y_s(s,t)$ である． ◇

このとき，xy 平面上の連続関数 f に対する重積分 $\displaystyle\iint_D f(x,y)\,dx\,dy$ は st 平面上のどのような積分に変換されるかを考えよう．

Step 1. まず st 平面上の重積分の定義にもどる．st 平面上の領域 G を覆う長方形を

$$B = \{(s,t) : a \le s \le b,\ c \le t \le d\} \supset G$$

とし，その分割 Δ を次で定める：

$$a = s_0 < s_1 < \cdots < s_{M-1} < s_M = b,$$

$$c = t_0 < t_1 < \cdots < t_{N-1} < t_N = d,$$

$$\text{小長方形 } B_{j,k} = \{(s,t) :\ s_{j-1} \le s \le s_j,\ t_{k-1} \le t \le t_k\}.$$

また，長方形 $B_{j,k}$ の 2 辺の和の最大値を $|\Delta|$ と定める：

$$|\Delta| = \max\{\, |s_j - s_{j-1}| + |t_k - t_{k-1}| : 1 \le j \le M,\ 1 \le k \le N \,\}.$$

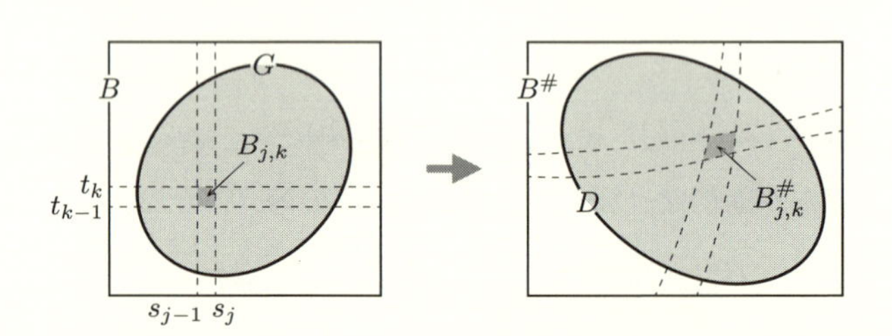

Step 2. 分割 Δ の交点 (s_j, t_k) は変数変換 Ψ (21.4.1) により，xy 平面上の点

$$P^{\#}_{j,k} \equiv \bigl(X(s_j,t_k), Y(s_j,t_k)\bigr), \quad 0 \le j \le M,\ 0 \le k \le N \tag{21.4.8}$$

に移る．各 $P^{\#}_{j,k}$ と隣接する 4 つの点を線分でつなぐことで，

$$\text{頂点が } P^{\#}_{j-1,k-1},\ P^{\#}_{j-1,k},\ P^{\#}_{j,k-1},\ P^{\#}_{j,k} \text{ の四角形 } B^{\#}_{j,k}$$

3) 要点 15.1.2 で述べた．J が有界連続なことは (i) から導かれる．また，この (21.4.7) が (ii) を保証している．

が，xy 平面の領域 D，および，D を含む適当な長方形 $B^{\#}$ を覆う．

<u>*Step 3.*</u> (21.2.3) に従って，D の定義関数 I_D (21.2.2) を使い，

$$\widetilde{f}(x,y) \equiv f(x,y)\cdot I_D(x,y) \tag{21.4.9}$$

と定める．この関数 $\widetilde{f}$ は，変換 Ψ により，次の $\widetilde{g}$ と対応している：

$$\widetilde{g}(s,t) = \widehat{f}\big(\,X(s,t),\,Y(s,t)\,\big). \tag{21.4.10}$$

これに，(21.4.8) の記号を使うと，$\widetilde{g}(s_j,t_k) \equiv \widetilde{f}(x_j,y_k)$ となる．

st 平面の長方形 B の分割 Δ による小長方形 $B_{j,k}$ の面積を w_{jk}，それに対応する xy 平面の小四角形 $B^{\#}_{j,k}$ の面積を $w^{\#}_{jk}$ とおく．すると命題 21.4.2 から

$$\widetilde{f}(x_j,y_k)\,w^{\#}_{jk} = \widetilde{g}(s_j,t_k)\big\{\widehat{J}_{j,k} + U_{j,k}(s,t)\big\}\,w_{jk}.$$

この両辺を j,k について和をとると

$$\begin{aligned}\sum_{j=1}^{M}\sum_{k=1}^{N}\widetilde{f}(x_j,y_k)\,w^{\#}_{jk} &= \sum_{j=1}^{M}\sum_{k=1}^{N}\widetilde{g}(s_j,t_k)\,\widehat{J}_{j,k}\,w_{jk}\\ &\quad+\sum_{j=1}^{M}\sum_{k=1}^{N}\widetilde{g}(s_j,t_k)\,U_{j,k}(s,t)\,w_{jk}.\end{aligned} \tag{21.4.11}$$

この (21.4.11) の両辺それぞれが xy 平面と st 平面の重積分の近似になっている．すなわち，$|\Delta| \to 0$ のとき

(21.4.11) 左辺 $\to$ (21.4.12) 左辺，　(21.4.11) 右辺 $\to$ (21.4.12) 右辺

となることを示すことで，次の定理が得られる．

定理 21.4.4 (変数変換の公式)．変換 Ψ (21.4.1) は仮定 21.4.3 を満たすとする．このとき，D 上の連続関数 f に対し

$$\iint_D f(x,y)\,dx\,dy = \iint_G f(X(s,t),Y(s,t))\,J(s,t)\,ds\,dt. \quad \diamond \tag{21.4.12}$$

証明 <u>*Step 1.*</u> $|\Delta| \to 0$ のとき，(21.4.11) の左辺はどうなるかを調べる．

$\widetilde{f}^{\dagger}_{jk} \equiv \min\{\widetilde{f}(x,y) : (x,y) \in B^{\#}_{j,k}\}$，$\widetilde{f}^{*}_{jk} \equiv \max\{\widetilde{f}(x,y) : (x,y) \in B^{\#}_{j,k}\}$ とおくと，

$$\widetilde{f}^{\dagger}_{jk} \le \widetilde{f}(x_j,y_k) \le \widetilde{f}^{*}_{jk}, \quad (x_j,y_k) \in B^{\#}_{j,k}.$$

$B^{\#}_{j,k}$ の面積 $w^{\#}_{jk}$ をこの不等式の各項に乗じ，j,k について和をとる．

$$\sum_{j=1}^{M}\sum_{k=1}^{N}\widetilde{f}^{\dagger}_{jk}\,w^{\#}_{jk} \le \sum_{j=1}^{M}\sum_{k=1}^{N}\widetilde{f}(x_j,y_k)\,w^{\#}_{jk} \le \sum_{j=1}^{M}\sum_{k=1}^{N}\widetilde{f}^{*}_{jk}\,w^{\#}_{jk}$$

$|\Delta| \to 0$ のとき $|\Delta^{\#}| \to 0$ となるが，第 VI 部，§D.1, ダルブーの定理 D.1 より，不足和は不足積分に，また過剰和は過剰積分に収束する．有界連続な関数 f は D で積分可能だから，不足積分と過剰積分は一致し，$|\Delta| \to 0$ での極限が導かれた：

$$(21.4.11) \text{ の左辺} = \sum_{j=1}^{M} \sum_{k=1}^{N} \widetilde{f}(x_j, y_k)\, w_{jk}^{\#} \to \iint_D f(x,y)\, dx\, dy.$$

Step 2. (21.4.11) の右辺第 2 項はどうなるかを調べる．

積関数 $g \cdot J = f(X(s,t), Y(s,t)) \cdot J(s,t)$ は，仮定 21.4.3 より，有界連続である．すると，*Step 1* と同じ議論が適用でき，$|\Delta| \to 0$ での極限は，

$$(21.4.11) \text{ の右辺第 2 項 } \to \iint_G f(X(s,t), Y(s,t))\, J(s,t)\, ds\, dt.$$

Step 3. 最後に，(21.4.11) の右辺の第 3 項を考える．命題 21.4.2 から，任意の $\varepsilon > 0$ に対し，ある $\delta_1 > 0$ があり

$$|\Delta| < \delta_1 \ \Rightarrow\ \max_{j,k} \left| U_{j,k}(s,t) \right| < \varepsilon$$

である．領域 B での $|g|$ の最大値を $|g|^*$，B の面積を $L = (b-a) \times (d-c)$ とおくと

$$\left| \sum_{j=1}^{M} \sum_{k=1}^{N} \widetilde{g}(s_j, t_j)\, U_{j,k}(s,t)\, w_{jk} \right| \le \max_{j,k} |U_{j,k}(s,t)|\, |g|^*\, L = \varepsilon\, |g|^*\, L.$$

ε 論法の基盤 (例 1.2.6) から，定理の証明は終了した． □

21.5 例題と解答

◇ **例題 21.5.1.** xy 平面上の 4 点 $A = (1,1)$, $B = (3,1)$, $C = (1,2)$, $D = (3,2)$ を頂点とする長方形領域を S とする：

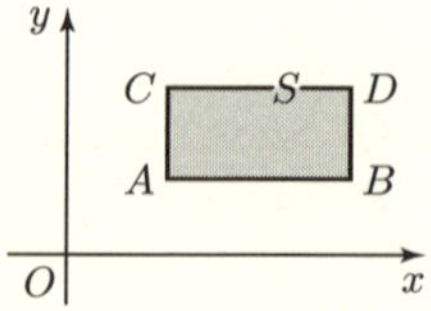

$$S \equiv \{(x,y) \in \mathbb{R}^2 : 1 \le x \le 3,\ 1 \le y \le 2\}.$$

次の変数変換によって，S は uv 平面，もしくは $r\theta$ 平面のある領域 $S^{\#}$ に変換されるが，それを図示せよ．

(i) $x = u + v$, $y = u - v$, 斜交座標系.

(ii) $x = v\,e^{u}$, $y = v\,e^{-u}$, 双曲座標系.

(iii) $x = r\cos\theta, \quad y = r\sin\theta$, 極座標系. ◇

解答 (i) 斜交座標系により，S は，uv 平面上の 4 点

$$A^{\#} = (1,0),\ B^{\#} = (2,1),\ C^{\#} = \left(\frac{3}{2}, -\frac{1}{2}\right),\ D^{\#} = \left(\frac{5}{2}, \frac{1}{2}\right)$$

を頂点とする長方形 $S^{\#}$ になり，各頂点間のグラフは直線である．そのヤコビ行列式は $J(u,v) = 2$ (例題 15.1.3) で，S と $S^{\#}$ は $1:1$ に対応している．

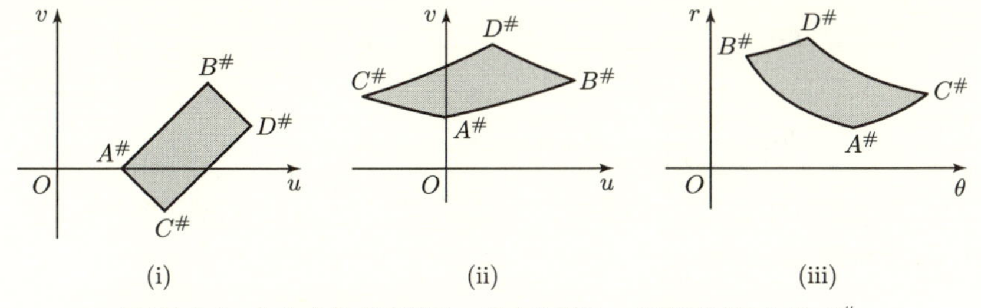

図 21.5.1 左から斜交座標系，双曲座標系，極座標系による $S^{\#}$.

(ii) 双曲座標系は，物理学 (電磁気学) や経済 (為替相場の変動分析) に使われる．uv 平面上の 4 点 $A^{\#} = (0,1)$, $B^{\#} = (\sqrt{3}, \log\sqrt{3})$, $C^{\#} = (\sqrt{2}, -\log\sqrt{2})$, $D^{\#} = (\sqrt{6}, \log\sqrt{3/2})$ を頂点とする図形になり，各頂点間の曲線は，$v = e^{-u}$ や $v = 2e^{u}$ などの指数関数である．また，ヤコビ行列式は

$$J(u,v) \equiv \left|\frac{\partial(x,y)}{\partial(u,y)}\right| = \begin{vmatrix} v\,e^{u} & e^{u} \\ -v\,e^{-u} & e^{-u} \end{vmatrix} = 2\,v$$

で，$v = 0$ を含まない $S^{\#}$ では，S と $1:1$ に対応している．

(iii) 極座標系は §15.2 で扱った．$r\theta$ 平面上の 4 点 $A^{\#} = (1, \pi/4)$, $B^{\#} = \big(\sqrt{10}, \arctan(1/3)\big)$, $C^{\#} = (\sqrt{5}, \arctan 2)$, $D^{\#} = \big(\sqrt{13}, \arctan(2/3)\big)$ を頂点とする図形になり[4]，各頂点間の曲線は，$r = 1/\cos\theta$ や $r = 1/\sin\theta$ などである．また，ヤコビ行列式は $J(r,\theta) = r$ (例題 15.2.3) で，$r = 0$ を含まない $S^{\#}$ では S と $1:1$ 対応となる． □

◇ **例題 21.5.2.** 次の定積分を求めよ．

(i) $\displaystyle\iint_{S_1} \frac{1}{(x+y+1)^2}\,dx\,dy, \quad S_1 \equiv \{(x,y) : 0 \le x \le 1,\ 0 \le y \le 1\}.$

(ii) $\displaystyle\iint_{S_2} x\,y\,dx\,dy, \quad S_2 \equiv \{(x,y) : 0 \le x,\ 0 \le y,\ x^2 + y^2 \le 1\}.$

4) 例 6.4.7 を参照せよ．

(iii) $\displaystyle\iint_{S_3} \frac{1}{\sqrt{x^2+y^2}}\,dx\,dy, \quad S_3 = \{(x,y) : 0 \le y \le x \le 3\}.$ ◇

解答 被積分関数の変形が多いので，注意 19.1.3 の記法をとる．

(i) 逐次積分を行うと

$$\iint_{S_1} \frac{1}{(x+y+1)^2}\,dx\,dy = \int_0^1 dx \int_0^1 dy\, \frac{1}{(x+y+1)^2}$$

$$= \int_0^1 dx\,\Big[-\frac{1}{1+x+y}\Big]_{y=0}^1 = \int_0^1 dx\,\Big(\frac{1}{x+1} - \frac{1}{x+2}\Big)$$

$$= \Big[\log\frac{1+x}{2+x}\Big]_{x=0}^1 = \log\frac{4}{3}.$$

(ii) §15.2 に従って，極座標系への変数変換を行う．定理 (変数変換の公式) 21.4.4 と例題 15.2.3 から

$$x = r\cos\theta, \quad y = r\sin\theta, \quad x\,y = r^2\cos\theta\sin\theta = \frac{r^2}{2}\sin 2\theta, \tag{21.5.1}$$

$$J(r,\theta) = \left|\frac{\partial(x,y)}{\partial(r,\theta)}\right| = r, \quad S_2 = \left\{(r,\theta) : 0 \le r \le 1,\, 0 \le \theta \le \frac{\pi}{2}\right\}. \tag{21.5.2}$$

以上の準備のもとで，

$$\iint_{S_2} x\,y\,dx\,dy = \int_0^{\pi/2} d\theta \int_0^1 dr\,\frac{r^3}{2}\sin 2\theta = \frac{1}{2}\cdot\frac{1}{4}\cdot 1 = \frac{1}{8}.$$

(iii) 逐次積分を行う．

$$I_3 \equiv \iint_{S_3} \frac{1}{\sqrt{x^2+y^2}}\,dx\,dy = \int_0^3 dx \int_0^x dy\,\frac{1}{\sqrt{x^2+y^2}}.$$

変数 y の積分で (x は定数とみなせる)，変数変換 $y = xs$ を行うと

$$\frac{dy}{ds} = x, \quad \sqrt{x^2+y^2} = |x|\sqrt{1+s^2}$$

となり，

$$I_3 = \int_0^3 dx \int_0^1 ds\, x\frac{1}{x\sqrt{s^2+1}} = \int_0^3 dx\,\Big(\int_0^1 ds\,\frac{1}{\sqrt{s^2+1}}\Big)$$

$$= b\int_0^3 dx = 3b, \quad b \equiv \int_0^1 \frac{1}{\sqrt{s^2+1}}\,ds.$$

ここで b の値は，例題 19.2.4 からわかり，

$$b = \Big[-\log\big(\sqrt{s^2+1} - s\big)\Big]_{s=0}^1 = -\log\big(\sqrt{2}-1\big) = \log\big(\sqrt{2}+1\big). \quad \square$$

◊ **例題 21.5.3.**　次の定積分を求めよ：$\displaystyle\int_0^\infty e^{-x^2}\,dx.$　◇

解答　“わざわざ” 重積分にするという，テクニカルな解法が知られている．$I(K) \equiv \displaystyle\int_0^K e^{-x^2}\,dx$ とし，注意 19.1.3 の記法をとる．

$$I(K)\times I(K) = \int_0^K dx \int_0^K dy\; e^{-(x^2+y^2)} \equiv (\star).$$

ここで §15.2 に従って，極座標系への変数変換を行う．定理 (変数変換の公式) 21.4.4 と例題 15.2.3 から，(21.5.1), (21.5.2), $x^2+y^2=r^2$ となる．

右図を参照し，積分範囲として，半径 $\sqrt{2}K$ の 1/4 円板を考えると，

$$\begin{aligned}(\star) &< \int_0^{\sqrt{2}\,K} dr \int_0^{\pi/2} d\theta \left|\frac{\partial(x,y)}{\partial(r,\theta)}\right| e^{-r^2}\\ &= \int_0^{\sqrt{2}K} dr \int_0^{\pi/2} d\theta\; re^{-r^2}\\ &= \frac{\pi}{2}\int_0^{\sqrt{2}K} dr\; re^{-r^2}\\ &= \frac{\pi}{2}\left[-\frac{e^{-r^2}}{2}\right]_{r=0}^{\sqrt{2}K} = \frac{\pi}{4}\left(1-e^{-2K^2}\right) \equiv J_1.\end{aligned}$$

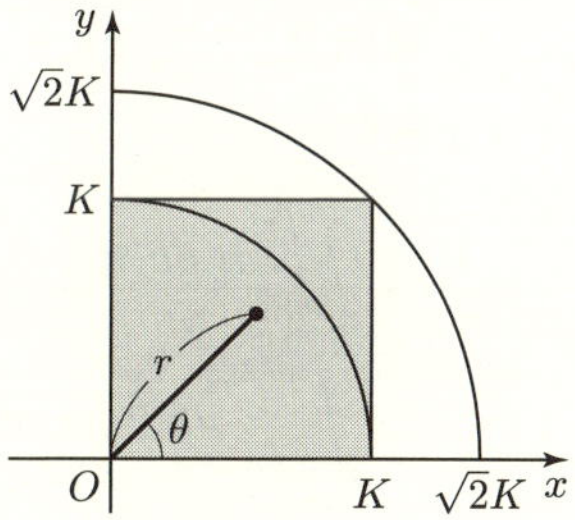

同様に，積分範囲として，半径 K の 1/4 円板をとると，

$$(\star) > \int_0^K dr \int_0^{\pi/2} d\theta\; re^{-r^2} = \frac{\pi}{4}\left(1-e^{-K^2}\right) \equiv J_2.$$

$K\to\infty$ のとき，$J_1,\, J_2 \to \pi/4$ となるので，

$$\int_0^\infty e^{-x^2}\,dx = \lim_{K\to\infty} I(k) = \frac{\sqrt{\pi}}{2}. \quad \square$$

◊ **例題 21.5.4.**　$a>0$ を定数とする．次の 3 つが囲む立体の体積 V を求めよ．

円柱面 $x^2 - a\,x + y^2 = 0$,　xy 平面,　曲面 $z = 2\sqrt{a\,x}$,　$x \geq 0$.　◇

解答　xy 平面上の領域を

$$S = \{(x,y):\, x^2 - a\,x + y^2 \leq 0\}$$

と定めると，次が目標の体積である：

$$V = \iint_S dx\,dy\; 2\sqrt{ax}.$$

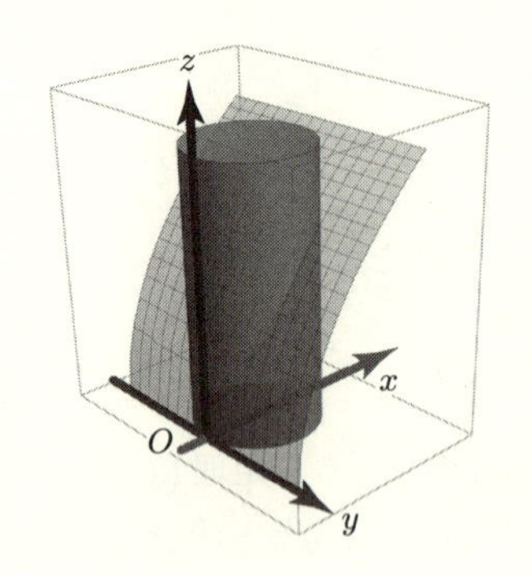

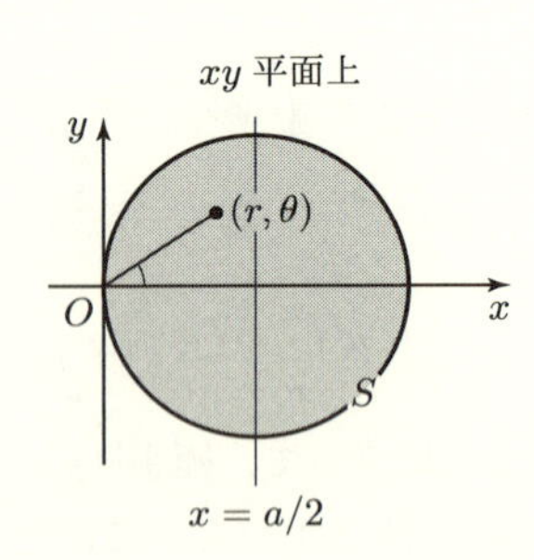

§15.2 の極座標系 $x = r\cos\theta,\ y = r\sin\theta$ を導入する．

$$J(r,\theta) = r, \quad \sqrt{a\,x} = \sqrt{a\,r\,\cos\theta}, \quad S = \{(r,\theta) : r \le a\cos\theta\}.$$

上図を参照して

$$V = \iint_S dr\,d\theta\ r\ 2\sqrt{ra\cos\theta} = \int_{-\pi/2}^{\pi/2} d\theta \int_0^{a\,\cos\theta} dr\ 2\sqrt{a\cos\theta}\ r^{3/2}$$

$$= \int_{-\pi/2}^{\pi/2} d\theta\ 2\sqrt{a\cos\theta}\ \left[\frac{2}{5}\ r^{5/2}\right]_{r=0}^{a\,\cos\theta} = 2\int_0^{\pi/2} d\theta\ \frac{4}{5}a^3\cos^3\theta.$$

最後の積分を実行する．$\cos^2\theta = 1 - \sin^2\theta$ だから

$$\int d\theta\ \cos^3\theta = \int d\theta\ \cos\theta\big(1 - \sin^2\theta\big) = \sin\theta - \frac{\sin^3\theta}{3} + C$$

となり，$V = 2\cdot\dfrac{4}{5}\cdot a^3\cdot\dfrac{2}{3} = \dfrac{16\,a^3}{15}.$ □

◇ **例題 21.5.5.** α を正の定数とするとき，次の積分は存在するか．なお，存在するときは，その値を求めよ．

$$\iint_D dx\,dy\ \frac{1}{|x-y|^\alpha}, \quad D \equiv \{(x,y) : 0 \le x \le 1,\ 0 \le y \le 1\}. \quad \diamond$$

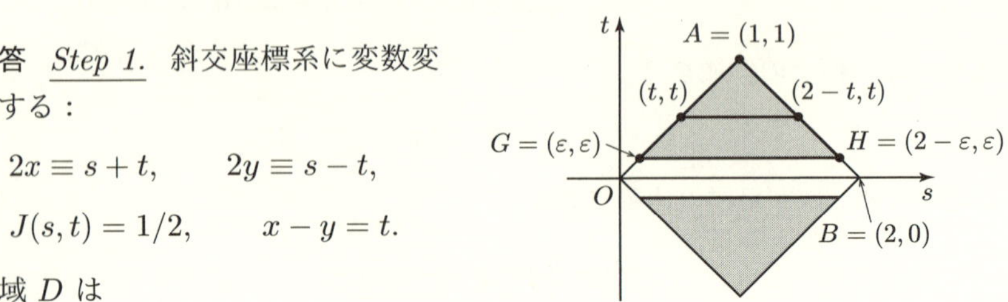

解答 <u>*Step 1.*</u> 斜交座標系に変数変換する：

$$2x \equiv s + t, \qquad 2y \equiv s - t,$$

$$J(s,t) = 1/2, \qquad x - y = t.$$

領域 D は

$$D = \{(s,t) : 0 \le s+t \le 2,\ 0 \le s-t \le 2\} \equiv D^{\#}$$

と変換され，問題の積分は

$$I = \iint_{D^{\#}} ds\, dt\ J(s,t)\ \frac{1}{|t|^{\alpha}} = \frac{1}{2} \iint_{D^{\#}} ds\, dt\ \frac{1}{|t|^{\alpha}}$$

となる．$t = 0$ に被積分関数の特異点があるので，その近辺を避けた積分を考える．$\varepsilon > 0$ に対し，$G = (\varepsilon, \varepsilon)$, $H = (2-\varepsilon, \varepsilon)$ とする (前頁図)．対称性より

$$I = 2 \times \frac{1}{2} \lim_{\varepsilon \to 0} \iint_{\triangle GAH} ds\, dt\ \frac{1}{t^{\alpha}}.$$

<u>*Step 2.*</u> <u>$\alpha \neq 1, 2$ の場合</u>： まず s の積分，次に t の積分を行う．$\triangle GAH$ が積分範囲となるが，直線 AO および AB の方程式は $t = s$ と $t = 2-s$ だから，

$$\iint_{\triangle GAH} ds\, dt\ \frac{1}{t^{\alpha}} = \int_{\varepsilon}^{1} dt \int_{t}^{2-t} ds\ \frac{1}{t^{\alpha}} = \int_{\varepsilon}^{1} dt\ \frac{2\,(1-t)}{t^{\alpha}}$$

$$= 2\Big[\frac{t^{-\alpha+1}}{1-\alpha} - \frac{t^{-\alpha+2}}{2-\alpha}\Big]_{t=\varepsilon}^{1} = 2\Big(\frac{1-\varepsilon^{-\alpha+1}}{1-\alpha} - \frac{1-\varepsilon^{-\alpha+2}}{2-\alpha}\Big).$$

これより

(a) $\alpha > 1$ なら，$I = \lim_{\varepsilon \to 0} \Big(\ \cdots\ \Big) = \infty.$

(b) $\alpha < 1$ なら，

$$I = \lim_{\varepsilon \to 0} \Big(\ \cdots\ \Big) = \frac{2}{1-\alpha} - \frac{2}{2-\alpha} = \frac{2}{(1-\alpha)\,(2-\alpha)}.$$

<u>*Step 3.*</u> <u>$\alpha = 1, 2$ の場合</u>： 前段と同様な計算で

$$\iint_{\triangle GAH} ds\, dt\ \frac{1}{t} = 2\big(-\log\varepsilon - (1-\varepsilon)\big),$$

$$\iint_{\triangle GAH} ds\, dt\ \frac{1}{t^2} = 2\Big(\frac{1}{\varepsilon} - 1 + \log\varepsilon\Big).$$

これより，$\alpha = 1, 2$ どちらの場合も $I = \lim_{\varepsilon \to 0} \Big(\ \cdots\ \Big) = \infty.$

結局，$\alpha < 1$ なら $I = \dfrac{2}{(2-\alpha)(1-\alpha)}$．$\alpha \geq 1$ なら積分は存在しない． □

◇ **例題 21.5.6.** 半径 r の 4 次元球の体積 $V_4(r)$ を求めよ：

$$V_4(r) \equiv \int \cdots \int_{{x_1}^2+{x_2}^2+{x_3}^2+{x_4}^2 \le r^2} dx_1\, dx_2\, dx_3\, dx_4. \quad \diamond$$

解答 ここでも注意 19.1.3 の記法を採用する．

<u>*Step 1.*</u> まず $J_k \equiv \int_0^{\pi/2} d\theta\ \cos^k\theta$ の値を用意する．これは例題 20.2.4 (i) で計算済みで，

$$J_2 = \frac{\pi}{4}, \quad J_3 = \frac{2}{3}, \quad J_4 = \frac{3\pi}{16}, \quad J_5 = \frac{8}{15}, \quad J_6 = \frac{5\pi}{32}, \quad \cdots.$$

<u>*Step 2.*</u> 半径 r の 4 次元球の体積を $V_4(r)$ を，逐次積分により求める：

$$V_4(r) = \int_{-r}^{r} dx_1 \int_{-\sqrt{r^2-x_1{}^2}}^{\sqrt{r^2-x_1{}^2}} dx_2 \cdots \int_{-\sqrt{r^2-(x_1{}^2+x_2{}^2+x_3{}^2)}}^{\sqrt{r^2-(x_1{}^2+x_2{}^2+x_3{}^2)}} dx_4.$$

変数を見やすくするため，

$$y_1 \equiv \sqrt{r^2-(x_1{}^2+x_2{}^2+x_3{}^2)},$$

$$y_2 \equiv \sqrt{r^2-(x_1{}^2+x_2{}^2)}, \quad y_1{}^2 = y_2{}^2 - x_3{}^2,$$

$$y_3 \equiv \sqrt{r^2-x_1{}^2}, \quad y_2{}^2 = y_3{}^2 - x_2{}^2$$

とおき，逐次積分

$$V_4(r) = \int_{-r}^{r} dx_1 \int_{-y_3}^{y_3} dx_2 \int_{-y_2}^{y_2} dx_3 \int_{-y_1}^{y_1} dx_4$$

を右から実行する．

$$I_1(y_1) = \int_{-y_1}^{y_1} dx_4 = 2y_1 = 2\sqrt{y_1{}^2} = 2\ (y_2{}^2 - x_3{}^2)^{2/2}.$$

次に，$I_2(y_2) = \int_{y_2}^{y_2} dx_3\ I_1(y_1)$ を実行するが，$x_3 \equiv y_2 \sin\theta$ と変数変換すると，

$$I_2(y_2) = 2\int_{-y_2}^{y_2} dx_3\ \sqrt{y_2{}^2 - x_3{}^2} = 4\int_0^{\pi/2} d\theta \left\{y_2\cos\theta\right\}\left\{y_2\sqrt{1-\sin^2\theta}\right\}$$

$$= 4\,y_2{}^2 \int_0^{\pi/2} d\theta\ \cos^2\theta = 4\,y_2{}^2 J_2 = \pi\,y_2{}^2.$$

これは，半径 y_2 の円板の面積である．再び，$y_2{}^2 = y_3{}^2 - x_2{}^2$ と $x_2 = y_3\sin\theta$ の変数変換を使い，

$$I_3(y_3) = \int_{-y_3}^{y_3} dx_2\ \pi\bigl(y_3{}^2 - x_2{}^2\bigr) = 2\pi y_3{}^3 \int_0^{\pi/2} d\theta\ \cos\theta\bigl(1-\sin^2\theta\bigr)$$

$$= 2\pi\,y_3{}^3 \int_0^{\pi/2} d\theta\ \cos^3\theta = 2\pi\,y_3{}^3 J_3 = \frac{4}{3}\pi\,y_3{}^3.$$

($I_3(y_3)$ はよく知られた半径 y_3 の 3 次元球の体積.)

続けて計算する. ${y_3}^2 = r^2 - {x_1}^2$ だから, $x_1 = r\sin\theta$ の変数変換を使い,

$$V_4(r) = \int_{-r}^{r} dx_1\ I_3(y_3) = \int_{-r}^{r} dx_1\ \frac{4\,\pi}{3}(r^2 - {x_1}^2)^{3/2}$$

$$= \frac{4\,\pi}{3}\cdot 2\int_0^{\pi/2} d\theta\ r\cos\theta\ r^3(1-\sin^2\theta)^{3/2}$$

$$= \frac{8\pi}{3}r^4\int_0^{\pi/2} d\theta\ \cos^4\theta = \frac{8\,\pi}{3}\ r^4 J_4 = \frac{\pi^2}{2}r^4. \quad \square$$

Part VI

付録—基礎定理の証明

A　実数論の基礎定理

定理 A.1 (ワイエルシュトラス)．実数 $\mathbb{R}$ の空でない集合 A が上に有界なら，上限 $\sup A$ が存在する．また，A が下に有界なときには，下限 $\inf A$ が存在する．　◇

証明　"A が上に有界な場合" に定理を示す．

<u>*Step 1.*</u> A は上に有界だから，ある数 K_1 があり，任意に選んだ $a_0 \in A$ に対し，$a_0 \leq K_1$ となる．この $a_0 \in A$ と K_1 を固定して議論を進める．

もし $a_0 = K_1$ なら $\sup A = K_1$ である．よって $a_0 < K_1$ とする．

<u>*Step 2.*</u> 区間 J_0 を $J_0 \equiv [a_0, K_1)$ とする．J_0 を中点 $(a_0+K_1)/2$ で 2 等分し，

$$\text{左の区間}\ I_1^\ell \equiv \left[a_0, \frac{a_0+K_1}{2}\right), \quad \text{右の区間}\ I_1^r \equiv \left[\frac{a_0+K_1}{2}, K_1\right)$$

とおく．ここで新しく区間 J_1 を，次の手順で定める．

(i) $x \geq (a_0+K_1)/2$ となる $x \in A$ があるとき：A の上限 (あるとすれば) は，$(a_0+K_1)/2$ と K_1 の間にあるので (下左図)，右の区間 I_1^r を J_1 とする．

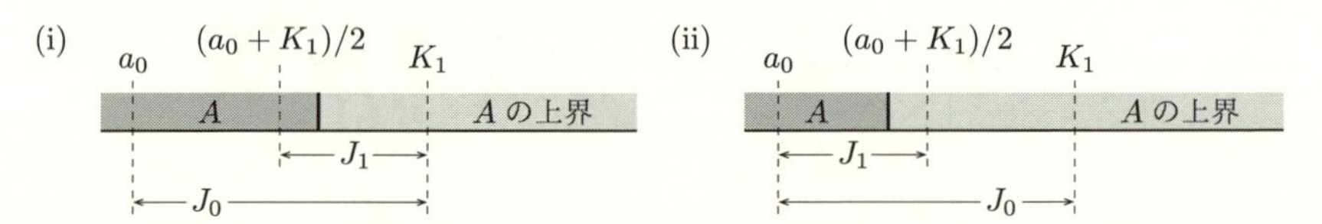

(ii) すべての $x \in A$ に対し $x < (a_0+K_1)/2$ であるとき：A の上限 (あるとすれば) は，a_0 と $(a_0+K_1)/2$ の間にあるので (上右図)，左の区間 I_1^ℓ を J_1 とする．

<u>*Step 3.*</u> 次に区間 J_1 を I_2^ℓ, I_2^r に 2 等分し，*Step 1* と同じ方法でどちらかの半分を選び，J_2 とおく．この作業を繰り返し，区間の列 $J_1, J_2, \cdots, J_n, \cdots$ が得られる．

<u>*Step 4.*</u> 各区間 J_n の右端の点を $b_1, b_2, \cdots, b_n, \cdots$ とする．

$b_n, b_{n+1} \in J_n$ であり，J_n の長さ $|J_n| = (K_1 - a_0)/2^n$ だから，

$$|\, b_{n+1} - b_n \,| \leq \frac{K_1 - a_0}{2^n}, \quad n = 0, 1, 2, \cdots$$

となり，$\{b_n\}$ は基本列となる (定義 3.2.1)．

すると，実数の性質 (命題 3.2.3 (iv)) より，必ず極限 $\lim_{n\to\infty} b_n$ が存在する．さらに区間の列 $\{J_n\}$ の決め方から

$$\lim_{n\to\infty} b_n = \sup A$$

となる．

以上と同じ方法で，下限の存在も示すことができる．　□

♦ **解説 A.2.** このように，"区間の 2 分割を繰り返して，特定の実数に収束する基本列" をつくる方法を，**縮小区間列**という．実数の性質を調べるときなどに，有効である．

◇

B 数　列

命題 B.1. 有界な数列が，単調増加もしくは単調減少なら，収束する．　◇

証明　簡単のため，“$A \equiv \{a_n\}$ は単調増加” とする．

仮定より A は有界だから，ワイエルシュトラスの定理 A.1 より，上限 $\sup A$ が存在する．任意の $\varepsilon > 0$ に対し，$\sup A - \varepsilon$ は上限ではないので，$a_N > \sup A - \varepsilon$ となる $a_N \in A$ が存在する．しかし $\sup A$ は上界だから，すべての n で $\sup A \geq a_n$．これらと $\{a_n\}$ は単調増加であることも考えて，

$$n > N \;\Rightarrow\; 0 \leq \sup A - a_n \leq \sup A - a_N < \varepsilon.$$

この不等式が成立するので，定義 4.1.3 から，$\{a_n\}$ は $\sup A$ に収束する．　□

補題 B.2 (大小関係)**.** q_1, q_2 は有理数で，$q_1 > q_2$ とする．このとき，任意の実数 $x > 1$ に対し，$x^{q_1} > x^{q_2}$ である．　◇

証明　$x > 1$ を固定する．$r_1 > r_2$ である自然数 r_1, r_2 に対し，2 項定理 2.1.3 から

$$\frac{x^{r_1}}{x^{r_2}} = \big(1 + (x-1)\big)^{r_1 - r_2} > 1 + (r_1 - r_2)(x-1) > 1, \quad x > 1.$$

よって，次が示された：

$$r_1 > r_2 \;\Rightarrow\; x^{r_1} > x^{r_2}, \quad x > 1, \quad r_1, r_2 \in \mathbb{N}. \tag{B.1}$$

次に，自然数 K に対し，関数 $\psi(x) = x^k$ $(x \geq 0)$ は狭義増加関数だから，その逆関数 ψ^{-1} も狭義増加である (展望 9.2.8)．これと (B.1) を組み合わせると，

$$r_1 > r_2 \;\Rightarrow\; x^{r_1} > x^{r_2} \;\Rightarrow\; x^{r_1/K} = \psi^{-1}(x^{r_1}) > \psi^{-1}(x^{r_2}) = x^{r_2/K}. \tag{B.2}$$

正の有理数 $q_1 > q_2$ は，$m_1, m_2 \in \mathbb{N}$, $n_1, n_2 \in \mathbb{N}$ があり，

$$\frac{m_1}{n_1} = q_1 > q_2 = \frac{m_2}{n_2} \;\Leftrightarrow\; m_1 n_2 > m_2 n_2$$

である．すなわち，(B.2) から，次の不等式が導かれた：

$$q_1 > q_2 > 0 \;\Rightarrow\; x^{q_1} > x^{q_2}, \quad q_1, q_2 \in \mathbb{Q}, \quad x > 1.$$

$x^0 = 1$ および負の q に対する定義式 $x^q \equiv 1/x^{-q}$ から，一般の有理数の場合も，上の不等式に帰着する．　□

命題 B.3 (べき乗の存在)**.** 実数 a と $s \geq 1$ に対し，

$$s^a \equiv \sup A_a, \quad A_a \equiv \{s^q : q \in \mathbb{Q},\, q \leq a\}, \quad a \in \mathbb{R}, \quad s \geq 1 \tag{B.3}$$

と定める．このとき，次のような “単調増加で有界な数列 $\{q_n\}$” が存在する：

$$s^a = \lim_{n\to\infty} s^{q_n}, \quad \lim_{n\to\infty} q_n = a, \quad q_n \in \mathbb{Q}. \quad \diamond \tag{B.4}$$

証明　<u>*Step1.*</u> $q_0 < a$ である有理数 q_0 を任意に定める．

1) 次に，$\dfrac{a+q_0}{2} < q_1 < a$ を満たす有理数 q_1 を任意に定める．
命題 (実数の性質) 3.2.3 (iii) より，こうした有理数は必ず存在する．

2) 順次，$\dfrac{a+q_k}{2} < q_{k+1} < a$ を満たす有理数 q_{k+1} を任意に定める．

こうして定まった“有理数からなる数列 $\{q_k\}$”は，単調増加で，

$$|a - q_k| \le \frac{a - q_0}{2^k}, \quad k = 0, 1, 2, \cdots$$

であり，(B.4) の第 2 式を満たしている．

<u>*Step 2.*</u> 自然数 M に対し，$a < p < a + 1/M$ である有理数 p をとる．有理数 p, q に対しては，べき乗の値は確定している．また，補題 B.2 が成り立ち，

$$q \le a < p \;\Rightarrow\; s^q \le s^p \;\Rightarrow\; s^p \text{ は，“(B.3) の集合 } A_a \text{” の上界}$$

となる．上限 $a^s \equiv \sup A_a$ は，上界の最小元だから，$s^a \le s^p$．

一方，*Step 1* から，任意の M に対し，$a - q_n \le 1/M$ である q_n が存在し，

$$p - q_n = (p - a) + (a - q_n) \le \frac{2}{M} \;\Rightarrow\; 1 \le \frac{s^a}{s^{q_n}} \le \frac{s^p}{s^{q_n}} = s^{p - q_n} \le s^{2/M}. \quad \text{(B.5)}$$

ここで，q_n, p ともに有理数だから，(B.5) の右辺で最後の不等式 (補題 B.2) とその前の等式が成り立った．また，単調増加な数列 $\{s^{q_n}\}$ が有界なこともわかった．

命題 B.1 より，$\{s^{q_n}\}$ は収束するので，$n \to \infty$．次に $M \to \infty$ とする．例題 4.3.4 (h) より，右辺の最後の項は 1 に収束し，(B.4) の第 1 式も示された．□

C 連続関数

C.1 中間値の定理

定理 C.1 (中間値の定理)**.** 閉区間 $[a, b]$ で定義された連続関数 f が，$f(a) < f(b)$ を満たしている．このとき $f(a) < c < f(b)$ である任意の c に対し，

$$f(s) = c, \quad a < s < b$$

となる s が存在する．◇

証明 簡単のため，$f(a) < 0 < f(b)$ とし，$f(c) = 0$ となる $a < c < b$ の存在を，縮小区間列の方法で示す．

<u>*Step 1.*</u> (i) $J_0 \equiv [a, b)$ とし，中点で J_0 を 2 等分する：

$$\text{左の区間 } I_1^\ell \equiv \left[a, \frac{a+b}{2}\right), \quad \text{右の区間 } I_1^r \equiv \left[\frac{a+b}{2}, b\right).$$

- もし $f((a+b)/2) = 0$ なら，$c = (a+b)/2$ となり，証明は終了．
- もし $f((a+b)/2) > 0$ なら，左の I_1^ℓ を J_1 とする．
- もし $f((a+b)/2) < 0$ なら，右の I_1^r を J_1 とする．

(ii) 次に，区間 J_1 を I_2^ℓ, I_2^r に 2 等分し，(i) と同じ方法でどちらかの半分を選び，J_2 とおく．この作業を繰り返し，区間の列 $J_1, J_2, \cdots, J_n, \cdots$ が得られる．

Step 2. 区間 $J_n = [a_n, b_n)$ とすると，$a_{n+1}, b_{n+1} \in J_n$ である．J_n の長さ $|J_n| = b_n - a_n$ は $(b-a)/2^n$ だから，

$$|\, a_{n+1} - a_n \,| \leq \frac{b-a}{2^n}, \quad |\, b_{n+1} - b_n \,| \leq \frac{b-a}{2^n}, \quad n = 0, 1, 2, \cdots$$

となり，$\{a_n\}$, $\{b_n\}$ はともに基本列である (定義 3.2.1)．すると，実数の性質 (命題 3.2.3 (iv)) より，必ず極限

$$s = \lim_{n\to\infty} a_n, \quad t = \lim_{n\to\infty} b_n$$

が存在する．また，

$$t - s = \lim_{n\to\infty} (b_n - a_n) = \lim_{n\to\infty} \frac{b-a}{2^n} = 0 \tag{C.1}$$

だから，じつは $s = t$. 一方，$f(a_n) < 0 < f(b_n)$ だから，f の連続性と (C.1) を考えて，

$$f(s) = \lim_{n\to\infty} f(a_n) \leq 0 \leq \lim_{n\to\infty} f(b_n) = f(t) = f(s).$$

つまり $f(s) = 0$ である． □

C.2 最大値原理

最大値原理を証明するまえに，次の定理を示す．

定理 C.2 (ボルツァノ・ワイエルシュトラス)．有界な数列は，収束する部分数列をもつ． ◇

証明 有界な数列 $A = \{x_1, x_2, \cdots\}$ が閉区間 $[a, b]$ に含まれるとする．縮小区間列の方法で，A から収束する部分数列をつくる．

Step 1. $J_0 \equiv [a, b)$ とし，中点で J_0 を 2 等分する：

$$\text{左の区間 } I_1^\ell \equiv \left[a, \frac{a+b}{2}\right), \quad \text{右の区間 } I_1^r \equiv \left[\frac{a+b}{2}, b\right).$$

A は無限個の点からなるので，$A \cap I_1^\ell$ か $A \cap I_1^r$ のどちらか無限個の元からなる (両方の場合もある)．

- もし $A \cap I_1^\ell$ が無限個の元からなるなら，I_1^ℓ を J_1 とする．
- もし $A \cap I_1^\ell$ が無限個の元からなるなら，I_1^r を J_1 とする．
- こうして定められた J_1 に対し，$A \cap J_1$ から番号が最も小さい $x_{n(1)}$ を選ぶ．

Step 2. 次に，区間 J_1 を I_2^ℓ, I_2^r に 2 等分する．Step 1 と同じ方法で，どちらかの半分を選び J_2 とする．そして $A \cap J_2$ から，番号が最も小さい $x_{n(2)}$ を選ぶ．

どの $A \cap J_n$ も無限個の点からなるので，この作業を繰り返し，区間の列 $J_1, J_2, \cdots$

と数列 $x_{n(1)}, x_{n(2)}, \cdots$ が得られた.

J_n の長さは $|J_n| = (b-a)/2^n$ だから，$\{x_{n(k)}, k=1,2,\cdots\} \subset A$ は基本列になる．すると，命題 3.2.3 (iv) より，必ず極限 $\lim_{k\to\infty} x_{n(k)} = c$ が存在する． □

次の命題も最大値原理を示すための準備である.

命題 C.3. 有限な閉区間 $[a,b]$ で連続な関数 f の値域 $\mathcal{R} \equiv \{f(x) : a \leq x \leq b\}$ は有界である． ◇

証明 簡単のため，$f(a) > 0$ とし，背理法で証明する.

Step 1. まず，$\mathcal{R}$ が上に有界でないとすると，任意の $K > 0$ に対し，$f(x) > K$ となる $x \in [a,b]$ が存在する．そこで，点 x_1 を $f(x_1) > 2f(a)$ となるように選び，以下，順次

$$f(x_{k+1}) > 2f(x_k), \quad k=1,2,\cdots$$

となる x_{k+1} を選ぶ．これで，区間 $[a,b]$ に含まれる数列 $\{x_1, x_2, \cdots\} \equiv A$ を得たが，$\lim_{n\to\infty} f(x_n) \geq \lim_{n\to\infty} 2^n f(a) = \infty$.

Step 2. 数列 $A = \{x_1, x_2, \cdots\} \subset [a,b]$ は有界だから，ボルツァノ・ワイエルシュトラスの定理 C.2 から，収束する部分数列 $\{x_{n(1)}, x_{n(2)}, \cdots\}$ が存在する：$\lim_{k\to\infty} x_{n(k)} = s$, $a \leq s \leq b$. ここで，$k\to\infty$ なら $n(k)\to\infty$ となる．f は連続だから

$$f(s) = \lim_{k\to\infty} f(x_{n(k)}) > \lim_{k\to\infty} 2^{n(k)} f(a) = \infty, \quad a \leq s \leq b.$$

$f(s)$ の値が発散し，“f が閉区間 $[a,b]$ で連続” と矛盾する.

よって f は上に有界である．下に有界となることも同様に証明できる． □

いよいよ最大値原理を示す.

定理 C.4 (最大値原理). 有限な閉区間 $[a,b]$ で連続な関数 f は，その区間内で最大値と最小値をとる． ◇

証明 命題 C.3 より，f の値域 $\mathcal{R}_f \equiv \{f(x) : a \leq x \leq b\}$ は有界な集合である．ワイエルシュトラスの定理 A.1 より，上限 $\sup \mathcal{R}_f \equiv r^*$ と下限 $\inf \mathcal{R}_f \equiv r_*$ が存在する.

そこで，ある $c^*, c_* \in [a,b]$ があり，$f(c^*) = r^*$, $f(c_*) = r_*$ となることを示す.

Step 1. n を自然数とする．r_* は下界のなかで最大のものだから，$r_* + 1/n$ は下界ではない．すなわち，$f(s_n) < r_* + 1/n$ となる $s_n \in [a,b]$ が存在する.

一方，r_* は下界だから，すべての $x \in [a,b]$ に対し，もちろん s_n に対しても，$f(s_n) \geq r_*$ となる．結局，

$$r_* \leq f(s_n) \leq r_* + \frac{1}{n}. \tag{C.2}$$

Step 2. こうして区間 $[a,b]$ に含まれる数列 $\{s_n\}$ を得たが，ボルツァノ・ワイエル

シュトラスの定理 C.2 から，収束する部分列 $\{s_{n(k)}\}$ が存在する：$\lim_{k\to\infty} s_{n(k)} \equiv c_*$, $a \le c_* \le b$. すると (C.2) から

$$f(s_{n(k)}) - f(c_*) - \frac{1}{n(k)} \le r_* - f(c_*) \le f(s_{n(k)}) - f(c_*).$$

ここで $k \to \infty$ とする．f は連続だから，$\lim_{k\to\infty} f(s_{n(k)}) = f(c_*)$ となり，$r_* = f(c_*)$ を得る．

r^* に関しても同じ議論が成立するので，証明を完了する． □

C.3 ハイネの定理

証明には，準備が必要である．

集合族： “集合を構成要素 (元) とする集合” を集合族という．いわば，“集合の集合” である．

定理 C.5 (ハイネ・ボレルの被覆定理)．有限な閉区間 $[a,b]$ と，開区間を構成要素とする集合族 $\mathscr{I}$ を考える．任意の $x \in [a,b]$ に対し，少なくとも一つの $I \in \mathscr{I}$ があり，$x \in I$ となる．このとき，有限個 (n とする) の $I_k \in \mathscr{I}$, $k = 1, 2, \cdots, n$ があり，

$$[a,b] \subset \bigcup_{k=1}^{n} I_k,\ \text{つまり区間 } [a,b] \text{ を覆う．} \quad \diamond$$

証明 Step1. 有限な閉区間 $[a,b]$ の左端の点 a は，ある $I^a \in \mathscr{I}$ に含まれる．一方，点 $y \in [a,b]$ を

閉区間 $[a,y]$ が，$\mathscr{I}$ の元から選んだ有限個の開区間で覆われる (C.3)

という性質をもつ点とし，この性質をもつ点の全体を B とする．左端の点 $a \in B$ だから，B は空集合ではない．また，$B \subset [a,b]$ だから B は有界である．

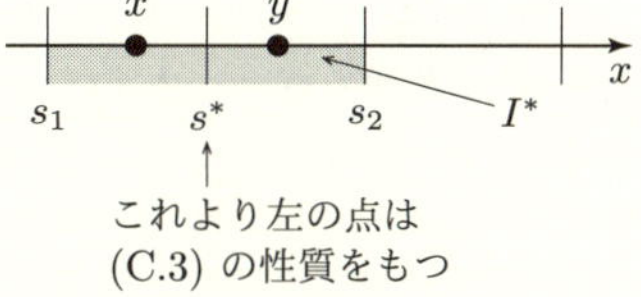

すると，ワイエルシュトラスの定理 A.1 から，B には上限 $\sup B = s^*$ が存在する．

Step 2. 右端の点 b に対し，“$s^* < b$” と仮定すると，矛盾が起こることを示す．

x y b
s_1 s^* s_2 I^* x
これより左の点は
(C.3) の性質をもつ

定理の仮定から，ある開区間 I^* があり

$$s^* \in I^* = (s_1, s_2) \in \mathscr{I}, \quad \text{つまり } s_1 < s^* < s_2.$$

ここで，命題 3.2.3 (iii) (実数の稠密性) から，$s^* < y < s_2$ となる点 y がある．

同様に，$s_1 < x < s^*$ である点 x も存在するが，s^* は B の上限だから，x は (C.3) の性質をもつ．すなわち，

$$\text{有限個の } I'_j \in \mathscr{I},\ j = 1, 2, \cdots, m \text{ があり，} [a,x] \subset \bigcup_{j=1}^{m} I'_j.$$

この $\bigcup_{j=1}^{m} I'_j$ に，先ほどの開区間 I^* を加えた有限個の $\bigcup_{j=1}^{m} I'_j \cup I^s$ は閉区間 $[a,y]$ を覆う．つまり，y は (C.3) を満たし，$y \in B$ である．

これは "s^* が B の上限" とした仮定と矛盾する．よって，$s^* = b$. □

いよいよ，ハイネの定理を証明する．

定理 C.6 (ハイネの定理)**.** 有限な閉区間 $[a,b]$ で連続な関数 f は，そこで一様連続である． ◇

証明 *Step 1.* f は連続だから，任意の $\varepsilon > 0$ に対し，各点 $x \in [a,b]$ ごとに $\delta(x) > 0$ があり，

$$|x' - x| < \delta(x) \ \Rightarrow\ |f(x') - f(x)| < \varepsilon/4.$$

すなわち $\mathscr{I} = \{(x - \delta(x), x + \delta(x)) : x \in [a,b]\}$ は，"無限個の開区間たち" の集合族で，閉区間 $[a,b]$ を覆う．すると，ハイネ・ボレルの被覆定理 C.5 より有限個の開区間

$$I_k \equiv (x_k - \delta(x_k),\ x_k + \delta(x_k)), \quad k = 1, 2, \cdots, M$$

たちが $[a,b]$ を覆う．

Step 2. 正の数 $\delta(x_1), \delta(x_2), \cdots, \delta(x_M)$ のなかで最小のものを δ とする (有限個の最小だから，$\delta > 0$ に注意).

$|x - x'| < \delta$ とする．x, x' が同じ I_k に属していれば，$|x - x'| < \delta < \delta(x_k)$ だから

$$|f(x) - f(x')| \le |f(x) - f(x_k)| + |f(x_k) - f(x')| < \frac{\varepsilon}{4} + \frac{\varepsilon}{4} < \varepsilon.$$

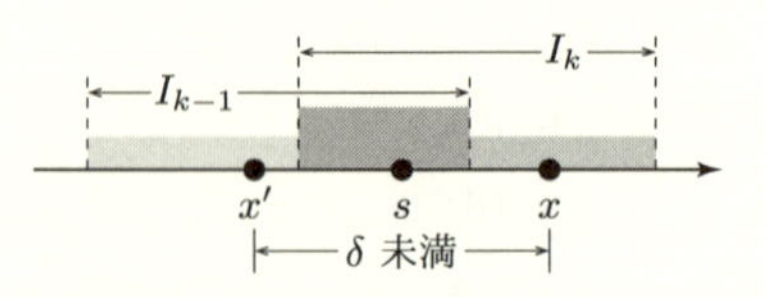

一方，x と x' が別の I_k と I_{k-1} に属しているときは，$|x - x'| < \delta$ だから，I_k と I_{k-1} には共通の点 $s \in I_k \cap I_{k-1}$ がある (上図および例 7.3.2 をみよ)．そして，

$$|f(x) - f(x')| < |f(x) - f(s)| + |f(s) - f(x')|$$
$$\le |f(x) - f(x_k)| + |f(x_k) - f(s)| + |f(s) - f(x_{k-1})| + |f(x_{k-1}) - f(x')|.$$

この右辺各項は $\varepsilon/4$ 以下だから，定理が示された． □

C.4 陰関数定理

定理 C.7 (陰関数定理)**.** 関数 $f(x,y)$ は連続な導関数をもち，ある点 $P = (a,b)$ で次の条件を満たす：

$$f(P) = 0, \quad f_y(P) \ne 0. \tag{C.4}$$

このとき，ある $\delta > 0$ があり，次のような微分可能な関数 $g(x)$ $(a - \delta < x < a + \delta)$

がただ一つ存在する：

$$f\bigl(x, g(x)\bigr) = 0, \quad b = g(a), \quad g'(x) = -\frac{f_x\bigl(x, g(x)\bigr)}{f_y\bigl(x, g(x)\bigr)}. \quad \diamond$$

♦ **注 C.8.** 証明に入るまえに，まず (C.4) の意味を考える．f_y は連続だから，点 $P = (a, b)$ の近くでは負にならない．つまり，適当な $\varepsilon_1 > 0$ に対し，

$$U_0 \equiv \{(x', y') : |x' - a| \leq \varepsilon_1,\ |y' - b| \leq \varepsilon_1\} \quad \bigl(P \text{ を中心とする開球}\bigr) \qquad \text{(C.5)}$$

とおくと，次が成り立つ：

$$f_y(Q) \neq 0, \quad Q = (x, y) \in U_0. \qquad \text{(C.6)}$$

x を固定し，$h^{(x)}(y) \equiv f(x, y)$ とする (y の 1 変数関数とみなした)．(C.6) より $\dfrac{dh^{(x)}(y)}{dy} \neq 0$ だから，"$b - \varepsilon_1 < y < b + \varepsilon_1$ のとき，$h^{(x)}(y)$ は狭義単調" である．以後，簡単のため，"$h^{(x)}(y)$ は y に関して狭義単調増加" とする． ◇

補題 C.9. (C.4) を仮定する．このとき，$\varepsilon_1 > 0$ を十分小さくとると，$|x - a| < \varepsilon_1$ のとき

$$J^{(x)} \equiv \{f(x, y) : |y - b| < \varepsilon_1\}$$

は空でない開区間となり，x を固定した y の関数

$$h^{(x)}(y) : (b - \varepsilon_1,\ b + \varepsilon_1) \to J^{(x)}$$

は 1 : 1 対応である．すなわち，任意の $s \in J^{(x)}$ に対し，次を満たす t がただ一つ存在する：

$$s = h^{(x)}(t) = f(x, t), \quad b - \varepsilon_1 < t < b + \varepsilon_1. \quad \diamond$$

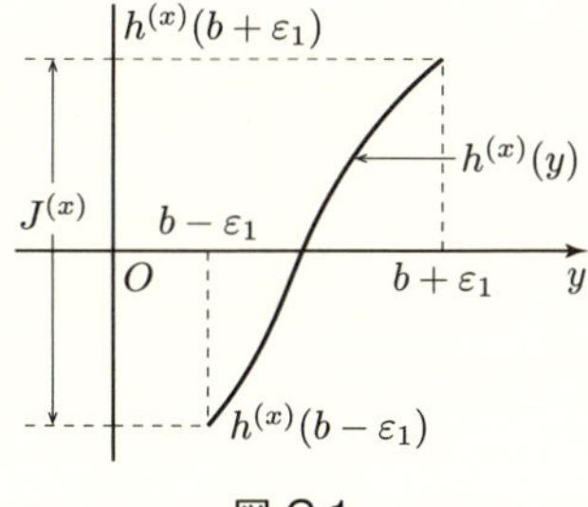

図 C.1

証明 f_y は y の連続関数である．したがって，$\varepsilon_1 > 0$ が十分小さいとき (C.6) が成立し，$h^{(x)}(y)$ は開区間 $(b - \varepsilon_1, b + \varepsilon_1)$ 上で狭義単調増加である (簡単のためこう仮定した．注 C.8)．すると $J^{(x)}$ は

$$\text{開区間} \quad J^{(x)} = \bigl(h^{(x)}(b - \varepsilon_1), h^{(x)}(b + \varepsilon_1)\bigr)$$

となる．中間値の定理 7.3.7 を適用すると，任意の $z \in J^{(x)}$ に対し，$h^{(x)}(y) = z$ となる $t \in (b - \varepsilon_1, b + \varepsilon_1)$ が存在する．

さらに $h^{(x)}(\cdot)$ は狭義単調増加だから，この t は一意に定まる． □

定理 C.7 の証明 簡単のため，以後は $f_y(P) > 0$ とする．($h^{(x)}(y) \equiv f(x, y)$ は y に関して狭義単調増加．) また，ε_1 を補題 C.9 で考えた正数とする．

<u>*Step 1.*</u> "$|x - a|$ が小さいとき，区間 $J^{(x)}$ が 0 を含む" (図 C.1 が成立) を示す．まず，$h^{(a)}(b) = f(a, b) = 0$ だから，区間 $J^{(a)}$ は 0 を含む．さらに $h^{(a)}$ は狭義単

調増加だから,

$$f(a,b-\varepsilon_1)=h^{(a)}(b-\varepsilon_1)<h^{(x)}(b)=0<h^{(a)}(b+\varepsilon_1)=f(a,b+\varepsilon_1). \quad \text{(C.7)}$$

関数 f は連続だから，任意の $\varepsilon'>0$ に対し，$\varepsilon_1>\delta_1>0$ を十分小さくとれば

$$|x-a|<\delta_1 \ \Rightarrow\ -\varepsilon'+f(a,b\pm\varepsilon_1)<f(x,b\pm\varepsilon_1)$$
$$<f(a,b\pm\varepsilon_1)+\varepsilon' \quad (\text{複号同順}). \quad \text{(C.8)}$$

(C.7) より $f(a,b+\varepsilon_1)>0$ だから，(C.8) で $\varepsilon'=f(a,b+\varepsilon_1)/2>0$ とすれば,

$$|x-a|<\delta_1 \ \Rightarrow\ f(x,b+\varepsilon_1)>-\varepsilon'+f(a,b+\varepsilon_1)=\frac{f(a,b+\varepsilon_1)}{2}>0.$$

また，(C.7) より，$f(a,b-\varepsilon_1)<0$ だから，(C.8) で $\varepsilon'=-f(a,b-\varepsilon_1)/2$ とし,

$$|x-a|<\delta_1 \ \Rightarrow\ f(x,b-\varepsilon_1)<f(a,b-\varepsilon_1)+\varepsilon'=\frac{f(a,b-\varepsilon_1)}{2}<0.$$

よって $|x-a|<\delta_1$ のとき，開区間 $J^{(x)}$ は 0 を含む.

すると, 補題 C.9 より, $|x-a|<\delta_1<\varepsilon_1$ のとき, $h^{(x)}(t)=0$ となる $t\in(b-\varepsilon_1,b+\varepsilon_1)$ がただ一つ存在する．この t を $g(x)$ とおく (これが求める陰関数).

<u>*Step 2.*</u> g が連続なことを示す．*Step 1* での $g(x)$ の決め方から，$|b-g(x)|<\varepsilon_1$. ここで，特に $x=a$ とすると，ただ一つの $t_0\in(b-\varepsilon_1,\, b+\varepsilon_1)$ があり,

$$t_0=g(a)\Leftrightarrow\ 0=h^{(a)}(t_0)=f(a,t_0)=f\bigl(a,g(a)\bigr).$$

ところが $h^{(a)}(\cdot)$ は 1 : 1 対応だから，$f(a,b)=0$ より $g(a)=t_0=b$ である．すなわち

$$|x-a|<\delta_1 \ \Rightarrow\ |g(a)-g(x)|=|b-g(x)|<\varepsilon_1. \quad \text{(C.9)}$$

以上をまとめる．g の定義より，関数 $g:(a-\delta_1,a+\delta_1)\to(b-\varepsilon_1,b+\varepsilon_1)$ は

$$0=h^{(x)}(g(x))=f(x,g(x))$$

を満たす．さらに $\varepsilon_1>0$ は任意だから，(C.9) より g は $x=a$ で連続となる.

<u>*Step 3.*</u> g が微分可能なことを示す．f は微分可能で，系 (平均値の定理) 13.1.10 より

$$f(a+h,b+k)-f(a,b)$$
$$=f_x(a+\theta h,b+\theta k)\ h+f_y(a+\theta h,b+\theta k)\ k,\quad 0<\theta<1.$$

ここで，特に $h\equiv x-a,\ k\equiv g(x)-g(a)=g(x)-b$ とおくと

$$0=0-0=f(x,g(x))-f(a,b)$$
$$=f_x,(a+\theta h,b+\theta k)\bigl(x-a\bigr)+f_y(a+\theta h,b+\theta k)\bigl(g(x)-g(a)\bigr).$$

(C.6) より $f_y(a+\theta h,b+\theta k)\neq0$ だから

$$\frac{g(x)-g(a)}{x-a}=-\frac{f_x(a+\theta h,b+\theta k)}{f_y(a+\theta h,b+\theta k)}.$$

ここで，$x \to a$ とすると，$h \to 0$, $k = g(x) - g(a) \to 0$. さらに $0 < \theta < 1$ だから，上式の右辺は収束し，

$$\lim_{x \to a} \frac{g(x) - g(a)}{x - a} = -\frac{f_x(a,b)}{f_y(a,b)}.$$

これより関数 g は $x = a$ で微分可能である．

$g(a) = b$ に注意すると，$g'(a) = -f_x\bigl(a, g(a)\bigr)/f_y\bigl(a, g(a)\bigr)$ となる．

ここまでの議論は，点 (a,b) の近くの点 (x,y) に対しても，$f_y(x,y) \neq 0$ である限り成立する．よって一意の陰関数 $y = g(x)$ は，$x = a$ だけでなく，それを含む小さな開区間で微分可能である． □

D 多重積分

D.1 ダルブーの定理

閉じた長方形 $B^{\#} = [a,b] \times [c,d]$ 上に，$(M+1) \times (N+1)$ 個の点

$$P^{\#}_{j,k} = \bigl(x^{(j,k)}, y^{(j,k)}\bigr), \quad 0 \le j \le M,\ 0 \le k \le N$$

があり，次の条件を満たしている：

(a) すべての j,k で $x^{(0,k)} = a$, $x^{(M,k)} = b$, $y^{(j,0)} = c$, $y^{(j,N)} = d$,

(b) $j = 0, \cdots, M-1$ で $x^{(j,k)} < x^{(j+1,k)}$,

(c) $k = 0, \cdots, N-1$ で $y^{(j,k)} < y^{(j,k+1)}$.

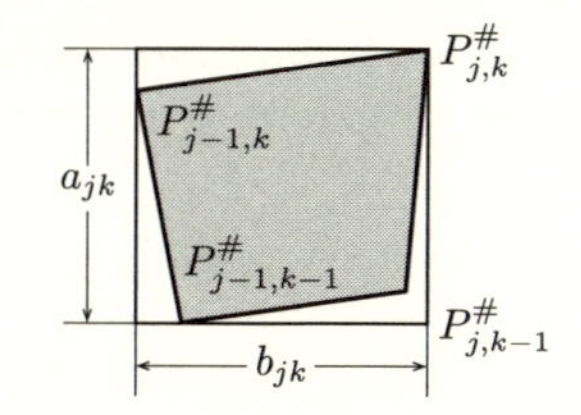

このとき，

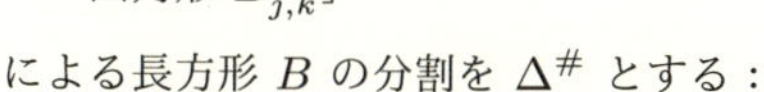
「$P^{\#}_{j-1,k-1}$, $P^{\#}_{j,k-1}$, $P^{\#}_{j-1,k}$, $P^{\#}_{j,k}$ を頂点とする四角形 $B^{\#}_{j,k}$」

による長方形 B の分割を $\Delta^{\#}$ とする：

$$\Delta^{\#} = \{B^{\#}_{j,k} : 0 \le j \le M,\ 0 \le k \le N\}.$$

この分割に対し，四角形 $B^{\#}_{j,k}$ を含む最小長方形の 2 辺和の最大値を $|\Delta^{\#}|$ とする．つまり，上図を参照して

$$|\Delta^{\#}| \equiv \max\{a_{jk} + b_{jk} : 0 \le j \le M,\ 0 \le k \le N\}$$

と定める．

定理 D.1 (ダルブー). D を面積確定の有界領域，f を D 上の連続関数とする．長方形 $B^{\#} = [a,b] \times [c,d] \supset D$ に対し，上記の "四角形による分割 $\Delta^{\#}$" を考える．

すると，$|\Delta^{\#}| \to 0$ のとき，ダルブーの過剰和 $S^*(\widetilde{f};\Delta^{\#})$ および不足和 $S^\dagger(\widetilde{f};\Delta^{\#})$ は，それぞれ，過剰積分と不足積分に収束する． ◇

♦ 注：一般の四角形による分割だから，証明の記述は複雑だが，命題 20.1.2 の証明をなぞることが大部分である．本定理の証明は，大筋を示すことにとどめる． ◇

定理 D.1 の証明概略　§21.2 の記号を流用する．上限の定義より，任意の $\varepsilon > 0$ に対し，次のような "長方形 $B^{\#}$ の分割 Δ_0" が存在する：

$$0 \leq \iint_D \widetilde{f}^{\dagger}(x,y)\,dx\,dy - S^{\dagger}(\widetilde{f};\Delta_0) < \varepsilon. \tag{D.1}$$

いま，分割 $\Delta^{\#}$ が与えられている ($|\Delta^{\#}|$ は十分小さい)．すると，$\Delta^{\#}$ と Δ_0 とをあわせた分割 $\Delta^{\star}$ を考えて，次のように展開する：

$$\iint_D \widetilde{f}^{\dagger}(x,y)\,dx\,dy - S^{\dagger}(\widetilde{f};\Delta^{\#}) = \left\{ \iint_D \widetilde{f}^{\dagger}(x,y)\,dx\,dy - S^{\dagger}(\widetilde{f};\Delta_0) \right\}$$
$$+ \left\{ S^{\dagger}(\widetilde{f};\Delta_0) - S^{\dagger}(\widetilde{f};\Delta^{\star}) \right\} + \left\{ S^{\dagger}(\widetilde{f};\Delta^{\star}) - S^{\dagger}(\widetilde{f};\Delta^{\#}) \right\}.$$

この右辺各項の絶対値が $\varepsilon/3$ 以下になることが，以下の方法で示すことができる：

- 第 1 項は (D.1) そのもの．第 2 項も，(D.1) から $\varepsilon/3$ 以下になる．
- 分割 $\Delta^{\#}$ は，Δ_0 の小長方形を Δ に付け加えてつくる．そのため，「"$\Delta^{\#}$ と $\Delta^{\star}$ で異なる小四角形の面積和" は，$|\Delta^{\#}| \times 4M$ より小さくなる」[5] が成立し，最後の項も $\varepsilon/3$ 以下となる．

以上の議論をへて，任意の $\varepsilon > 0$ に対し，

$$\left| \iint_D \widetilde{f}^{\dagger}(x,y)\,dx\,dy - S^{\dagger}(\widetilde{f};\Delta^{\#}) \right| < \varepsilon$$

となることが示される．すると，ε 論法の基盤 (例 1.2.6) から，$|\Delta^{\#}| \to 0$ のとき，不足和は不足積分へ収束する．過剰和の収束も同様である．　□

5)　定理 20.1.2 の証明，*Step 3* に該当．なお，M は，分割 Δ_0 の小長方形の総数である．

仕上げの問題

読者の理解を深めるため，各部ごとの確認問題を掲載する．どうか挑戦していただきたい．

Part I

1-1．集合 $A = \{1, 2, 3, 4, 5, 6\}$ とする．次から正しいものを選べ．

(i) $1 \in A$,　(ii) $\{2, 3\} \in A$,　(iii) $\{4, 5, 6\} \subset A$,　(iv) $\emptyset \in A$,

(v) $\emptyset \subset A$,　(vi) $\{2, 3\} \cap \{3, 4, 5\} \in A$.

1-2．「$x^2 + y^2 \leq 10$ ならば $|x| \leq 3$ または $|y| \leq 1$」が成り立つことを示せ．

2-1．n を自然数とする．次の値を求めよ：

$$1^2{}_n\mathrm{C}_1 + 2^2{}_n\mathrm{C}_2 + \cdots + (n-1)^2{}_n\mathrm{C}_{n-1} + n^2{}_n\mathrm{C}_n.$$

3-1．$f(x) = \dfrac{1}{x-1}$ とし，集合 $B = \{x : f(x) > 0\}$ とおく．B の下界および下限 $\inf B$ を求めよ．

Part II

4-1．次の級数を求めよ．　(i) $\displaystyle\sum_{k=1}^{n} \frac{1}{k\,(k+1)}$,　(ii) $\displaystyle\sum_{k=1}^{n} \frac{1}{k\,(k+2)}$.

5-1．$e = \displaystyle\lim_{n\to\infty}\left(1 + \frac{1}{n}\right)^n$ を用いて次の極限値を表せ．

$$\text{(i)}\quad \lim_{n\to\infty}\left(1 + \frac{2}{n}\right)^n, \qquad \text{(ii)}\quad \lim_{n\to\infty}\left(1 + \frac{1}{3n}\right)^{2n}.$$

6-1．関数 $f(x) = x(x-2)$ に対して合成関数 $f\bigl(f(x)\bigr)$ を求めよ．
さらに，「$f\bigl(f(x)\bigr) = x$ かつ $f(x) \neq x$」を満たす x を求めよ．

6-2．指数法則を用いて $e^0 = 1$ を示せ．さらに，対数の計算規則を用いて $\log_a 1 = 0$ $(a > 0)$ を示せ．

Part III

7-1. (i) $[x]$ は，x を超えない最大の整数を表す．例えば，$\left[\dfrac{3}{2}\right]=1$, $\left[-\dfrac{7}{3}\right]=-3$. この $[x]$ をガウス記号という．関数 $f(x)=[x]$ の連続性を調べよ．

(ii) 次の極限値を求めよ．

$$\text{(a)}\quad \lim_{n\to\infty}\left[1+\frac{1}{n}\right],\qquad \text{(b)}\quad \lim_{n\to\infty}\left[1-\frac{1}{n}\right],\qquad \text{(c)}\quad \left[\lim_{n\to\infty}\left(1-\frac{1}{n}\right)\right].$$

8-1. 次の関数を微分せよ．

$$\text{(i)}\quad (x^2+x+1)^{100},\qquad \text{(ii)}\quad e^{-x^2},\qquad \text{(iii)}\quad 2^x,$$

$$\text{(iv)}\quad x^x\ (x>0),\qquad \text{(v)}\quad \log\left(x+\sqrt{x^2-1}\right),\qquad \text{(vi)}\quad \cos(\cos x).$$

9-1. 次の極限値を求めよ．

$$\text{(i)}\quad \lim_{x\to 0}\frac{e^{2x}-1}{\log(1+3x)},\qquad \text{(ii)}\quad \lim_{x\to 0}\frac{\sin x}{1-e^{-x}},\qquad \text{(iii)}\quad \lim_{x\to 0,\, x>0} x^x.$$

9-2. 関数 $y=f(x)$ に対し，点 $(a, f(a))$ を通る

接線の方程式　$y-f(a)=f'(a)(x-a)$,

法線の方程式　$y-f(a)=-\dfrac{1}{f'(a)}(x-a)$　　$(f'(a)\neq 0)$,

である．関数 $y=e^{-x}$ の "原点を通る接線および法線の方程式" を求めよ．

10-1. 関数 $f(x)=e^x\sqrt{1+x}$ の原点 $x=0$ を中心としたテイラー展開を 3 次の項まで求めよ．

11-1. 次の条件を満たす複素数 α, β, γ は，正三角形となることを示せ：

$$\alpha^2+\beta^2+\gamma^2-\alpha\beta-\beta\gamma-\gamma\alpha=0.$$

11-2. $\cos z=2$ $(z=x+iy)$ を解け．

Part IV

12-1. 次の関数 $f(x,y)$ の原点 $(0,0)$ における連続性を調べよ．

$$f(x,y)=\begin{cases}(x^2-y^2)/(x^2+y^2) & (x,y)\neq(0,0),\\ 0 & (x,y)=(0,0).\end{cases}$$

13-1. 関数 $f(r\cos\theta, r\sin\theta)$ を，変数 r および θ でそれぞれ偏微分せよ．

13-2. 曲面 $z=f(x,y)=\dfrac{2y}{x}+xy$ に点 $(1,2,6)$ で接する接平面の方程式を求めよ．

14-1. コブ・ダグラス型効用関数 $U(x,y)=x^{1/2}y^{1/3}$ に対して，$U_x(a,b)$, $U_y(a,b)$, $U_{xx}(a,b)$, $U_{xy}(a,b)=U_{yx}(a,b)$, $U_{yy}(a,b)$ をそれぞれ求めよ．

15-1. 次の関数 $z=f(x,y)$ を極座標系で表せ.

$$\text{(i)}\quad f(x,y)=x^2+xy+y^2,\qquad \text{(ii)}\quad f(x,y)=x^2-y^2.$$

16-1. 次の関数 $z=f(x,y)$ の極値点を求め，極大と極小の判定を行え.

$$\text{(i)}\quad f(x,y)=x^3-3xy+y^3,\qquad \text{(ii)}\quad f(x,y)=x^3+2xy-y^2.$$

18-1. 次の不等式条件付き最適値問題を解け.

$$\max\{x^{2/3}y^{1/2}\}\quad \text{subject to}\quad x^2+y^2\leq 7.$$

Part V

19-1. 次の不定積分および定積分を求めよ.

$$\text{(i)}\ \int (x-a)(x-b)\,dx,\quad \text{(ii)}\ \int x\ \exp\{-x^2/2\}\,dx,\quad \text{(iii)}\ \int \frac{1}{\sqrt{x^2-1}}\,dx,$$

$$\text{(iv)}\ \int_1^2 \left(\frac{1}{x}+\frac{1}{x^2}\right)dx,\qquad \text{(v)}\ \int_0^{\pi} e^x\ \sin x\,dx,\qquad \text{(vi)}\ \int_1^2 x^2\ \log x\ dx.$$

20-1. 次の積分計算を行え.

$$\text{(i)}\quad \frac{d}{dx}\int_0^x (x-t)\,f(t)\,dt,\qquad \text{(ii)}\quad \frac{d}{dx}\int_0^{2x} f(t)\,dt.$$

21-1. 次の定積分を求めよ.

$$\text{(i)}\ \iint_{\{|x+y|\leq 1,\ |x-y|\leq 1\}} \left|x^2-y^2\right|dx\,dy,$$

$$\text{(ii)}\ \iint_{\{x^2+y^2\leq 1\}} \frac{1}{\sqrt{1-x^2-y^2}}\,dx\,dy.$$

21-2. (i) 次の積分の順序を交換せよ.

$$\int_{-1}^2 dx\int_{x^2}^{x+2} dy\ f(x,y).$$

(ii) 次の積分の順序を交換し，定積分を求めよ.

$$\int_0^1 dx\int_x^1 dy\ e^{-y^2}.$$

仕上げの問題の解答

Part I

1-1．(i), (iii), (v).　$\emptyset$ は集合で，元ではないから (iv) は正しくない．

1-2．背理法を用いる．結論を否定し，$|x|>3$ かつ $|y|>1$ ならば $x^2+y^2>9+1=10$ なので仮定が成立せず，題意が示された．

2-1．$k^2=k\,(k-1)+k$ と分解し

$$\sum_{k=1}^{n} k^2\,{}_n\mathrm{C}_k=\sum_{k=1}^{n} k\,(k-1)\,{}_n\mathrm{C}_k+\sum_{k=1}^{n} k\,{}_n\mathrm{C}_k$$

を考える．例題 2.2.5 と同様に考えて

$$k\,(k-1)\,{}_n\mathrm{C}_k=\frac{n!}{(k-2)!\;(n-k)!}=\frac{n\,(n-1)\times(n-2)!}{(k-2)!\;\{(n-2)-(k-2)\}!}$$

だから

$$\sum_{k=1}^{n} k^2\,{}_n\mathrm{C}_k=n\,(n-1)\sum_{j=0}^{n-2}{}_{n-2}\mathrm{C}_j+n\sum_{j=0}^{n-1}{}_{n-1}\mathrm{C}_j$$

$$=n\,(n-1)\,2^{n-2}+n\,2^{n-1}=n\,(n+1)\,2^{n-2}.$$

3-1．B の下界 $=\{x<1\}$, $\inf B=1$ である．一方，上界は存在しない．

Part II

4-1．(i) $\dfrac{1}{k\,(k+1)}=\dfrac{1}{k}-\dfrac{1}{k+1}$ を利用して

$$与式=\sum_{k=1}^{n}\left(\frac{1}{k}-\frac{1}{k+1}\right)=\left(1-\frac{1}{2}\right)+\left(\frac{1}{2}-\frac{1}{3}\right)+\cdots+\left(\frac{1}{n}-\frac{1}{n+1}\right)$$

$$=1-\frac{1}{n+1}.$$

(ii) $\dfrac{1}{k\,(k+2)}=\dfrac{1}{2}\left(\dfrac{1}{k}-\dfrac{1}{k+2}\right)=\dfrac{1}{2}\left(\left\{\dfrac{1}{k}-\dfrac{1}{k+1}\right\}+\left\{\dfrac{1}{k+1}-\dfrac{1}{k+2}\right\}\right)$

だから

$$与式 = \frac{1}{2}\left(\sum_{k=1}^{n}\left\{\frac{1}{k} - \frac{1}{k+1}\right\} + \sum_{k=1}^{n}\left\{\frac{1}{k+1} - \frac{1}{k+2}\right\}\right)$$
$$= \frac{1}{2}\left(1 - \frac{1}{n+1} + \frac{1}{2} - \frac{1}{n+2}\right) = \frac{1}{2}\left(\frac{3}{2} - \frac{2n+3}{(n+1)(n+2)}\right).$$

5-1. (i) $与式 = \lim_{n\to\infty}\left(\left(1 + \frac{1}{n/2}\right)^{n/2}\right)^2 = \left(\lim_{m\to\infty}\left(1 + \frac{1}{m}\right)^m\right)^2 = e^2$.

(ii) $与式 = \lim_{n\to\infty}\left(\left(1 + \frac{1}{3n}\right)^{3n}\right)^{2/3} = \left(\lim_{m\to\infty}\left(1 + \frac{1}{m}\right)^m\right)^{2/3} = e^{2/3}$.

6-1. $f\bigl(f(x)\bigr) = x\,(x-2)\,\{x\,(x-2) - 2\} = x^4 - 4x^3 + 2x^2 + 4x$ である．また，

$$f\bigl(f(x)\bigr) - x = x\,(x-3)\,(x^2 - x - 1).$$

ここで，$x = 0,\,3$ は $f(x) = x$ を満たすので，$x = \dfrac{1 \pm \sqrt{5}}{2}$ である．

6-2. 指数法則により $e^0 = e^{0+0} = e^0 e^0$. すなわち $e^0\,(e^0 - 1) = 0$. ここで，すべての $x \in \mathbb{R}$ に対し $e^x > 0$ なので $e^0 = 1$ を得る．同様に，対数の計算規則から $\log_a 1 = \log_a (1 \cdot 1) = \log_a 1 + \log_a 1$，すなわち $\log_a 1 = 0$ を得る．

Part III

7-1. (i) $f(x) = [x]$ は，整数 k に対して $x = k$ で不連続である．より詳しくいうと，展望 7.1.6 から，$f(x) = [x]$ は $x = k$ で右連続だが，左連続ではない．その他の x では連続．不連続点では $\lim_{x\to k,\, x>k} f(x) = k = f(k)$, $\lim_{x\to k,\, x<k} f(x) = k - 1 = f(k) - 1$ が成り立つ．

(ii) (i) を考えて，(a) 1, (b) 0, (c) 1.

8-1. 合成関数の微分公式から，(i) $100\,(x^2 + x + 1)^{99}\,(2x+1)$，(ii) $-2\,x\,e^{-x^2}$.

(iii) $2^x = e^{x\,\log 2}$ を利用して微分する．結果は $2^x\,\log 2$.

(iv) $x^x = e^{x \log x}$ を利用して微分する．結果は $x^x\,(1 + \log x)$.

どちらも合成関数の微分公式から，(v) $\dfrac{1}{\sqrt{x^2 - 1}}$，(vi) $\sin(\cos x\,) \times \sin x$.

9-1. ロピタルの定理 9.3.2 を使う．(i) $\dfrac{2}{3}$，(ii) 1.

(iii) $f(x) = x^x$ とおくと，

$$\lim_{x\to 0} \log f(x) = x\,\log x = \lim_{x\to 0}\frac{\log x}{1/x} = \lim_{x\to 0}\frac{1/x}{-1/x^2} = 0 \quad \Rightarrow \quad \lim_{x\to 0} f(x) = 1.$$

9-2. $(e^{-x})' = -e^{-x}$ なので，点 (a, e^{-a}) を通る

$$接線 \quad y - e^{-a} = -e^{-a}\,(x - a), \qquad 法線 \quad y - e^{-a} = e^{a}\,(x - a).$$

これらが原点 $(0, 0)$ を通るから，接線では $a = -1$，法線では $a = e^{-2\,a}$ となる．すなわち，求める接線と法線の方程式は，それぞれ

$$\text{接線} \quad y = -e\,x, \qquad \text{法線} \quad y = e^b\,x.$$

(ただし b は $b = e^{-2b}$ を満たす定数で，$b = 0.426\cdots$.)

10-1. f の導関数の計算は面倒なので

$$e^x = 1 + x + \frac{x^2}{2} + \frac{x^3}{6} + \cdots, \quad \sqrt{1+x} = 1 + \frac{x}{2} - \frac{x^2}{8} + \frac{x^3}{16} + \cdots$$

を利用すると，3 次までの展開が得られる：

$$\begin{aligned} f(x) &= \left(1 + x + \frac{x^2}{2} + \frac{x^3}{6}\right)\left(1 + \frac{x}{2} - \frac{x^2}{8} + \frac{x^3}{16}\right) + (x^4 \text{ 以上}) \\ &= 1 + \frac{3}{2}x + \frac{7}{8}x^2 + \frac{17}{48}x^3 + (x^4 \text{ 以上}). \end{aligned}$$

11-1. $a = \alpha - \beta,\ b = \beta - \gamma,\ c = \gamma - \alpha$ とおくと，

$$\text{与式} = \frac{a^2 + b^2 + c^2}{2}, \qquad a, b, c \text{ の定義から} \quad a + b + c = 0.$$

これより，$a^2 = -(b^2 + c^2) = -(a^2 - 2\,b\,c)$. 同様の計算で，

$$\frac{\gamma - \alpha}{\beta - \alpha} = \frac{\alpha - \beta}{\gamma - \beta} = \frac{\beta - \gamma}{\alpha - \gamma}$$

となるが，これは α, β, γ が正三角形をなすことを示している．

11-2. オイラーの等式 2 (11.3.2) から

$$\cos z = \frac{e^{ix-y} + e^{-ix+y}}{2} = \cos x \cdot \frac{e^y + e^{-y}}{2} - i \sin x \cdot \frac{e^y - e^{-y}}{2}$$

となり，$\cos z = 2$ は

$$\sin x = 0, \qquad \cos x \cdot \frac{e^y + e^{-y}}{2} = 2$$

である．これを解くと，次の解が得られた：

$$z = 2n\,\pi + i \log(2 \pm \sqrt{3}) = 2n\,\pi \pm i \log(2 + \sqrt{3}) \qquad (\,n = 0, \pm 1, \pm 2, \cdots).$$

Part IV

12-1. $(x, y) \neq (0, 0)$ のときは連続である．$(x, y) = (0, 0)$ のときは，例えば，直線 $y = a\,x$ $(a \in \mathbb{R})$ に沿って $(x, y) = (x, a\,x) \to (0, 0)$ となるとき，

$$\lim_{(x, a\,x) \to (0,0)} f(x, a\,x) = \lim_{(x, a\,x) \to (0,0)} \frac{x^2 - a^2\,x^2}{x^2 + a^2\,x^2} = \frac{1 - a^2}{1 + a^2}$$

であるから，関数 $f(x, y)$ は $(x, y) = (0, 0)$ において連続ではない．

13-1. $f_r = f_x \cos\theta + f_y \sin\theta, \quad f_\theta = -f_x\,r\,\sin\theta + f_y\,r\,\cos\theta.$

13-2. 例題 13.3.8 と同様に計算する．求める接平面は

$$z = -2(x - 1) + 3(y - 2) + 6 = -2x + 3y + 2$$

となる．

14-1. U の偏導関数を求めればよい．$U_x = \dfrac{1}{2} a^{-1/2} b^{1/3}$，$U_y = \dfrac{1}{3} a^{1/2} b^{-2/3}$，$U_{xx} = -\dfrac{1}{4} a^{-3/2} b^{1/3}$，$U_{xy} = U_{yx} = \dfrac{1}{6} a^{-1/2} b^{-2/3}$，$U_{yy} = -\dfrac{2}{9} a^{1/2} b^{-5/3}$.

15-1. (i) $f = r^2 (1 + \cos\theta \sin\theta)$,　(ii) $f = r^2 (\cos^2\theta - \sin^2\theta) = r^2 \cos 2\theta$.

16-1. (i) $f_x = 3x^2 - 3y = 0$, $f_y = -3x + 3y^2 = 0$ から，極値点の候補は $(x,y) = (0,0),(1,1)$ である．$f_{xx} = 6x$, $f_{xy} = f_{yx} = -3$, $f_{yy} = 6y$ から，$(x,y) = (0,0)$ は極値でない．$(x,y) = (1,1)$ は極小点で，極小値は $f(1,1) = -1$ である．

(ii) $f_x = 3x^2 + 2y = 0$, $f_y = 2x - 2y = 0$ から，極値点の候補は $(x,y) = (0,0),(-2/3,-2/3)$ である．$f_{xx} = 6x$, $f_{xy} = f_{yx} = -2$, $f_{yy} = -2$ から，$(x,y) = (0,0)$ は極値でない．$(x,y) = (-2/3,-2/3)$ は極大点で，極大値は $f(-2/3,-2/3) = 4/27$ である．

18-1. ラグランジュ関数は $L(x,y,\lambda) = x^{2/3} y^{1/2} + \lambda(7 - x^2 - y^2)$ であり，

$$0 = L_x = \frac{2}{3} x^{-1/3} y^{1/2} - 2\lambda x, \quad 0 = L_y = \frac{1}{2} x^{2/3} y^{-1/2} - 2\lambda y,$$

$$0 \leq L_\lambda = 7 - x^2 - y^2, \quad 0 \leq \lambda, \quad 0 = \lambda L_\lambda = \lambda(7 - x^2 - y^2)$$

から，$(x,y,\lambda) = (2, \sqrt{3}, 2^{-4/3} 3^{-3/4})$ が得られる．よって，$(x,y) = (2,\sqrt{3})$ のとき最大値 $x^{2/3} y^{1/2} = 2^{2/3} 3^{1/4}$ となる．

Part V

19-1. 以下，C を積分定数とする．

(i) $\dfrac{x^3}{3} - \dfrac{a+b}{2} x^2 + abx + C$.　(ii) $-e^{-x^2/2} + C$.

(iii) Part III, 問題 8-1 (vi) を参照して，$\log(x + \sqrt{x^2 - 1}) + C$.

(iv) $\dfrac{1}{2} + \log 2$.

(v) 部分積分を 2 度使う．

$$\int e^x \sin x\,dx = \int e^x (-\cos x)'\,dx = -e^x \cos x + \int e^x \cos x\,dx$$

$$= -e^x \cos x + e^x \sin x - \int e^x \sin x\,dx$$

$$\Rightarrow \quad \int e^x \sin x\,dx = \frac{e^x}{2}(-\cos x + \sin x).$$

これより，定積分の値は $(1 + e^\pi)/2$.

(vi) 部分積分を使うと，

$$\int x^2 \log x\,dx = \frac{x^3}{3} \log x - \frac{x^3}{9} + C.$$

よって，定積分の値は，$\dfrac{8}{3} \log 2 - \dfrac{7}{9}$.

20-1. (i) $F(x) = x \displaystyle\int_0^x f(t)\,dt - \int_0^x t\,f(t)\,dt$ とおくと

$$F'(x) = \int_0^x f(t)\,dt + x\,f(x) - x\,f(x) = \int_0^x f(t)\,dt.$$

(ii) $s = 2x$ とおくと，与式 $= \dfrac{ds}{dx}\,\dfrac{d}{ds}\displaystyle\int_0^s f(t)\,dt = 2\,f(s) = 2\,f(2x)$.

21-1. (i) $u = x + y,\ v = x - y$ と変数変換すれば，ヤコビ行列式は 1/2 だから，

$$与式 = \int_{|u|\le 1}\int_{|v|\le 1} |u\,v|\ \frac{1}{2}\ du\,dv = 1\cdot 1\cdot\frac{1}{2} = \frac{1}{2}.$$

(ii) 極座標変換すると，ヤコビ行列式は r だから，

$$与式 = \int_0^{2\pi} d\theta \int_{0\le r\le 1} \frac{r}{\sqrt{1-r^2}}\,dr = 2\pi\left[-\sqrt{1-r^2}\,\right]_{r=0}^1 = 2\pi.$$

21-2. (i) の積分領域は，$y = x^2$ と $y = x + 2$ で囲まれる領域．また，(ii) の積分領域は，y 軸，$y = x$ と $y = 1$ で囲まれる領域である (下図，参照).

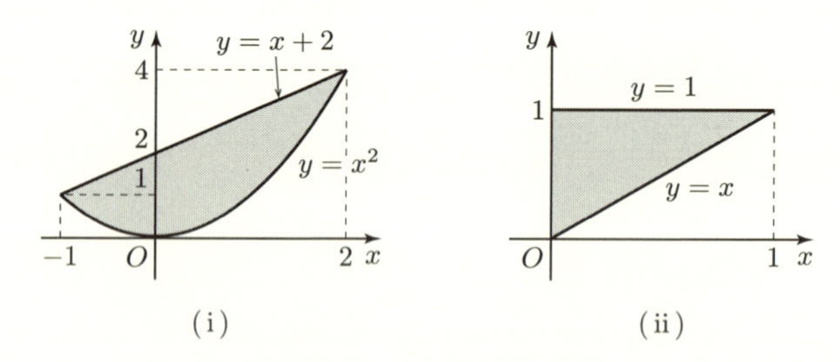

積分領域，左は (i)，右は (ii)

この図を参考にして，

(i) の与式 $= \displaystyle\int_0^1 dy \int_{-\sqrt{y}}^{\sqrt{y}} dx\ f(x,y) + \int_1^4 dy \int_{y-2}^{\sqrt{y}} dx\ f(x,y)$.

(ii) の与式 $= \displaystyle\int_0^1 dy \int_0^y dx\ e^{-y^2} = \int_0^1 dy\ y\,e^{-y^2} = \left[-\frac{1}{2}\,e^{-y^2}\right]_0^1 = \frac{1}{2}\,(1 - e^{-1})$.

索　引

さ　行

た　行

や 行

ら 行

わ

著者略歴

西岡國雄（にしおかくにお）

1975年　東京工業大学理学研究科博士課程修了
東京都立大学理学部助手，助教授，中央大学商学部教授を経て
現　在　中央大学企業研究所客員研究員
理学博士
専攻分野　確率論

石村直之（いしむらなおゆき）

1989年　東京大学大学院理学研究科修士課程修了
東京大学理学部助手，一橋大学経済学部助教授，同経済学研究科教授を経て
現　在　中央大学商学部教授
博士（数理科学）
専攻分野　応用解析・数理ファイナンス

2019年 9月25日　初版発行

例題で学ぶ
基礎からの微積分

著　者　西岡國雄
　　　　石村直之
発行者　山本　格

発行所　株式会社　培風館
東京都千代田区九段南 4-3-12・郵便番号 102-8260
電話 (03) 3262-5256（代表）・振替 00140-7-44725

寿 印刷・牧 製本

PRINTED IN JAPAN

ISBN 978-4-563-01224-3　C3041